◉ 機械工学ライブラリ ◉

UKM-3

初歩からの
材料強度学

安全なモノ作りのために

荒井正行

数理工学社

編者のことば

機械工学は，機械（広義には「もの」）の研究，開発，設計，製造方法から，機械の使用方法，メンテナンス，リサイクルまで，機械に関係するすべての現象・事項を対象とする工学の一分野である．機械力学，材料力学，熱力学，流体力学という 4 つの力学と，設計，製図，機械製作を基幹として，これらに関連した応用数学，制御工学，計測法，電気・電子工学，材料科学，プログラミング，経営工学，技術者倫理，各種機械の各論（例えば，原動機や流体機械）などから構成されている．俗に，機械技術者はつぶしが効くと言われるが，上記のように機械工学がカバーする分野の広さを考えると，言い得て妙であろう．

産業革命以来，科学技術は急速な進歩・発展を遂げ，現在は情報化社会となっている．貧富の格差は依然として残されているが，数多くの技術者や科学者を始めとした多くの方々の弛まぬ努力により，人類は歴史上類を見ない豊かで健康な社会を実現したといえよう．過去 300 年にわたる機械工学の発展が現在の豊かな社会を築く上で多大な貢献をなしてきたことに異論はないのではないだろうか．しかしながら，野放図な発展の結果として，現在の社会が環境問題や人口爆発（食糧問題）などグローバルな課題に直面していることも事実である．このため，国際連合が提唱する SDGs，化石燃料の使用を抑制して環境問題・エネルギー問題の解決を図る脱炭素化（カーボンニュートラル）などに見られるように，グローバルな問題の解決に向けて全世界で取組みが始まっている．また，日本では，これらのグローバルな問題に加えて，少子高齢化が喫緊の課題として取り上げられていることも周知の事実である．機械技術者は，これらのグローバルな問題の多くに対して，将来，機械工学に基づく技術的な解決策を提供しなければならないことは論を俟たない．世界的な規模で将来のより豊かで持続可能な社会を実現するためには，機械工学あるいは機械技術者が今後果たすべき役割は非常に大きいといえよう．

「機械工学ライブラリ」の編集にあたっては，大学や高等専門学校で機械工学を学ぶ学生を主たる対象とすることとした．このため，4 力学などの基幹専門分野に関する巻を充実させることを重要な目標とした．また，機械工学を学修するために必要な応用数学，制御工学などの関連分野を広く網羅することとし，機械工学を学修する学生が将来機械技術者となって活躍できる基盤を提供することを目指した．本ライブラリが機械工学の基本的な専門知識および技術を網羅する書籍群となることを大いに期待している．また，本ライブラリは大学院生や若手技術者など機械技術者として成長を期する方々にとっても有用な書籍となるであろう．なお，全巻の構成については別表を参照いただきたい．

本ライブラリが機械工学を学修する大学学部生，高等専門学校生，大学院生，企業で働く若手技術者の一人でも多くの方々に利用され，機械工学に関する専門知識の獲得および技術の向上に活用され，機械技術者として将来大いに活躍するための礎となれば幸いである．

2022 年 12 月

機械工学ライブラリ
編者　山本 誠　後藤田 浩

「機械工学ライブラリ」書目一覧

1　機械力学	9　制御工学
2　材料力学	10　生産加工学
3　初歩からの 材料強度学	11　機械製図
4　入門流体力学	12　理工系のための 線形代数
5　基礎流体力学	13　理工系のための 微分積分
6　熱力学の基礎	14　理工系のための 応用解析
7　熱物質移動学	15　理工系のための 確率統計
8　機械設計学	

はじめに

本書をはじめるにあたり，“材料強度学とは何か” についてふれておく．安全なモノ作りのために，それぞれの部品に作用している応力（単位面積当たりの内力）や伸びを求める必要がある．このために材料力学の知識を利用する．また，部品にはボルトを締結するための孔が加工されているため，そこでは応力が分布する．そのため，弾性力学の知識を利用して応力分布が計算される．さらに，機械構造物全体に作用した過大な外力により大きな変形が生じる，あるいは応力が集中することで塑性変形が残留する．そのため，塑性力学の知識を利用して変位や塑性領域の大きさが計算される．このように部品に作用する応力の大きさや部品形状に応じて，材料力学，弾性力学，塑性力学の知識が利用される．ただし，応力が正確に計算できても，部品が塑性変形するか，破損するか，までは判断できない．その判断基準を与えるのが材料強度学である．

材料強度学は，膨大な実験と考察，そして失敗の積み重ねにより生み出されたものである．事の起こりは，ガリレオ ガリレイ（1564–1642 年）から始まった．彼は，簡単な構造物として壁に固定された一様断面をもつ棒を取り上げて，この強さを調べた．この結果は現在から見れば誤ったものであったが，強さを定量的に理解する，という点では独創的であった．その後，ニュートン力学が創設されて多くの物理学者や数学者が材料力学や弾性力学の構築に貢献した．ふたたび材料の強さに関心が向いたのは 19 世紀前半における鉄道輸送技術が急速に発展した時期となる．車軸の破損，ボイラの爆発事故など人命に関わる多くの事故を契機にイギリス，ドイツで曲げ荷重による車軸の疲労寿命の測定，顕微鏡による疲労破壊のメカニズムについて精力的に研究が進められた．その結果，産業と学問が密接に結び付き，材料の強さは材料強度学へと学問として体系化されるようになった．

材料強度学を深く理解するためには，自ら材料試験を行い，多くの経験と失敗を積み重ねていく必要がある．しかし，経験があまりない初学者が材料強度学を学ぶのであるから，本書を執筆するに際して，膨大な知識から重要と思われる必要最小限の事項を抽出し，それらをなるべく公式という形で示すよう工夫した．

本書の構成は以下のようになる．第 1 章から第 3 章の入門編には，弾性力学，塑性力学，破壊力学における必要最低限の知識をまとめておいた．これらの理解が浅い読者は，必要な章をさっと読んでおいて欲しい．なお，材料力学はすべての読者が理解していることを前提としている．材料強度学の学びは基礎編からとなる．第4章，第5章の基礎編では応力の測定法と材料試験法を解説した．第6章から第8章の本論では，引張強度，疲労強度，クリープ強度を詳述している．これらは材料強度学の骨子である．第9章から第11章の応用編では，機械設計で常に問題となる応力集中問題，ボルト締結問題，異種接合問題を取り上げた．これは，他の専門書には見られないと思う．本書を通じて，多くの初学者に材料強度学を深く理解してもらうことを著者は願っている．

章番号	1	2	3	4	5	6	7	8	9	10	11
編		入門		基礎			本論			応用	

本書を完成させるにあたり，東京理科大学工学部機械工学科荒井研究室での研究指導のために準備した資料や大学院講義のための資料を活用した．さらに本原稿が完成した後，原稿全体に目を通して頂くとともに貴重なコメントを頂いた高橋由紀夫氏（東京理科大学大学院客員教授，一般財団法人電力中央研究所名誉研究アドバイザー）には感謝申し上げる．

最後に材料強度学は幅広い学問であるため，浅学の著者に考え違いやミスなどがあると思われるが，読者は寛容な気持ちで本書を受け入れて頂けると幸いである．

2023年3月

荒井　正行

目　　次

本　論

第6章

引張強度 92

第7章

疲労強度 110

第8章

クリープ強度 124

●応　用　編

コラム一覧

第1章

弾性力学

本章では，弾性変形する物体に生じる応力成分，ひずみ成分の記述方法について説明する．つぎに，一様引張りを受ける平板（1.6.1 項），曲げを受ける平板（1.6.2 項），温度変化を受ける平板（1.6.3 項），ねじりを受ける丸棒（1.6.4 項），内圧を受ける厚肉円筒体（1.6.5 項）といった基本的な問題の解き方を示す．

1.1 応力成分

弾性変形する物体（弾性体）中では，外力に抵抗するような内力が発生する．よって，ある面の面積で内力を除した**応力**（stress）が定義される．内力が作用する面の方向と内力の向きを考慮して，応力成分は σ_{ij} のように表され，その下添え字は以下のように約束する．

x_i 軸方向に垂直な面に作用する x_j 軸方向の応力成分を σ_{ij} と約束する．

例えば，直角座標系 (x_1, x_2, x_3) ならば，$\sigma_{11}, \sigma_{12}, \sigma_{13}, \ldots$ となる．

変形する弾性体に対して図 1.1 のように直角座標系を仮定し，弾性体中における点 P での応力成分について記述してみる．そのために点 P に対して各座標軸に平行となるように微小な長方形領域をとる．この領域は**微小領域**（small element）と呼ばれる．すると，それぞれの辺に作用する応力成分は図のように書かれる．なお，

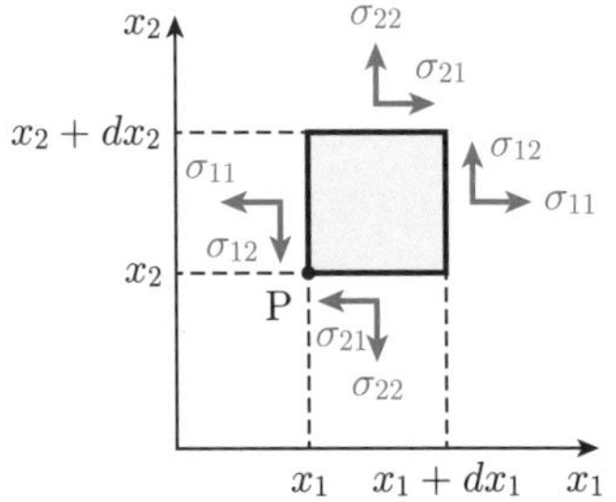

図 1.1　座標軸と応力成分の関係

図には正方向の応力成分が青い矢印で書かれており，微小領域の上面と右側面の応力成分の正方向を座標軸の正方向に一致するようにとる．

三次元直角座標系 (x_1, x_2, x_3) においてもこれと同様に考えればよく，

$$\begin{matrix} \sigma_{11} & \sigma_{12} & \sigma_{13} \\ \sigma_{21} & \sigma_{22} & \sigma_{23} \\ \sigma_{31} & \sigma_{32} & \sigma_{33} \end{matrix} \tag{1.1}$$

ここで，

$$\sigma_{12} = \sigma_{21}, \quad \sigma_{13} = \sigma_{31}, \quad \sigma_{23} = \sigma_{32}$$

である．

例題 1.1

円柱座標系 (r, θ, x_3) における応力成分を記述しなさい．

【解答】 円柱座標系 (r, θ, x_3) に対する応力成分とその正方向は図 1.2 のような青い矢印で記述される．なお，(a) は円柱底面，(b) は円柱軸を見た図である．このとき，応力成分は以下のようになる．

$$\begin{matrix} \sigma_{rr} & \sigma_{r\theta} & \sigma_{r3} \\ \sigma_{\theta r} & \sigma_{\theta\theta} & \sigma_{\theta 3} \\ \sigma_{3r} & \sigma_{3\theta} & \sigma_{33} \end{matrix} \tag{1.2}$$

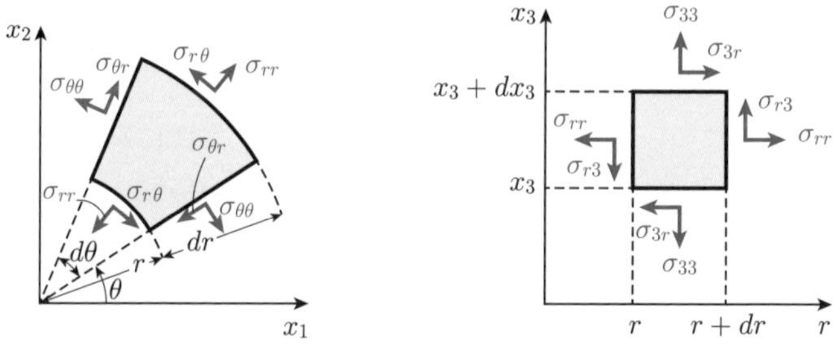

(a) 円柱底面　　(b) 円柱軸

図 1.2 円柱座標系における応力成分

★

例題1.2

球座標系 (r, θ, φ) における応力成分を記述しなさい．

【解答】 球座標系 (r, θ, φ) に対する応力成分とその正方向は図**1.3**のような青い矢印で記述される．また，応力成分は以下のようになる．

$$\begin{matrix} \sigma_{rr} & \sigma_{r\theta} & \sigma_{r\varphi} \\ \sigma_{\theta r} & \sigma_{\theta\theta} & \sigma_{\theta\varphi} \\ \sigma_{\varphi r} & \sigma_{\varphi\theta} & \sigma_{\varphi\varphi} \end{matrix} \tag{1.3}$$

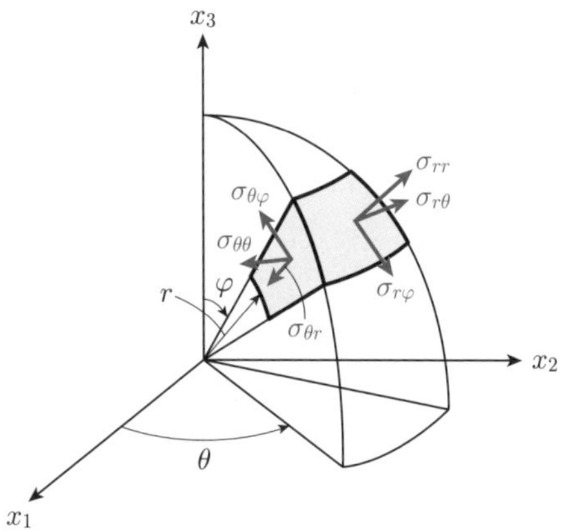

図1.3 球座標系における応力成分 ★

いずれの座標系においても，座標軸をどの方向にとってもかまわない．ただし，座標軸のとり方によって点 P での応力成分の値が異なることになる．このことを理解するために図**1.4**に示すような方向が異なるふたつの直角座標系から見た点 P に生じる応力成分を比較してみることにしよう．

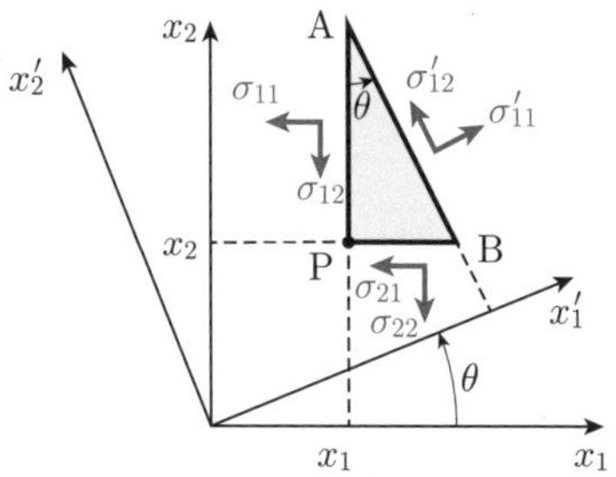

図1.4 異なるふたつの直角座標系

図のように点 P に対して直角三角形 PAB を考える．ここで，辺 BP と辺 AP は座標軸 x_1 と x_2 に，辺 AB は座標軸 x'_2 にそれぞれ平行になっている．これにより，辺 BP と辺 AP は座標系 (x_1, x_2)，辺 AB は座標系 (x'_1, x'_2) に属した面とみなせる．

直角三角形 PAB に対する力の釣合いの式は以下のようになる．

$$\begin{aligned} &\sigma'_{11}\cos\theta\Delta s - \sigma'_{12}\sin\theta\Delta s - \sigma_{11}(\Delta s\cos\theta) - \sigma_{21}(\Delta s\sin\theta) = 0 \\ &\sigma'_{11}\sin\theta\Delta s + \sigma'_{12}\cos\theta\Delta s - \sigma_{22}(\Delta s\sin\theta) - \sigma_{12}(\Delta s\cos\theta) = 0 \end{aligned} \tag{1.4}$$

ここで，辺 AB の長さを Δs，厚さを 1 とおいた．この連立方程式を解き，二倍角の公式を利用すれば，以下の応力の座標変換式が得られる．

$$\begin{aligned} \sigma'_{11} &= \frac{1}{2}(\sigma_{11} + \sigma_{22}) + \frac{1}{2}(\sigma_{11} - \sigma_{22})\cos 2\theta + \sigma_{12}\sin 2\theta \\ \sigma'_{12} &= \frac{1}{2}(\sigma_{22} - \sigma_{11})\sin 2\theta + \sigma_{12}\cos 2\theta \end{aligned} \tag{1.5}$$

よって，応力成分の大きさはこの変換式に従って変化する．

辺 AB にせん断応力が発生しないような座標軸の角度 θ を求める．そのために式 (1.5) の第二式を $\sigma'_{12} = 0$ とおいて，

$$\tan 2\theta_{\mathrm{I}} = \frac{2\sigma_{12}}{\sigma_{11} - \sigma_{22}} \tag{1.6}$$

を得る．さらに式 (1.6) を式 (1.5) の第一式に代入し，整理すると以下のようなふたつの垂直応力 σ_1 と σ_2 が得られる．

$$\begin{aligned} \sigma_1 &= \frac{1}{2}(\sigma_{11} + \sigma_{22}) + \sqrt{\frac{1}{4}(\sigma_{11} - \sigma_{22})^2 + \sigma_{12}^2} \\ \sigma_2 &= \frac{1}{2}(\sigma_{11} + \sigma_{22}) - \sqrt{\frac{1}{4}(\sigma_{11} - \sigma_{22})^2 + \sigma_{12}^2} \end{aligned} \tag{1.7}$$

これらの垂直応力は**主応力**（principal stress）と呼ばれる．また，角度 $\theta_{\mathrm{I}}, \theta_{\mathrm{I}} + \frac{\pi}{2}$ は**主応力軸**（axis of principal stress）と呼ばれ，この角度に座標軸がとられるとせん断応力がゼロとなり，応力成分は主応力のみとなる．

例題 1.3

$$\frac{d\sigma'_{12}}{d\theta} = 0$$

となるような角度 θ において，せん断応力成分が最大または最小となる．これは**主せん断応力**（principal shear stress）と呼ばれるが，この大きさを求めなさい．

【解答】 $\frac{d\sigma'_{12}}{d\theta} = 0$ となる角度 θ を式 (1.5) の第二式から求めると以下のようになる．

$$\tan 2\theta_{\mathrm{II}} = -\frac{\sigma_{11} - \sigma_{22}}{2\sigma_{12}} \tag{1.8}$$

この角度に対応した面は**主せん断応力面**（plane of principal shear stress）と呼ばれる．これを式 (1.5) の第二式にふたたび代入すれば，主せん断応力が以下のように求められる．

$$\begin{aligned} \tau_1 &= \quad\sqrt{\frac{1}{4}(\sigma_{11} - \sigma_{22})^2 + \sigma_{12}^2} \\ \tau_2 &= -\sqrt{\frac{1}{4}(\sigma_{11} - \sigma_{22})^2 + \sigma_{12}^2} \end{aligned} \tag{1.9 ★}$$

例題 1.4

主応力軸と主せん断応力面の幾何学的関係について示しなさい．

【解答】 式 (1.6) と式 (1.8) を相互に掛けると以下のような関係式が得られる．

$$\tan 2\theta_{\mathrm{I}} \tan 2\theta_{\mathrm{II}} = -1 \tag{1.10}$$

これにより，この関係式は

$$2|\theta_{\mathrm{I}} - \theta_{\mathrm{II}}| = \frac{\pi}{2}$$

を満足していなければならないことがわかる．よって，主応力軸と主せん断応力面のなす角は $\frac{\pi}{4}$ である．なお，ふたつの主応力の差は主せん断応力の二倍に等しいことも重要な事柄である．

$$\sigma_1 - \sigma_2 = 2\tau_1 \tag{1.11 ★}$$

1.2　ひずみ成分

外力を受けて二次元弾性体中のある点 P から点 P′ へ変位したとする．この変位ベクトルを $\boldsymbol{u} = (u_1, u_2)$ とする．単位長さ当たりの変位の変化率として定義される**ひずみ成分**（strain）は，**図 1.5** に示す微小線分 PA と PB の変形に注目すれば求められる．外力を受けてそれぞれの微小線分が P′A′ と P′B′ へ変位したとすれば，

$$\varepsilon_{11} = \frac{\partial u_1}{\partial x_1}, \quad \varepsilon_{22} = \frac{\partial u_2}{\partial x_2}, \quad \gamma_{12} = \frac{\partial u_1}{\partial x_2} + \frac{\partial u_2}{\partial x_1} \tag{1.12}$$

となる．ここで，$\varepsilon_{11}, \varepsilon_{22}$ は**垂直ひずみ**（normal strain），γ_{12} は**工学的せん断ひずみ**（engineering shear strain）と呼ばれる．また，下添え字の約束は応力成分と同じである．

三次元直角座標系 (x_1, x_2, x_3) においてもひずみ成分は応力成分と対応するように以下のように表される．

$$\begin{array}{ccc} \varepsilon_{11} & \gamma_{12} & \gamma_{13} \\ \gamma_{21} & \varepsilon_{22} & \gamma_{23} \\ \gamma_{31} & \gamma_{32} & \varepsilon_{33} \end{array} \tag{1.13}$$

ここで，$\gamma_{12} = \gamma_{21}$，$\gamma_{13} = \gamma_{31}$，$\gamma_{23} = \gamma_{32}$ である．点 P での変位ベクトルを $\boldsymbol{u} = (u_1, u_2, u_3)$ とすれば，ひずみ成分は以下のようになる．

$$\begin{gathered} \varepsilon_{11} = \frac{\partial u_1}{\partial x_1}, \quad \varepsilon_{22} = \frac{\partial u_2}{\partial x_2}, \quad \varepsilon_{33} = \frac{\partial u_3}{\partial x_3} \\ \gamma_{12} = \frac{\partial u_1}{\partial x_2} + \frac{\partial u_2}{\partial x_1}, \quad \gamma_{23} = \frac{\partial u_2}{\partial x_3} + \frac{\partial u_3}{\partial x_2}, \quad \gamma_{13} = \frac{\partial u_3}{\partial x_1} + \frac{\partial u_1}{\partial x_3} \end{gathered} \tag{1.14}$$

詳しい証明は省略するが，円柱座標系 (r, θ, x_3) に対する点 P での変位ベクトル

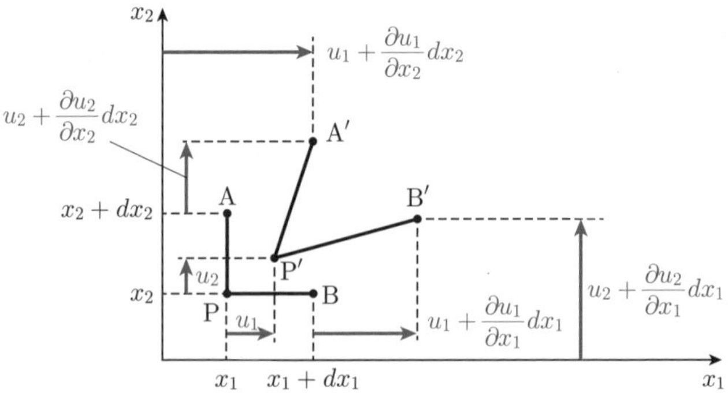

図 1.5　微小線分の変化

を $\boldsymbol{u} = (u_r, u_\theta, u_3)$ とすれば，ひずみ成分は以下のようになる．

$$
\begin{gathered}
\varepsilon_{rr} = \frac{\partial u_r}{\partial r}, \quad \varepsilon_{\theta\theta} = \frac{u_r}{r} + \frac{1}{r}\frac{\partial u_\theta}{\partial \theta}, \quad \varepsilon_{33} = \frac{\partial u_3}{\partial x_3} \\
\gamma_{r\theta} = \frac{1}{r}\frac{\partial u_r}{\partial \theta} + \frac{\partial u_\theta}{\partial r} - \frac{u_\theta}{r} \\
\gamma_{3\theta} = \frac{\partial u_\theta}{\partial x_3} + \frac{1}{r}\frac{\partial u_3}{\partial \theta}, \quad \gamma_{3r} = \frac{\partial u_r}{\partial x_3} + \frac{\partial u_3}{\partial r}
\end{gathered}
\tag{1.15}
$$

また，球座標系 (r, θ, φ) での変位ベクトルを $\boldsymbol{u} = (u_r, u_\theta, u_\varphi)$ とすれば，ひずみ成分は以下のようになる．

$$
\begin{gathered}
\varepsilon_{rr} = \frac{\partial u_r}{\partial r} \\
\varepsilon_{\theta\theta} = \frac{u_r}{r} + \frac{1}{r\sin\varphi}\frac{\partial u_\theta}{\partial \theta} + \frac{u_\varphi}{r}\cot\varphi \\
\varepsilon_{\varphi\varphi} = \frac{u_r}{r} + \frac{1}{r}\frac{\partial u_\varphi}{\partial \varphi} \\
\gamma_{r\theta} = \frac{1}{r\sin\varphi}\frac{\partial u_r}{\partial \theta} + \frac{\partial u_\theta}{\partial r} - \frac{u_\theta}{r} \\
\gamma_{\theta\varphi} = \frac{1}{r}\frac{\partial u_\theta}{\partial \varphi} - \frac{u_\theta}{r}\cot\varphi + \frac{1}{r\sin\varphi}\frac{\partial u_\theta}{\partial \theta} \\
\gamma_{\varphi r} = \frac{1}{r}\frac{\partial u_r}{\partial \varphi} + \frac{\partial u_\varphi}{\partial r} - \frac{u_\varphi}{r}
\end{gathered}
\tag{1.16}
$$

例題 1.5

式 (1.12) から，弾性体に生じた変位を微分することでひずみ成分が求まることがわかった．一方，実験ではひずみ成分が測定されるから，式 (1.12) を積分して変位を求めなければならない．このとき，それぞれの式から積分定数が独立に現れる．このため，ひずみ成分の間を結び付けるもうひとつの関係式（**ひずみの適合条件**（condition of compatibility））が必要となる．この関係式を導きなさい．

【解答】 式 (1.12) の垂直ひずみ成分を以下のように微分する．

$$
\begin{aligned}
\frac{\partial^2 \varepsilon_{11}}{\partial x_2^2} &= \frac{\partial^2}{\partial x_1 \partial x_2}\left(\frac{\partial u_1}{\partial x_2}\right) \\
\frac{\partial^2 \varepsilon_{22}}{\partial x_1^2} &= \frac{\partial^2}{\partial x_1 \partial x_2}\left(\frac{\partial u_2}{\partial x_1}\right)
\end{aligned}
\tag{1.17}
$$

これらの和をとると以下のひずみの適合条件が求まる．

$$
\frac{\partial^2 \varepsilon_{11}}{\partial x_2^2} + \frac{\partial^2 \varepsilon_{22}}{\partial x_1^2} = \frac{\partial^2 \gamma_{12}}{\partial x_1 \partial x_2}
\tag{1.18}
$$

なお，三次元直角座標系に対するひずみの適合条件も同様の方法で求まる．

座標系のとり方により応力成分の値が異なるのと同様に，ひずみ成分の値も異なる．これは式 (1.5) において

$$\sigma_{11} \Rightarrow \varepsilon_{11}, \quad \sigma_{22} \Rightarrow \varepsilon_{22}, \quad \sigma_{12} \Rightarrow \frac{1}{2}\gamma_{12}$$

のように置き換えればよく，これにより以下のようにひずみ成分の座標変換式が得られる．

$$\begin{aligned} \varepsilon'_{11} &= \frac{1}{2}(\varepsilon_{11}+\varepsilon_{22}) + \frac{1}{2}(\varepsilon_{11}-\varepsilon_{22})\cos 2\theta + \frac{1}{2}\gamma_{12}\sin 2\theta \\ \gamma'_{12} &= (\varepsilon_{22}-\varepsilon_{11})\sin 2\theta + \gamma_{12}\cos 2\theta \end{aligned} \tag{1.19}$$

(1.19) ★

■ 例題 1.6 ■

主応力，主せん断応力と同様に式 (1.19) から，**主ひずみ**（principal strain），**主せん断ひずみ**（principal shear strain）をそれぞれ求めなさい．

【解答】 主ひずみ軸は，

$$\tan 2\theta_{\mathrm{I}} = \frac{\gamma_{12}}{\varepsilon_{11}-\varepsilon_{22}} \tag{1.20}$$

主ひずみは，

$$\begin{aligned} \varepsilon_1 &= \frac{1}{2}(\varepsilon_{11}+\varepsilon_{22}) + \sqrt{\frac{1}{4}(\varepsilon_{11}-\varepsilon_{22})^2 + \frac{1}{4}\gamma_{12}^2} \\ \varepsilon_2 &= \frac{1}{2}(\varepsilon_{11}+\varepsilon_{22}) - \sqrt{\frac{1}{4}(\varepsilon_{11}-\varepsilon_{22})^2 + \frac{1}{4}\gamma_{12}^2} \end{aligned} \tag{1.21}$$

となる．また，主せん断ひずみ面は，

$$\tan 2\theta_{\mathrm{II}} = -\frac{\varepsilon_{11}-\varepsilon_{22}}{\gamma_{12}} \tag{1.22}$$

そして，主せん断ひずみは，

$$\begin{aligned} \gamma_1 &= \sqrt{(\varepsilon_{11}-\varepsilon_{22})^2 + \gamma_{12}^2} \\ \gamma_2 &= -\sqrt{(\varepsilon_{11}-\varepsilon_{22})^2 + \gamma_{12}^2} \end{aligned} \tag{1.23}$$

である．★

1.3　一般化されたフックの法則

x_1 軸方向に垂直応力 σ_{11} が作用することで物体に生じるひずみは，

$$\varepsilon_{11} = \frac{\sigma_{11}}{E}, \quad \varepsilon_{22} = -\nu\varepsilon_{11}, \quad \varepsilon_{33} = -\nu\varepsilon_{11} \tag{1.24}$$

となる．式 (1.24) の第一式は**フックの法則**（Hooke's law）と呼ばれ，E は**縦弾性係数**（longitudinal elastic modulus）あるいは**ヤング率**（Young's modulus）と呼ばれる材料定数である．第二式と第三式は x_1 軸方向に垂直な方向に物体が収縮したことを示しており，ν は**ポアソン比**（Poisson's ratio）と呼ばれる材料定数である．

x_1 と x_2 軸の面内にせん断応力 σ_{12} が作用することで物体に生じるひずみは，

$$\gamma_{12} = \frac{\sigma_{12}}{G} \tag{1.25}$$

となる．G は**横弾性係数**（transverse elastic modulus）と呼ばれる材料定数であり，縦弾性係数，ポアソン比と以下のように関係していることが知られる．

$$G = \frac{E}{2(1+\nu)} \tag{1.26}$$

この関係式はよく使われるので覚えておくとよい．

三次元弾性体の変形においては，式 (1.24) と式 (1.25) の関係を利用し，それぞれの座標軸の方向に独立に垂直応力が作用したときに生じる垂直ひずみを求める．そして，すべての垂直応力が同時に作用したときの垂直ひずみは，それらの関係式を加えればよい（**重ね合せの原理**（principle of superposition））．以下の関係式は，**一般化されたフックの法則**（generalized Hooke's law）と呼ばれる．

$$\begin{aligned}
\varepsilon_{11} &= \frac{1}{E}\{\sigma_{11} - \nu(\sigma_{22} + \sigma_{33})\} \\
\varepsilon_{22} &= \frac{1}{E}\{\sigma_{22} - \nu(\sigma_{11} + \sigma_{33})\} \\
\varepsilon_{33} &= \frac{1}{E}\{\sigma_{33} - \nu(\sigma_{11} + \sigma_{22})\}
\end{aligned} \tag{1.27}$$

一方，せん断応力が作用しても体積変化が生じることがない．よって，式 (1.25) からせん断応力については，

$$\gamma_{12} = \frac{\sigma_{12}}{G}, \quad \gamma_{23} = \frac{\sigma_{23}}{G}, \quad \gamma_{31} = \frac{\sigma_{31}}{G} \tag{1.28}$$

さらに基準温度から加熱あるいは冷却されて物体に温度差 ΔT が生じたとき，一般化されたフックの法則は**線膨張係数**（coefficient of thermal expansion）（あるいは**熱膨張係数**とも呼ばれる）α を用いて，以下のように修正される．これは**デュアメル–ノイマン則**（Duhamel-Neuman's law）と呼ばれる．

$$
\begin{aligned}
\varepsilon_{11} &= \frac{1}{E}\{\sigma_{11} - \nu(\sigma_{22} + \sigma_{33})\} + \alpha\Delta T \\
\varepsilon_{22} &= \frac{1}{E}\{\sigma_{22} - \nu(\sigma_{11} + \sigma_{33})\} + \alpha\Delta T \\
\varepsilon_{33} &= \frac{1}{E}\{\sigma_{33} - \nu(\sigma_{11} + \sigma_{22})\} + \alpha\Delta T
\end{aligned}
\tag{1.29}
$$

なお，せん断応力とせん断ひずみの関係式は式 (1.28) のままである．

例題 1.7

式 (1.27) について応力成分を求めなさい．

【解答】 すべての式の和をとり，**体積ひずみ** (volumetric strain) $e = \varepsilon_{11} + \varepsilon_{22} + \varepsilon_{33}$ とおいて式を整理すると応力成分はつぎのように求まる．

$$
\begin{aligned}
\sigma_{11} &= 2G\left(\varepsilon_{11} + \frac{\nu}{1-2\nu}e\right) \\
\sigma_{22} &= 2G\left(\varepsilon_{22} + \frac{\nu}{1-2\nu}e\right) \\
\sigma_{33} &= 2G\left(\varepsilon_{33} + \frac{\nu}{1-2\nu}e\right)
\end{aligned}
\tag{1.30}
$$
★

例題 1.8

式 (1.29) について応力成分を求めなさい．

【解答】 応力成分は以下のように求まる．

$$
\begin{aligned}
\sigma_{11} &= 2G\left(\varepsilon_{11} + \frac{\nu}{1-2\nu}e - \frac{1+\nu}{1-2\nu}\alpha\Delta T\right) \\
\sigma_{22} &= 2G\left(\varepsilon_{22} + \frac{\nu}{1-2\nu}e - \frac{1+\nu}{1-2\nu}\alpha\Delta T\right) \\
\sigma_{33} &= 2G\left(\varepsilon_{33} + \frac{\nu}{1-2\nu}e - \frac{1+\nu}{1-2\nu}\alpha\Delta T\right)
\end{aligned}
\tag{1.31}
$$
★

三次元問題を二次元問題に置き換えることができる場合がある．例えば，図1.6 (a)に示すように薄い平板や円板が面内に外力を受ける場合，これは**平面応力問題**（plane stress problem）と呼ばれ，**平面応力状態**（plane stress state）にあるといわれる．平板の厚さ方向に x_3 軸をとれば，平面応力状態は，

$$\sigma_{33} = \sigma_{31} = \sigma_{32} = 0 \tag{1.32}$$

である．

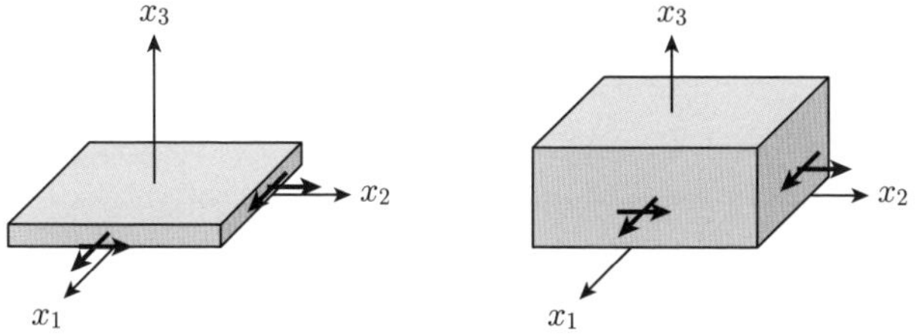

(a) 平面応力問題　　(b) 平面ひずみ問題

図1.6　二次元問題

式 (1.29) より平面応力問題に対する一般化されたフックの法則はつぎのようになる．

$$\begin{aligned}
\varepsilon_{11} &= \frac{1}{E}(\sigma_{11} - \nu\sigma_{22}) + \alpha\Delta T \\
\varepsilon_{22} &= \frac{1}{E}(\sigma_{22} - \nu\sigma_{11}) + \alpha\Delta T \\
\varepsilon_{33} &= -\frac{\nu}{E}(\sigma_{11} + \sigma_{22}) + \alpha\Delta T \\
\gamma_{12} &= \frac{\sigma_{12}}{G}, \quad \gamma_{23} = 0, \quad \gamma_{31} = 0
\end{aligned} \tag{1.33}$$

応力成分について解くと，

$$\begin{aligned}
\sigma_{11} &= 2G\left(\varepsilon_{11} + \frac{\nu}{1-\nu}e - \frac{1+\nu}{1-\nu}\alpha\Delta T\right) \\
\sigma_{22} &= 2G\left(\varepsilon_{22} + \frac{\nu}{1-\nu}e - \frac{1+\nu}{1-\nu}\alpha\Delta T\right) \\
\sigma_{12} &= G\gamma_{12}
\end{aligned} \tag{1.34}$$

である．ここで，

$$e = \varepsilon_{11} + \varepsilon_{22}$$

である．

図 1.6 (b)に示すように厚い平板や円柱が面内に外力を受ける場合，これは**平面ひずみ問題** (plane strain problem) と呼ばれ，**平面ひずみ状態** (plane strain state) にあるといわれる．平板の厚さ方向に x_3 軸をとれば，その方向に発生するひずみは小さいものとみなせ，平面ひずみ状態は，

$$\varepsilon_{33} = \gamma_{31} = \gamma_{32} = 0 \tag{1.35}$$

である．

■ 例題 1.9 ■

平面ひずみ問題に対する一般化されたフックの法則を求めなさい．

【解答】 ひずみ成分は，式 (1.29) より以下のように求まる．

$$\begin{aligned}
\varepsilon_{11} &= \frac{1+\nu}{E}\{(1-\nu)\sigma_{11} - \nu\sigma_{22}\} + (1+\nu)\alpha\Delta T \\
\varepsilon_{22} &= \frac{1+\nu}{E}\{(1-\nu)\sigma_{22} - \nu\sigma_{11}\} + (1+\nu)\alpha\Delta T \\
\varepsilon_{33} &= 0 \\
&\gamma_{12} = \frac{\sigma_{12}}{G}, \quad \gamma_{23} = 0, \quad \gamma_{31} = 0
\end{aligned} \tag{1.36}$$

応力成分について解くと，

$$\begin{aligned}
\sigma_{11} &= 2G\left(\varepsilon_{11} + \frac{\nu}{1-2\nu}e - \frac{1+\nu}{1-2\nu}\alpha\Delta T\right) \\
\sigma_{22} &= 2G\left(\varepsilon_{22} + \frac{\nu}{1-2\nu}e - \frac{1+\nu}{1-2\nu}\alpha\Delta T\right) \\
\sigma_{33} &= \nu(\sigma_{11} + \sigma_{22}) - E\alpha\Delta T \\
\sigma_{12} &= G\gamma_{12}
\end{aligned} \tag{1.37}$$

となる．ここで，

$$e = \varepsilon_{11} + \varepsilon_{22}$$

である．式 (1.37) の第三式は厚さ方向に物体の変形が拘束されたことで生じた垂直応力成分である．★

1.4 境界条件

弾性体の問題を解くためには**境界条件**（boundary condition）が必要である．境界条件にはつぎのふたつの種類がある．

(1) **表面力に関する境界条件** 境界条件として，物体表面に作用する力の条件がある．ここでの力とは単位面積当たりの力であり，これは**表面力**（surface traction）と呼ばれる．図1.7に示すように表面力ベクトル $\boldsymbol{T} = (T_1, T_2)$ が作用する物体表面を斜辺 AB とした微小な直角三角形 ABP を考える．斜面の単位法線ベクトルを $\boldsymbol{n} = (n_1, n_2)$，その長さを Δs として力の釣合いの式をたてると以下の変換式が求まる．

$$
\begin{aligned}
T_1 &= \sigma_{11} n_1 + \sigma_{21} n_2 \\
T_2 &= \sigma_{12} n_1 + \sigma_{22} n_2
\end{aligned}
\tag{1.38}
$$

この変換式に従って表面力ベクトルは応力成分となって物体中に伝わっていく．

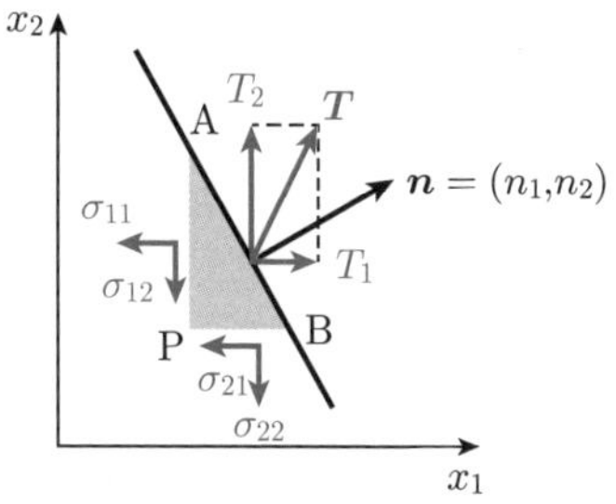

図1.7 表面力に関する境界条件

三次元直角座標系において，単位法線ベクトル $\boldsymbol{n} = (n_1, n_2, n_3)$ の斜面をもつ物体表面近傍から直角三角錐をとれば，式 (1.38) との類推から表面力ベクトルと応力成分の変換式は以下のようになる．

$$
\begin{aligned}
T_1 &= \sigma_{11} n_1 + \sigma_{21} n_2 + \sigma_{31} n_3 \\
T_2 &= \sigma_{12} n_1 + \sigma_{22} n_2 + \sigma_{32} n_3 \\
T_3 &= \sigma_{13} n_1 + \sigma_{23} n_2 + \sigma_{33} n_3
\end{aligned}
\tag{1.39}
$$

(2) **変位に関する境界条件** 境界条件として，物体表面に作用する変位の条件がある．取り扱われる問題の多くは，変位ゼロ，すなわち物体が剛体壁に固定される．しかし，強制的に変位が作用する問題もある．

例題 1.10

図1.8に示すような一様な引張表面力 p を受ける平板問題について考える．この問題の境界条件を示しなさい．

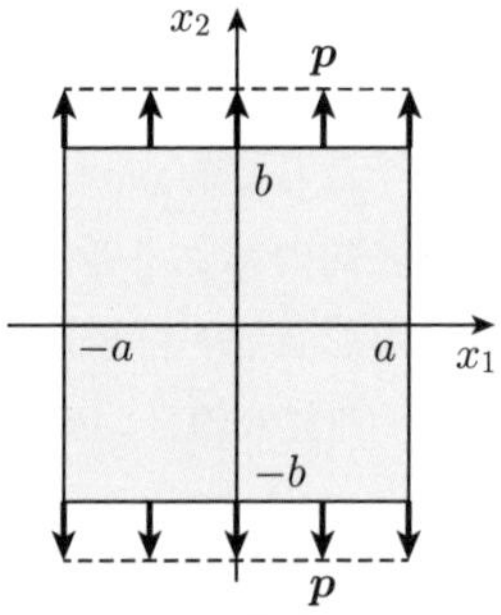

図1.8　一様引張りを受ける平板

【解答】 図1.8のすべての境界を考えるのではなく，図1.9に示すように第一象限に含まれる平板領域のみ考えるとよい．このようなモデル化は有限要素解析のための解析モデルを作成するときによくなされる．図1.9に従えば，境界条件は以下のようになる．

$$\left.\begin{aligned} T_1 &= \sigma_{11} \times 1 + \sigma_{21} \times 0 \Rightarrow \sigma_{11} = 0 \\ T_2 &= \sigma_{12} \times 1 + \sigma_{22} \times 0 \Rightarrow \sigma_{12} = 0 \end{aligned}\right\} (x_1 = a, \quad 0 \leq x_2 \leq b) \tag{1.40}$$

$$\left.\begin{aligned} T_1 &= \sigma_{11} \times 0 + \sigma_{21} \times 1 \Rightarrow \sigma_{21} = 0 \\ T_2 &= \sigma_{12} \times 0 + \sigma_{22} \times 1 \Rightarrow \sigma_{22} = p \end{aligned}\right\} (0 \leq x_1 \leq a, \quad x_2 = b) \tag{1.41}$$

$$u_1 = 0 \quad (x_1 = 0, \quad 0 \leq x_2 \leq b) \tag{1.42}$$

$$u_2 = 0 \quad (0 \leq x_1 \leq a, \quad x_2 = 0) \tag{1.43}$$

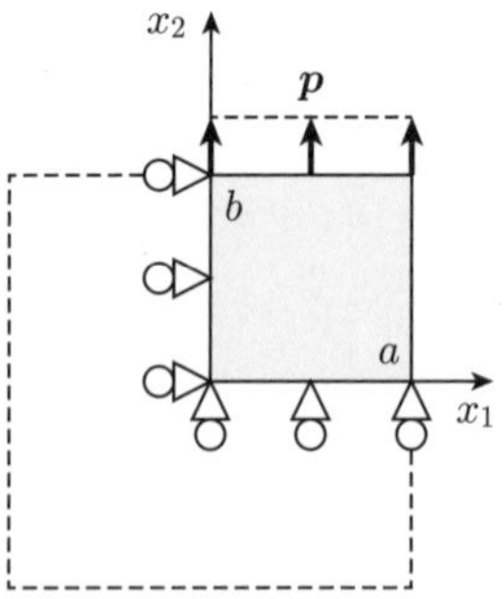

図1.9　平板問題のモデル化

★

1.5　エネルギー原理

外力 P によりばねが δ だけ伸びたとき，ばねに蓄えられる内部エネルギー U は，

$$U = \int_0^{\delta} P\,d\delta \tag{1.44}$$

である．フックの法則 $P = k\delta$ を式 (1.44) に代入して積分すると以下の関係式が得られる．

$$U = \frac{1}{2}k\delta^2 = \frac{1}{2}P\delta \tag{1.45}$$

外力を受ける弾性体においてもこれと同様な関係があり，それは以下のようになる．

$$\begin{aligned}\widehat{U} &= \frac{1}{2}\sigma_{11}\varepsilon_{11} + \frac{1}{2}\sigma_{22}\varepsilon_{22} + \frac{1}{2}\sigma_{33}\varepsilon_{33}\\ &\quad + \frac{1}{2}\sigma_{12}\gamma_{12} + \frac{1}{2}\sigma_{23}\gamma_{23} + \frac{1}{2}\sigma_{31}\gamma_{31}\end{aligned} \tag{1.46}$$

このとき，$\widehat{U}$ は単位体積当たりの内部エネルギーであり，**ひずみエネルギー密度**（strain energy density）と呼ばれる．また，弾性体全体にわたって式 (1.46) を体積積分することで，弾性体全体に蓄えられた**ひずみエネルギー**（strain energy）が得られる．

例題 1.11

ひずみエネルギー密度 $\widehat{U}$ をひずみ成分で微分することで応力成分が求められることを確認しなさい．

【解答】　式 (1.46) に一般化されたフックの法則（式 (1.30)）を代入し，ひずみ成分で表すと以下のようになる．

$$\begin{aligned}\widehat{U} = G\Bigl\{&\varepsilon_{11}^2 + \varepsilon_{22}^2 + \varepsilon_{33}^2\\ &+ \frac{\nu}{1-2\nu}(\varepsilon_{11} + \varepsilon_{22} + \varepsilon_{33})^2 + \frac{1}{2}(\gamma_{12}^2 + \gamma_{23}^2 + \gamma_{31}^2)\Bigr\}\end{aligned}$$

これをひずみ成分で微分すると，結果は以下のようになる．

$$\begin{aligned}\sigma_{11} &= \frac{\partial \widehat{U}}{\partial \varepsilon_{11}}, \quad \sigma_{22} = \frac{\partial \widehat{U}}{\partial \varepsilon_{22}}, \quad \sigma_{33} = \frac{\partial \widehat{U}}{\partial \varepsilon_{33}}\\ \sigma_{12} &= \frac{\partial \widehat{U}}{\partial \gamma_{12}}, \quad \sigma_{23} = \frac{\partial \widehat{U}}{\partial \gamma_{23}}, \quad \sigma_{31} = \frac{\partial \widehat{U}}{\partial \gamma_{31}}\end{aligned} \tag{1.47 ★}$$

弾性体に蓄えられたひずみエネルギー U と外力のもつポテンシャルエネルギー W の和は**全ポテンシャルエネルギー**（total potential energy）と呼ばれ，記号 Π で以下のように表される．

$$\Pi = U + W \tag{1.48}$$

式 (1.48) において，外力のもつポテンシャルエネルギーは，変形前の状態を 0 とすると，

$$W = -\int_S (T_1 u_1 + T_2 u_2 + T_3 u_3)\, dS \tag{1.49}$$

で表される．ここで，S は物体の表面積である．

変位の正解が $u_1^* = u_1^*(x_1, x_2, x_3)$, $u_2^* = u_2^*(x_1, x_2, x_3)$, $u_3^* = u_3^*(x_1, x_2, x_3)$ であるとき，全ポテンシャルエネルギー Π が最小となることが知られている．これは，**最小ポテンシャルエネルギーの原理**（principle of minimum potential energy）と呼ばれる．全ポテンシャルエネルギーは破壊力学，最小ポテンシャルエネルギーの原理は有限要素法で利用される．

物体表面に作用している n 個の変位 δ_i（$i = 1, \ldots, n$）の大きさとひずみエネルギー U がわかっているとき，以下の式により作用点での作用線方向の集中荷重 P_i（$i = 1, \ldots, n$）を求めることができる．

$$P_i = \frac{\partial U}{\partial u_i} \quad (i = 1, \ldots, n) \tag{1.50}$$

これは**カスチリアノの第一定理**（Castigliano's first theorem）あるいは**エンゲサーの定理**（Engesser's first theorem）といわれる．これとは逆に，集中荷重 P_i とひずみエネルギーがわかっているとき，作用点での作用線方向の変位は以下となる．

$$u_i = \frac{\partial U}{\partial P_i} \quad (i = 1, \ldots, n) \tag{1.51}$$

これは**カスチリアノの第二定理**（Castigliano's second theorem）あるいは単に**カスチリアノの定理**といわれる．これらの定理が弾性体の問題を解くために利用される．

1.6　基本的な問題

この節では，弾性力学の様々な問題について，例題の形で紹介していく．

1.6.1　一様引張問題

例題 1.12

図 1.10 に示すように長さ a，高さ $2b$，厚さ 1 の一様断面を有する平板について考える．この平板の左端は剛体壁に固定され，右端には表面力 $T_1 = p$ が一様に作用している．このとき，この平板に生じる応力解と変位解をそれぞれ求めなさい．なお，平面応力状態を仮定する．

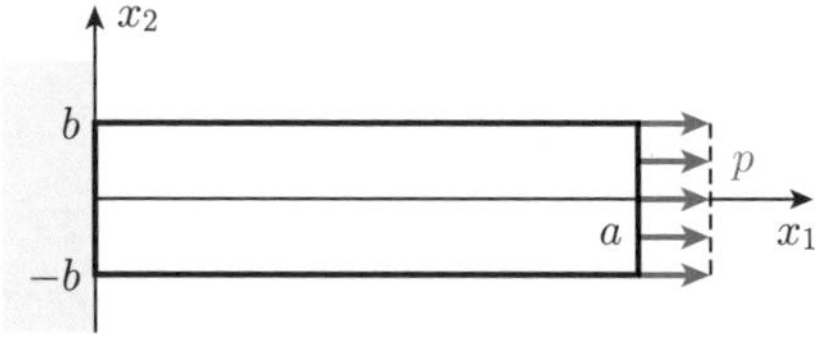

図 1.10　一様引張りを受ける平板

【解答】 平面応力状態におけるフックの法則に，表面力に関する境界条件 $\sigma_{11} = p$, $\sigma_{22} = 0$, $\sigma_{12} = 0$ を代入すれば垂直ひずみが以下のように求まる．

$$\varepsilon_{11} = \frac{1}{E}p, \quad \varepsilon_{22} = -\frac{\nu}{E}p, \quad \gamma_{12} = 0 \tag{1.52}$$

ひずみと変位の関係式を左辺に代入し，

$$\frac{\partial u_1}{\partial x_1} = \frac{1}{E}p, \quad \frac{\partial u_2}{\partial x_2} = -\frac{\nu}{E}p, \quad \frac{\partial u_1}{\partial x_2} + \frac{\partial u_2}{\partial x_1} = 0 \tag{1.53}$$

第一式を積分すると，

$$u_1 = \frac{1}{E}px_1 + f(x_2) \tag{1.54}$$

となる．さらに変位に関する境界条件（$x_1 = 0$ にて $u_1 = 0$）により，$f(x_2)$ はゼロと求まる．つぎに式 (1.53) の第二式を積分して，

$$u_2 = -\frac{\nu}{E}px_2 + g(x_1) \tag{1.55}$$

となり，式 (1.54) と式 (1.55) を式 (1.53) の第三式に代入して，以下の微分方程式を得る．

$$\frac{dg(x_1)}{dx_1} = 0 \tag{1.56}$$

これを積分し，積分定数を C とおけば，$g(x_1) = C$ である．さらに変位に関する境

界条件（$x_1 = 0, x_2 = 0$ にて $u_2 = 0$）により，積分定数 C はゼロと求まる．よって，平板の変位解はつぎのようになる．

$$u_1 = \frac{1}{E} p x_1, \quad u_2 = -\frac{\nu}{E} p x_2 \tag{1.57}$$

これにより平板は表面力が作用する方向に一様に伸びるとともに，これと垂直な方向には一様に収縮することがわかる．なお，応力解は，

$$\sigma_{11} = p, \quad \sigma_{22} = 0, \quad \sigma_{12} = \sigma_{21} = 0 \tag{1.58}$$

である．★

ここで，本例題を利用して**力線**(force line)について理解を深めていこう．図1.11に示すように平板の右端に集中荷重 P が作用している問題について考える．集中荷重の大きさは図1.10の表面力の合力 $p \times (2b \times 1)$ に等しいものとする．ふたつの異なる力の作用方法に対して力線を作図すると図1.12のようになる．図1.12 (b)により，集中荷重が作用している作用点近傍（破線B）では力線が密，すなわち応力が集中している状態にあるものの，作用点から離れるにつれて応力分布は図1.12 (a)の破線Aの状態に近づく．これは，**サンブナンの原理**（Saint Venant's principle）と呼ばれている．よって，図1.11の応力解も作用点から離れたところでは以下のようになっていると考えてよい．

$$\sigma_{11} = \frac{P}{2b}, \quad \sigma_{22} = 0, \quad \sigma_{12} = \sigma_{21} = 0 \tag{1.59}$$

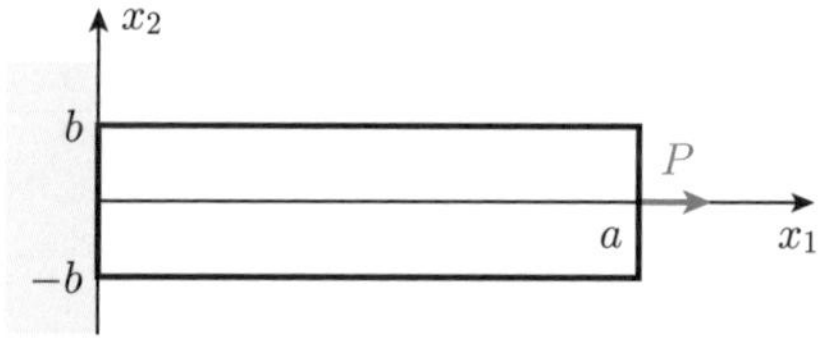

図1.11　集中荷重を受ける平板

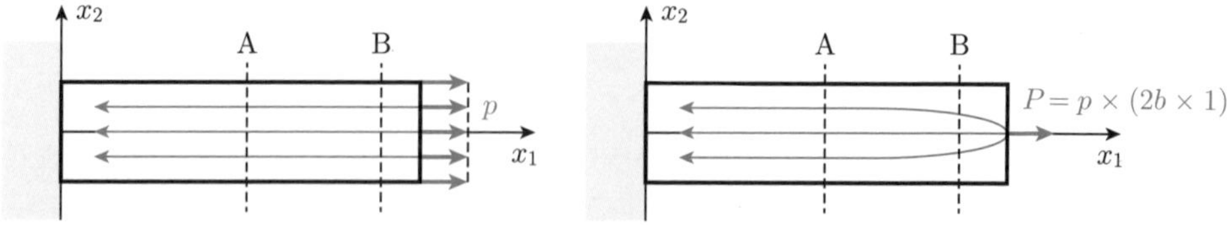

(a) 一様引張りの場合　　(b) 集中荷重の場合

図1.12　平板の力線

1.6.2　曲げ問題

例題 1.13

図 1.13 に示すように長さ a，高さ $2b$，厚さ 1 の一様断面を有する平板について考える．この平板の左端は剛体壁に固定され，右端にはモーメント M が作用している．このとき，この平板に生じる応力解と変位解をそれぞれ求めなさい．なお，平面応力状態を仮定する．

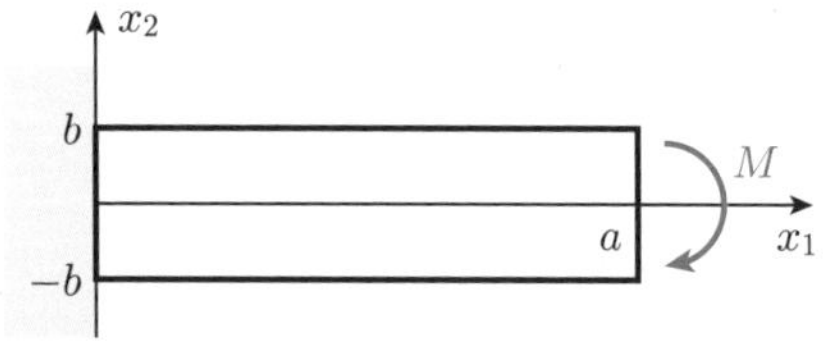

図 1.13　モーメント M を受ける平板

【解答】　平板に生じる応力解を以下のようにおく．

$$\sigma_{11} = f(x_2), \quad \sigma_{22} = 0, \quad \sigma_{12} = \sigma_{21} = 0 \tag{1.60}$$

これをフックの法則に代入してひずみを求めるとつぎのようになる．

$$\varepsilon_{11} = \frac{1}{E} f(x_2), \quad \varepsilon_{22} = -\frac{\nu}{E} f(x_2), \quad \gamma_{12} = 0 \tag{1.61}$$

これらのひずみ成分はひずみの適合条件（式 (1.18)）を満足していなければならない．

$$\frac{d^2 f(x_2)}{dx_2^2} = 0 \tag{1.62}$$

これを積分し，その積分定数を c, d とおけば，

$$f(x_2) = cx_2 + d \tag{1.63}$$

よって，式 (1.60) の応力解は，

$$\sigma_{11} = cx_2 + d, \quad \sigma_{22} = 0, \quad \sigma_{12} = \sigma_{21} = 0 \tag{1.64}$$

である．この応力解は，平板の右端に作用させているモーメントと一致し，かつ合力がゼロとなるよう分布していなければならない．よって，

$$M = \int_{-b}^{b} \sigma_{11} x_2 \, dx_2, \quad \int_{-b}^{b} \sigma_{11} \, dx_2 = 0 \tag{1.65}$$

式 (1.65) に式 (1.64) を代入し，積分定数 c, d を求めれば，応力解が以下のように求まる．

$$\sigma_{11} = \frac{3M}{2b^3}x_2, \quad \sigma_{22} = 0, \quad \sigma_{12} = \sigma_{21} = 0 \tag{1.66}$$

つぎに変位解を求めるために，式 (1.61) にひずみと変位の関係式を代入して，

$$\begin{aligned} \frac{\partial u_1}{\partial x_1} &= \frac{1}{E}\left(\frac{3M}{2b^3}\right)x_2 \\ \frac{\partial u_2}{\partial x_2} &= -\frac{\nu}{E}\left(\frac{3M}{2b^3}\right)x_2 \\ \frac{\partial u_1}{\partial x_2} &+ \frac{\partial u_2}{\partial x_1} = 0 \end{aligned} \tag{1.67}$$

を得る．式 (1.67) の第一式を積分し，その積分定数を $g(x_2)$ とおけば，

$$u_1 = \frac{1}{E}\left(\frac{3M}{2b^3}\right)x_1x_2 + g(x_2) \tag{1.68}$$

さらに変位に関する境界条件（$x_1 = 0$ にて $u_1 = 0$）から，積分定数 $g(x_2)$ はゼロと求まる．よって，

$$u_1 = \frac{1}{E}\left(\frac{3M}{2b^3}\right)x_1x_2 \tag{1.69}$$

つぎに式 (1.67) の第三式に式 (1.69) を代入して，以下の微分方程式を得る．

$$\frac{\partial u_2}{\partial x_1} = -\frac{1}{E}\left(\frac{3M}{2b^3}\right)x_1 \tag{1.70}$$

これを積分し，その積分定数を $h(x_2)$ とおけば，

$$u_2 = -\frac{1}{E}\left(\frac{3M}{4b^3}\right)x_1^2 + h(x_2) \tag{1.71}$$

となり，これを式 (1.67) の第二式に代入して積分し，変位に関する境界条件（$x_1 = 0, x_2 = 0$ にて $u_2 = 0$）を考慮すれば，

$$u_2 = -\frac{1}{E}\left(\frac{3M}{4b^3}\right)(x_1^2 + \nu x_2^2) \tag{1.72}$$

が得られる．よって，変位解は以下のように求まる．

$$\begin{aligned} u_1 &= \frac{1}{E}\left(\frac{3M}{2b^3}\right)x_1x_2 \\ u_2 &= -\frac{1}{E}\left(\frac{3M}{4b^3}\right)(x_1^2 + \nu x_2^2) \end{aligned} \tag{1.73}$$ ★

1.6.3 温度変化を受ける平板[1]

例題 1.14

図1.14に示すように長さ a，高さ $2b$，厚さ 1 の平板について考える．この平板が基準温度 T_0 から温度 $T = T(x_2) + T_0$ まで x_1 軸に沿って一様に加熱されたとする．このとき，この平板に生じる応力解ならびに変位解を求めなさい．なお，縦弾性係数は E，線膨張係数 α とし，平面応力状態を仮定しなさい．

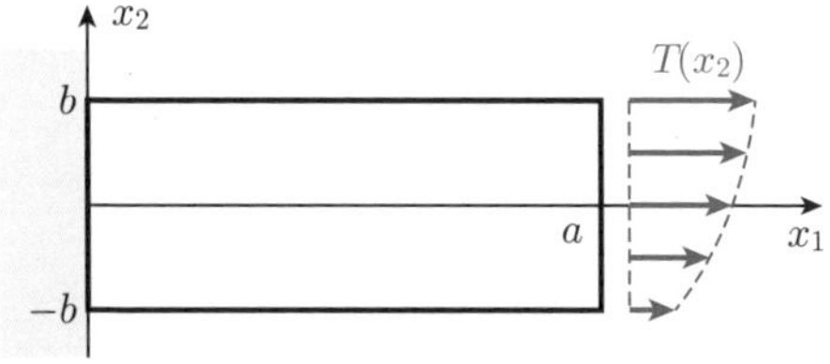

図1.14 温度分布を受けた平板

【解答】 平板に生じる応力解を以下のようにおく．

$$\sigma_{11} = f(x_2), \quad \sigma_{22} = 0, \quad \sigma_{12} = \sigma_{21} = 0 \tag{1.74}$$

なお，この解は自由端において表面力がゼロとなっていない．正しい解は，式 (1.74) の結果が自由端でゼロとなるようなものであるが，サンブナンの原理により自由端から離れるにつれて正しい解は式 (1.74) に一致するようになる．よって，以下では式 (1.74) を本例題の解とみなす．

式 (1.74) をフックの法則に代入してひずみを求めるとつぎのようになる．

$$\begin{aligned} \varepsilon_{11} &= \frac{1}{E} f(x_2) + \alpha T(x_2) \\ \varepsilon_{22} &= -\frac{\nu}{E} f(x_2) + \alpha T(x_2) \\ \gamma_{12} &= 0 \end{aligned} \tag{1.75}$$

これらのひずみ成分はひずみの適合条件を満足していなければならない．よって，以下の微分方程式を得る．

$$\frac{1}{E}\frac{d^2 f(x_2)}{dx_2^2} + \alpha \frac{d^2 T(x_2)}{dx_2^2} = 0 \tag{1.76}$$

これを積分し，その積分定数を c, d とおけば，

$$f(x_2) = E(cx_2 + d) - E\alpha T(x_2) \tag{1.77}$$

であるから，式 (1.74) の応力解は，

$$\sigma_{11} = E(cx_2 + d) - E\alpha T(x_2)$$
$$\sigma_{22} = 0, \quad \sigma_{12} = \sigma_{21} = 0 \tag{1.78}$$

となる．この応力解は，平板の右端で合モーメントと合力がゼロとなるよう分布しなければならない．それは，

$$\int_{-b}^{b} \sigma_{11} x_2 \, dx_2 = 0, \quad \int_{-b}^{b} \sigma_{11} \, dx_2 = 0 \tag{1.79}$$

である．これらに式 (1.78) を代入し，積分定数 c, d を求めれば，応力解は以下のように求まる．

$$\sigma_{11} = \frac{P}{2b} + \frac{3M}{2b^3} x_2 - E\alpha T(x_2)$$
$$\sigma_{22} = 0, \quad \sigma_{12} = \sigma_{21} = 0 \tag{1.80}$$

これは**熱応力**（thermal stress）と呼ばれる．ここで，

$$P = \int_{-b}^{b} E\alpha T(x_2) \, dx_2$$
$$M = \int_{-b}^{b} E\alpha T(x_2) x_2 \, dx_2 \tag{1.81}$$

とおいた．

つぎに変位解を求めるため，式 (1.80) をフックの法則（式 (1.33)）に代入する．

$$\varepsilon_{11} = \frac{3M}{2Eb^3} x_2 + \frac{P}{2Eb}$$
$$\varepsilon_{22} = -\nu \left(\frac{3M}{2Eb^3} x_2 + \frac{P}{2Eb} \right) + (1+\nu)\alpha T(x_2) \tag{1.82}$$
$$\gamma_{12} = 0$$

式 (1.82) の第一式を積分し，その積分定数を $g(x_2)$ とおいて，

$$u_1 = \frac{3M}{2Eb^3} x_1 x_2 + \frac{P}{2Eb} x_1 + g(x_2) \tag{1.83}$$

さらに変位に関する境界条件（$x_1 = 0$ にて $u_1 = 0$）から，積分定数 $g(x_2)$ はゼロと求まる．よって，

$$u_1 = \frac{3M}{2Eb^3} x_1 x_2 + \frac{P}{2Eb} x_1 \tag{1.84}$$

つぎに式 (1.82) の第二式を積分し，その積分定数を $h(x_1)$ とおいて，

$$u_2 = -\nu \left(\frac{3M}{4Eb^3} x_2^2 + \frac{P}{2Eb} x_2 \right)$$
$$+ (1+\nu) \int \alpha T(x_2) \, dx_2 + h(x_1) \tag{1.85}$$

さらに式 (1.82) の第三式を利用すれば，以下の微分方程式を得る．

$$\frac{dh(x_1)}{dx_1} = -\frac{1}{E}\left(\frac{3M}{2b^3}\right)x_1 \tag{1.86}$$

これを積分し，その積分定数を $k(x_2)$ とおいて，

$$h(x_1) = -\frac{1}{E}\left(\frac{3M}{4b^3}\right)x_1^2 + k(x_2) \tag{1.87}$$

これを式 (1.85) に代入して積分し，変位に関する境界条件（$x_1 = 0, x_2 = 0$ にて $u_2 = 0$）から，

$$\begin{aligned} u_2 = &-\frac{1}{E}\left(\frac{3M}{4b^3}\right)x_1^2 - \nu\left(\frac{3M}{4Eb^3}x_2^2 + \frac{P}{2Eb}x_2\right) \\ &+ (1+\nu)\int_{-b}^{x_2} \alpha T(x_2)\,dx_2 \end{aligned} \tag{1.88}$$

を得る．よって，変位解は以下のように求まる．

$$\begin{aligned} u_1 &= \frac{3M}{2Eb^3}x_1x_2 + \frac{P}{2Eb}x_1 \\ u_2 &= -\frac{1}{E}\left(\frac{3M}{4b^3}\right)x_1^2 - \nu\left(\frac{3M}{4Eb^3}x_2^2 + \frac{P}{2Eb}x_2\right) \\ &\quad + (1+\nu)\int_{-b}^{x_2} \alpha T(x_2)\,dx_2 \end{aligned} \tag{1.89}$$ ★

1.6.4　ねじり問題

例題 1.15

図 1.15 に示すように長さ a，半径 b の円形断面をもつ円柱棒について考える．この棒の左端は剛体壁に固定され，右端にはねじりモーメント T が作用している．このとき，この円柱棒に生じる応力解と変位解をそれぞれ求めなさい．なお，円柱座標系 (r, θ, x_3) を図のようにとるものとする．

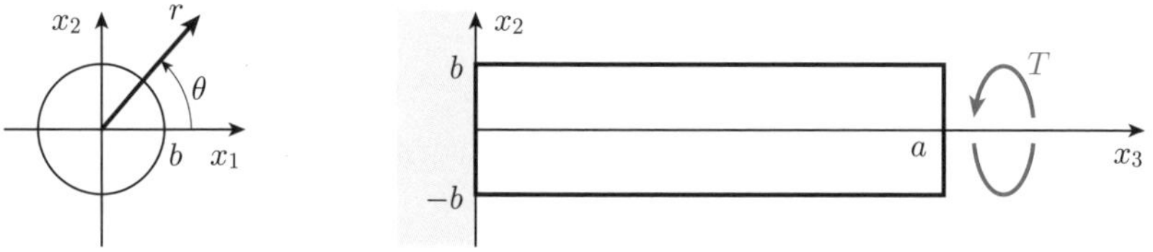

図 1.15　ねじりモーメント T を受ける円柱棒

【解答】 円柱棒に生じる応力解を以下のようにおく．

$$\sigma_{rr}=0,\quad \sigma_{\theta\theta}=0,\quad \sigma_{33}=0,\quad \sigma_{3\theta}=f(r,\theta) \tag{1.90}$$

式 (1.90) の第四式をフックの法則に代入し，せん断ひずみを求めると，

$$\gamma_{3\theta}=\frac{1}{G}f(r,\theta) \tag{1.91}$$

詳しい説明は省略するが，ひずみの適合条件を満足するよう $f(r,\theta)$ を求めると，

$$f(r,\theta)=cr\theta \tag{1.92}$$

となる．よって，式 (1.90) のせん断応力は，

$$\sigma_{3\theta}=cr\theta \tag{1.93}$$

である．これは，円柱棒の右端に作用させているねじりモーメントと一致していなければならない．よって，

$$T=\int_0^b 2\pi r\sigma_{3\theta}r\,dr \tag{1.94}$$

式 (1.94) に式 (1.93) を代入して未定係数 c を求めれば，応力解は以下のようになる．

$$\sigma_{rr}=0,\quad \sigma_{\theta\theta}=0,\quad \sigma_{33}=0,\quad \sigma_{3\theta}=\frac{2T}{\pi b^4}r \tag{1.95}$$

つぎに変位解を求めるために，式 (1.15) において

$$\gamma_{3\theta}=\frac{\partial u_\theta}{\partial x_3}+\frac{1}{r}\frac{\partial u_3}{\partial\theta} \tag{1.96}$$

を利用する．ねじりを受けた後も円柱棒の自由端面は平面を保っているものと仮定すれば，$u_3=0$ であり，これとせん断ひずみ

$$\gamma_{3\theta}=\frac{2T}{\pi b^4 G}r \tag{1.97}$$

を式 (1.96) に代入して積分すると，以下のように変位が求まる．

$$u_\theta=\frac{2T}{\pi b^4}\frac{r}{G}x_3 \tag{1.98}$$

なお，式 (1.96) を積分したことにより生じた積分定数は，固定端での変位に関する境界条件から求めた．★

1.6.5 厚肉円筒問題

例題1.16

図1.16 (a)に示すように内半径 a，外半径 b の中空厚肉円筒について考える．この中空厚肉円筒の内面に一様圧力 p が作用するときの応力解を求めなさい．なお，円柱座標系 (r, θ, x_3) を図のようにとるものとする．また，平面応力状態を仮定する．

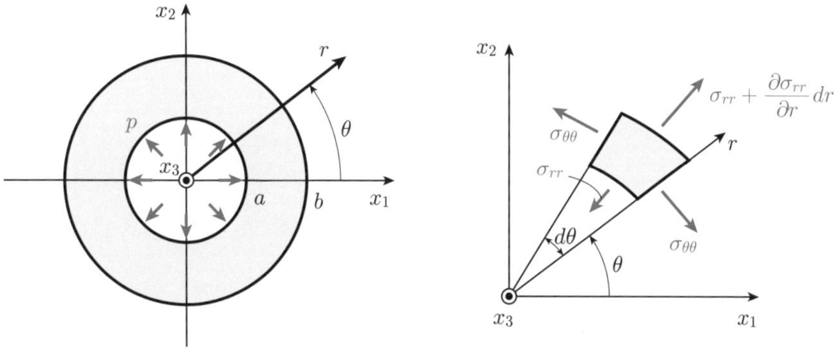

(a) 中空厚肉円筒　　(b) 微小要素

図1.16　内圧 p を受ける中空厚肉円筒

【解答】 図1.16 (b)のように微小要素を考える．この要素の各辺には図のように垂直応力成分のみが生じ，せん断応力は発生しないことに注意する．この微小要素に対して半径方向に力の釣合いの式をたてることで以下のような応力に関する微分方程式（応力の平衡方程式）が得られる．

$$\frac{d\sigma_{rr}}{dr} + \frac{\sigma_{rr} - \sigma_{\theta\theta}}{r} = 0 \tag{1.99}$$

一方，平面応力状態での円柱座標系におけるフックの法則は，式 (1.34) において，

$$\sigma_{11} \Rightarrow \sigma_{rr}, \quad \sigma_{22} \Rightarrow \sigma_{\theta\theta}, \quad \varepsilon_{11} \Rightarrow \varepsilon_{rr}, \quad \varepsilon_{22} \Rightarrow \varepsilon_{\theta\theta}$$

と置き換えればよく，

$$\begin{aligned} \sigma_{rr} &= 2G\left(\varepsilon_{rr} + \frac{\nu}{1-\nu}e\right) \\ \sigma_{\theta\theta} &= 2G\left(\varepsilon_{\theta\theta} + \frac{\nu}{1-\nu}e\right) \\ e &= \varepsilon_{rr} + \varepsilon_{\theta\theta} \end{aligned} \tag{1.100}$$

となる．また，変位とひずみの関係，ならびに式 (1.15) において，

$$u_r = u_r(r), \quad u_\theta = 0$$

とおいて

$$\begin{aligned} \varepsilon_{rr} &= \frac{du_r}{dr} \\ \varepsilon_{\theta\theta} &= \frac{u_r}{r} \end{aligned} \tag{1.101}$$

となり，これを式 (1.100) に代入し，さらに式 (1.99) に代入して整理すると，以下の変位に関する微分方程式が得られる．

$$\frac{d^2u_r}{dr^2} + \frac{1}{r}\frac{du_r}{dr} - \frac{u}{r^2} = 0 \tag{1.102}$$

この微分方程式の一般解は以下のようになる．

$$u_r = Ar + B\frac{1}{r} \tag{1.103}$$

式 (1.103) を式 (1.101) に代入すればひずみ成分が求まり，これを式 (1.100) に代入すれば応力成分が求まる．本例題の境界条件

$$\begin{aligned} \sigma_{rr}(a) &= -p \\ \sigma_{rr}(b) &= 0 \end{aligned} \tag{1.104}$$

により，未定係数 A と B を求めれば，中空厚肉円筒に生じる応力分布はつぎのようになる．

$$\begin{aligned} \sigma_{rr} &= \frac{a^2}{b^2 - a^2}\left\{1 - \left(\frac{b}{r}\right)^2\right\}p \\ \sigma_{\theta\theta} &= \frac{a^2}{b^2 - a^2}\left\{1 + \left(\frac{b}{r}\right)^2\right\}p \end{aligned} \tag{1.105} \bigstar$$

演習問題

□**1.1**　図1.17に示す半径 a の円板の外周に半径方向に表面力 p が作用している．この問題において第一象限を対象に境界条件を列記しなさい．なお，極座標系 (r, θ) について境界条件を示すこと．

□**1.2**　図1.18のように縦弾性係数 E，ポアソン比 ν の弾性体が剛体の溝にすきまなく詰められており，その上面に圧力 p が一様に作用している．このとき，みかけの縦弾性係数 $E' = \frac{\sigma_{33}}{\varepsilon_{33}}$ を求めなさい．ここで，弾性体と剛体壁の間には摩擦はないものとする．

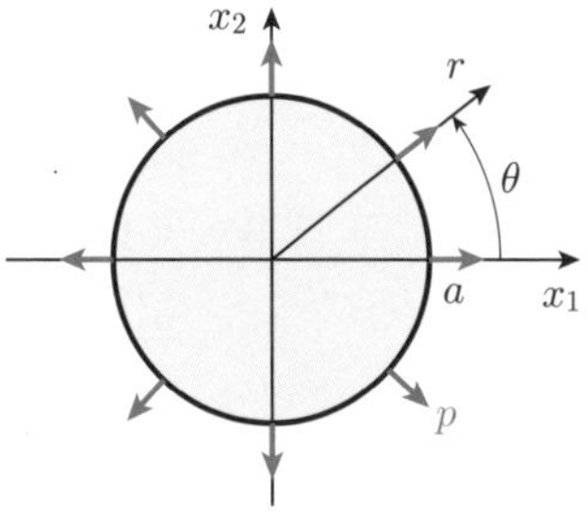

図1.17　表面力を受ける円板

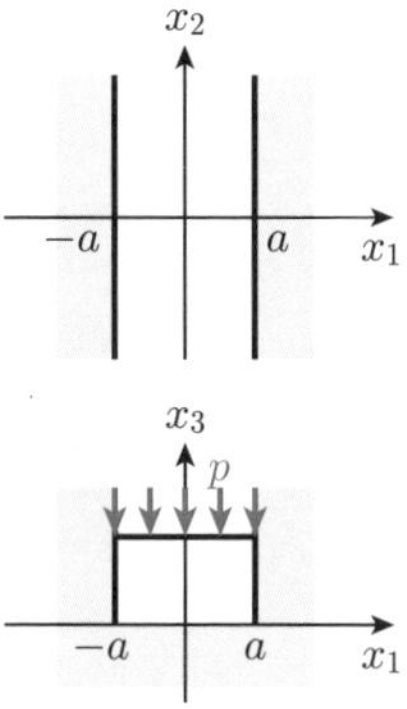

図1.18　剛体溝に挟まれた弾性体

□**1.3**　図1.19に示すように長さ a，高さ $2b$，厚さ 1 の一様断面を有する平板について考える．この平板の左端は剛体壁に固定され，右端には図のように表面力が線形に分布している．このとき，この平板に生じる応力解と変位解をそれぞれ求めなさい．なお，平面応力状態を仮定する．

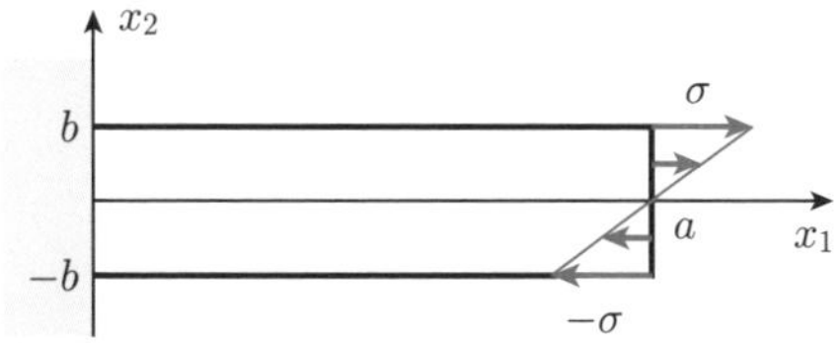

図1.19　線形分布した表面力を受ける平板

□**1.4**　例題 1.14 において基準温度 T_0 からの温度差を $T = T_0 \left\{1 - \left(\frac{x_2}{b}\right)^n\right\}$ とするとき，$n = 1$ と $n = 2$ とおいてこの平板に生じる応力解を求めなさい．

□**1.5**　例題 1.16 の応力解を利用して，内圧を受ける無限平板に存在する円孔周りの応力解を求めなさい．

コラムその1 ―内力とは何か―

材料力学や弾性力学では，外力を受けることで物体内部に内力が発生することを学んだ．しかし，これまでのところ，どのような原因で内力が発生するのかについては触れてこなかった．この原因を考えることは材料強度学の理解を深めることにつながるので，このコラムでは内力について考えてみたい．

内力を理解するためには，原子同士を結び付ける力，すなわち原子間力の知識が必要となる．図1.20に原子間の相互作用エネルギー $U(r)$ と原子間距離 r の関係曲線を示す．原子間力は相互作用エネルギーと，

$$F = -\frac{dU}{dr} \tag{1.106}$$

のように関係付けられる．よって，関係曲線における極値に対する原子間距離 r_0 が平衡状態である．この平衡状態から原子間が相互に離れると式 (1.106) に従って引力が働く．一方，平衡状態から原子間が相互に接近すると斥力が働く．この引力や斥力が物体内部に発生する内力に対応する．

つぎに平衡状態から原子間距離が Δr だけ相互に離れたとすると，

$$\Delta F = -\left.\frac{d^2U}{dr^2}\right|_{r_0} \Delta r \tag{1.107}$$

となって，$-\left.\frac{d^2U}{dr^2}\right|_{r_0}$ が弾性体の縦弾性係数に対応することになる．このため，相互作用エネルギーの形状に応じて弾性体の変形のしやすさが決まる．さらに，相互作用エネルギーがゼロになるまで原子間が離れると，破壊が生じたことになる．

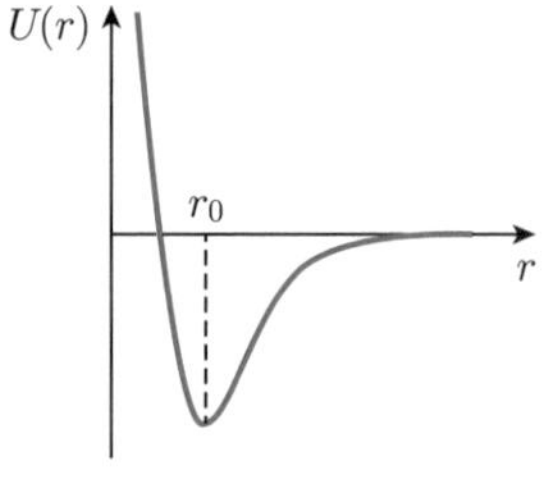

図1.20　原子間の相互作用エネルギーと原子間距離の関係曲線

第2章

塑性力学

外力を受けて変形する物体において，応力が降伏条件と呼ばれる基準に達したときに変形が残留する．これは**塑性変形**，このような変形を扱う力学は**塑性力学**（plasticity）と呼ばれる．本章では塑性力学について説明する．はじめに，引張応力を受ける物体が示す**応力–ひずみ曲線**について示す．その後，三次元問題における代表的な**降伏条件**を紹介する．さらに第1章で学んだ一般化されたフックの法則に対応する**プラントル–ロイスの構成式**や**クリープ構成式**について説明する．最後にいくつかの基本的な問題の解き方を示す．

2.1 応力–ひずみ曲線

引張試験により得られたひずみに伴う応力の変化を図示したものは，**応力–ひずみ曲線**（stress-strain curve）と呼ばれる．応力–ひずみ曲線は，材料の変形のしやすさ，強さを理解する上で重要である．図2.1にステンレス鋼SUS304の応力–ひずみ曲線を示す．

図2.1において，**公称応力**（nominal stress）とは力を元の断面積で除した値である．公称応力の単位は N/m^2 であり，通常，Pa（パスカル）が用いられる．**公称ひずみ**（nominal strain）は，伸びを元の長さで除した値である．公称ひずみの単位は m/m，すなわち無次元であり，その値は非常に小さいために百分率で表される．

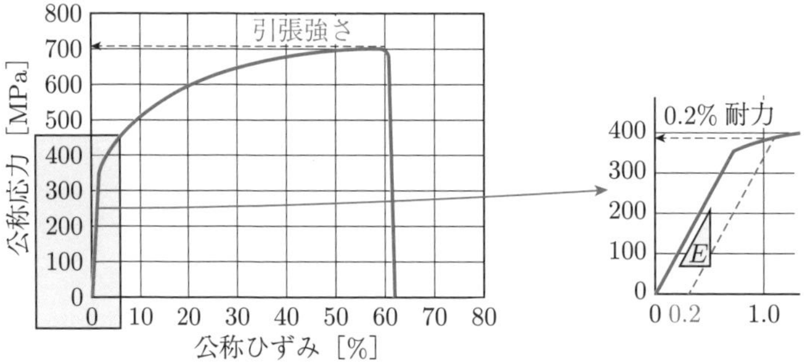

図2.1　応力–ひずみ曲線（SUS304）

図2.1の応力–ひずみ曲線から以下の**機械的特性**（mechanical property）が求められる．

(1) 縦弾性係数 E [GPa]

(2) 耐力 $\sigma_{0.2}$ [MPa]

(3) 引張強さ σ_{B} [MPa]

(4) 真破断応力 σ_{T} [MPa]

(5) 破断ひずみ ε_{f} [%]

(6) 絞り φ_{f} [%]

縦弾性係数は，応力–ひずみ曲線における原点での傾きから求められる．

耐力（proof stress）は，縦弾性係数に等しい傾きをもつ直線を，横軸に沿って0.2% ずらしたときの応力–ひずみ曲線との交点から定義された公称応力の値である．塑性力学では，耐力は**降伏応力** σ_{y}（yield stress）と呼ばれる．降伏応力を超えた応力が物体に作用すると変形が残留する．これは**塑性変形**（plastic deformation）と呼ばれる．

引張強さ（tensile strength）は，材料が耐えられる最大の応力である．**真破断応力**（fracture stress）は，破断時の荷重をそのときの断面積で除した値である．**破断ひずみ**（fracture strain）は，引張試験後に破断した試験片を突合せ，元の長さを l，突合せたときの長さを l_{f} とすると，

$$\varepsilon_{\mathrm{f}} = \frac{l_{\mathrm{f}} - l}{l} \times 100\,[\%] \tag{2.1}$$

により求められる．**絞り**（reduction of area）は，引張試験後に突合せた試験片の最小断面積 A_{f} と元の断面積 A から，

$$\varphi_{\mathrm{f}} = \frac{A - A_{\mathrm{f}}}{A} \times 100\,[\%] \tag{2.2}$$

により求められる．

2.2　降伏条件と降伏曲面

物体が降伏したかどうかは**降伏条件**（yield criterion）によって判断される．降伏条件には，以下のふたつの種類がある．

(1)　**トレスカの降伏条件**　引張試験中，試験片表面を注意深く観察していると，降伏応力を超えると引張負荷が作用する方向から角度が $\frac{\pi}{4}$ の面に沿って**すべり線**（slip line）と呼ばれる無数の痕跡が観察されるようになる．第1章で学んでいるように，試験片の主応力は引張負荷方向の垂直応力に一致する．一方，主せん断応力はこの方向から角度が $\frac{\pi}{4}$ の面に沿って生じる．このことと，この面とすべり線が一致していることからトレスカは，降伏現象には主せん断応力が生じるすべり面とそのせん断応力の大きさが関係しているものと考えた．そして，せん断応力 τ の大きさを k とおいて，これを**臨界せん断応力**（critical shear stress）と呼んだ．トレスカの降伏条件は，式 (1.11) から，

$$\sigma_1 - \sigma_2 = 2\tau_1 = 2k \tag{2.3}$$

となる．単軸応力に対しては，$\sigma_1 = \sigma_\mathrm{y}, \sigma_2 = 0$ を式 (2.3) に代入して，$2k = \sigma_\mathrm{y}$ であるから，式 (2.3) は

$$\sigma_1 - \sigma_2 = \sigma_\mathrm{y} \tag{2.4}$$

と書き直せる．これにより，主応力の差が降伏応力になったら降伏したと考える．これが**トレスカの降伏条件**（Tresca yield criterion）である．

三次元問題においては，式 (2.4) をつぎのように拡張すればよい．主応力を $(\sigma_1, \sigma_2, \sigma_3)$ とし，その大小関係を $\sigma_1 > \sigma_3 > \sigma_2$ とすれば，

$$\sigma_1 - \sigma_2 = \sigma_\mathrm{y} \tag{2.5}$$

(2)　**ミーゼスの降伏条件**　ミーゼスはすべての主応力値を考慮するために以下の**相当応力** $\overline{\sigma}$ を定義した．

$$\overline{\sigma} = \sqrt{\frac{1}{2}\left\{(\sigma_1 - \sigma_2)^2 + (\sigma_2 - \sigma_3)^2 + (\sigma_3 - \sigma_1)^2\right\}} \tag{2.6}$$

そして，相当応力が降伏応力に一致したら降伏したと考える．

$$\overline{\sigma} = \sigma_\mathrm{y} \tag{2.7}$$

これはミーゼスの降伏条件（Mises yield criterion）と呼ばれる．式(2.6)は，多軸応力状態から等価な単軸応力が得られるために重要な式である．ただし，相当応力は常に正であるため，応力が作用している方向が引張りと圧縮のどちらにあるのかはわからないことには注意する．

例題2.1

平面応力状態にある物体中のある点Pの応力成分が $\sigma_{11} = p$, $\sigma_{22} = mp$, $\sigma_{33} = 0$ であり，せん断応力成分はすべてゼロであった．このとき，トレスカの降伏条件とミーゼスの降伏条件により，ある点Pが降伏するときの p を求めなさい．なお，$0 < m < 1$ とし，単軸応力状態での降伏応力を σ_{y} とする．

【解答】 点Pの主応力は $\sigma_1 = p$, $\sigma_2 = mp$, $\sigma_3 = 0$ であるから，トレスカの降伏条件より，

$$p = \sigma_{\mathrm{y}} \tag{2.8}$$

となる．一方，ミーゼスの降伏条件は，

$$p^2 - mp^2 + (mp)^2 = \sigma_{\mathrm{y}}^2 \tag{2.9}$$

であり，これにより，

$$p = \frac{1}{\sqrt{1 + m^2 - m}}\sigma_{\mathrm{y}} \tag{2.10}$$

を得る．例えば，$m = 0.5$ とすれば，

$$p = 1.1547\sigma_{\mathrm{y}} \tag{2.11}$$

となり，トレスカの降伏条件よりも p の大きさが約15%程度高いことがわかる．★

つぎに降伏条件を図示してみる．これにより弾性状態と塑性状態を簡単に区別できるようになる．ここでは，主応力が σ_1, σ_2, σ_3（$= 0$）であるときの降伏条件について考える．

(1) **トレスカの降伏条件** 式(2.5)に従ってすべての条件を書き下すと以下のようになる．

① $\sigma_1 > 0 > \sigma_2$ のとき，$\sigma_1 - \sigma_2 = \sigma_{\mathrm{y}}$

② $\sigma_2 > 0 > \sigma_1$ のとき，$\sigma_2 - \sigma_1 = \sigma_{\mathrm{y}}$

③ $\sigma_1 > \sigma_2 > 0$ のとき，$\sigma_1 - 0 = \sigma_{\mathrm{y}}$

④ $\sigma_2 > \sigma_1 > 0$ のとき，$\sigma_2 - 0 = \sigma_{\mathrm{y}}$

⑤ $0 > \sigma_2 > \sigma_1$ のとき，$0 - \sigma_1 = \sigma_{\mathrm{y}}$

⑥ $0 > \sigma_1 > \sigma_2$ のとき，$0 - \sigma_2 = \sigma_{\mathrm{y}}$

これらの条件を図示すると図2.2のようになる．これは**トレスカの降伏曲面**（Tresca yield surface）と呼ばれる．応力状態が，この六角形内にあるとき弾性状態，実線上に達すると降伏したと考える．

(2)　**ミーゼスの降伏条件**　式 (2.6) により，

$$\sigma_1^2 - \sigma_1\sigma_2 + \sigma_2^2 = \sigma_{\mathrm{y}}^2 \tag{2.12}$$

を得る．これは σ_1 軸から反時計回りに角度が $\frac{\pi}{4}$ だけ傾いた軸をもつ楕円の方程式である．これを図示すると図2.3のようになる．これは**ミーゼスの降伏曲面**（Mises yield surface）と呼ばれる．

様々な金属材料を引張試験して，どちらの降伏条件が良いのか多くの研究者により調べられている．この結果によれば，破断ひずみが低い材料（**脆性材料**（brittle materials））はトレスカの降伏曲面に，破断ひずみが高い材料（**延性材料**（ductile materials））はミーゼスの降伏条件に近いことが明らかにされている．脆性材料の代表的なものは鋳鉄などであり，延性材料はアルミニウム合金，ステンレス鋼などである．

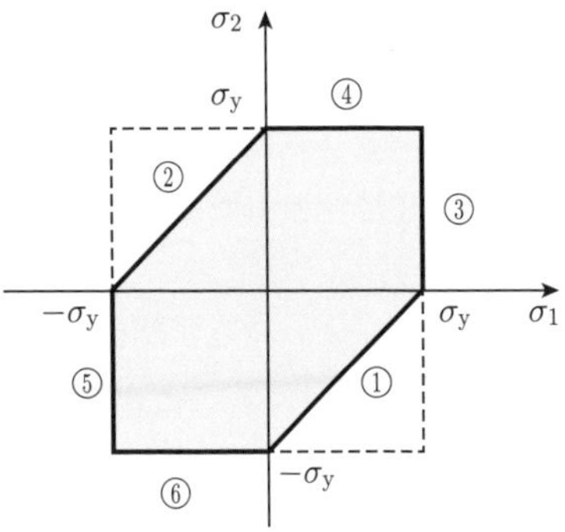

図2.2　トレスカの降伏曲面

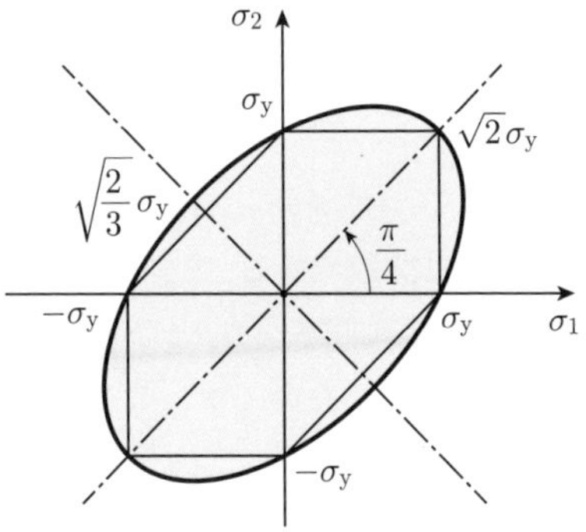

図2.3　ミーゼスの降伏条件

2.3　弾塑性構成式

図2.1に示したように降伏応力を超えるとひずみとともに緩やかに応力が増加することについてはすでに説明した．このような応力とひずみの非線形な関係式は，**構成式**（constitutive equation）と呼ばれる．そこで本節では代表的な構成式としてプラントル–ロイスの構成式（Prandtl-Reuss constitutive equation）について説明する．

図2.4 (a)に示す応力–ひずみ曲線において，降伏応力を超えた応力に対するひずみは以下のようにふたつのひずみ成分からなり，

$$\varepsilon = \varepsilon^{\mathrm{e}} + \varepsilon^{\mathrm{p}} \tag{2.13}$$

ε は**全ひずみ**（total strain），ε^{e} は**弾性ひずみ**（elastic strain），ε^{p} は**塑性ひずみ**（plastic strain）である．そして，ある全ひずみでの応力–ひずみ曲線の**接線係数**（tangential modulus）

$$H_0 = \frac{\Delta\sigma}{\Delta\varepsilon} \tag{2.14}$$

が定義される．これに対して，図2.4 (a)を(b)のように応力と塑性ひずみの関係に書き直したとき，ある塑性ひずみでの**ひずみ硬化率**（strain hardening rate）

$$H = \frac{\Delta\sigma}{\Delta\varepsilon^{\mathrm{p}}} \tag{2.15}$$

が定義される．接線係数 H_0 やひずみ硬化率 H は，材料の加工硬化の程度を特徴付ける重要な関数である．

弾性変形において，応力とひずみの間はフックの法則により相互に関係付けられたが，塑性変形においては，このように簡単に相互に対応付けることができない．それは，ひずみとともに応力が非線形に変化していくからである．このような非線形な挙動を解析するために，ある時点からひずみが微小量だけ増加したときの応力の変化量に注目する**ひずみ増分理論**（incremental strain theory, flow theory）が

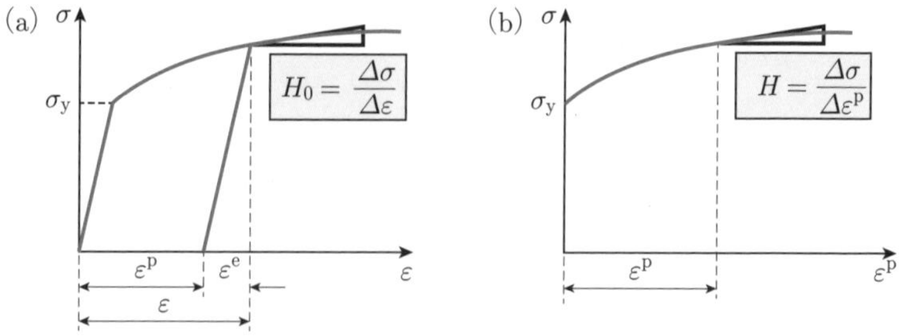

図2.4　応力–ひずみ曲線と応力–塑性ひずみ曲線

考えられた．

ひずみ増分理論を理解するためには，以下の塑性に関する基本的な性質を知っておく必要がある．

(1) **体積一定則（非圧縮性）** 直方体のそれぞれの辺に主ひずみが作用するとき，その直方体が塑性変形すればその体積は変化しない．これは，**体積一定則**（volume constancy）あるいは**非圧縮性**（incompressibility）と呼ばれる．これを式で表すとつぎのようになる．

$$\varepsilon_1^{\mathrm{p}} + \varepsilon_2^{\mathrm{p}} + \varepsilon_3^{\mathrm{p}} = 0 \tag{2.16}$$

(2) **静水圧に対する非依存性** 垂直応力成分の平均値である**静水圧**（hydrostatic stress）成分は，塑性変形になんら影響しない．そのため，垂直応力成分から静水圧成分 p を差し引いた**偏差応力**（deviatoric stress）成分

$$\sigma_1' = \sigma_1 - p, \quad \sigma_2' = \sigma_2 - p, \quad \sigma_3' = \sigma_3 - p \tag{2.17}$$

が定義され，塑性変形を考える上で非常に重要な量となる．ここで，静水圧は

$$p = \frac{\sigma_1 + \sigma_2 + \sigma_3}{3} \tag{2.18}$$

である．偏差応力と対応するようにして，**偏差ひずみ**（deviatoric strain）成分

$$\varepsilon_1' = \varepsilon_1 - \frac{e}{3}, \quad \varepsilon_2' = \varepsilon_2 - \frac{e}{3}, \quad \varepsilon_3' = \varepsilon_3 - \frac{e}{3} \tag{2.19}$$

も定義される．ここで，$e = \varepsilon_1 + \varepsilon_2 + \varepsilon_3$ は体積ひずみであり，偏差ひずみは，垂直ひずみ成分から体積ひずみの平均値を差し引いたものである．

ひずみ増分理論では，微小なことを表す記号 Δ を使って，全ひずみ ε_i $(i = 1, 2, 3)$ の増分量をつぎのように表す．

$$\Delta\varepsilon_i = \Delta\varepsilon_i^{\mathrm{e}} + \Delta\varepsilon_i^{\mathrm{p}} \quad (i = 1, 2, 3) \tag{2.20}$$

ここで，右辺第一項は弾性ひずみ成分，第二項は塑性ひずみの増分量である．なお，弾性ひずみ成分は，一般化されたフックの法則に従う．一方，塑性ひずみの増分量は偏差応力に比例すると考え，

$$\Delta\varepsilon_i^{\mathrm{p}} = \sigma_i' \Delta\lambda \quad (i = 1, 2, 3) \tag{2.21}$$

のように表される．ここで，$\Delta\lambda$ は比例係数と呼ばれ，以下のように与えられる．

$$\Delta\lambda = \frac{3}{2}\frac{\Delta\bar{\sigma}}{H\bar{\sigma}} \tag{2.22}$$

このことから，応力–塑性ひずみ曲線によりひずみ硬化率 $H = H(\bar{\varepsilon}^{\mathrm{p}})$ が定まれば，式 (2.21) と式 (2.22) により塑性ひずみの増分量が求まる．ここで，応力–塑性ひずみ曲線における応力は相当応力，塑性ひずみは以下で定義される相当塑性ひずみに置き換えればよい．

$$\bar{\varepsilon}^{\mathrm{p}} = \int \Delta\bar{\varepsilon}^{\mathrm{p}} \tag{2.23}$$

式 (2.23) の積分項にある相当塑性ひずみの増分量 $\Delta\bar{\varepsilon}^{\mathrm{p}}$ は以下のように定義される．

$$\Delta\bar{\varepsilon}^{\mathrm{p}} = \sqrt{\frac{2}{3}\{(\Delta\varepsilon_1^{\mathrm{p}})^2 + (\Delta\varepsilon_2^{\mathrm{p}})^2 + (\Delta\varepsilon_3^{\mathrm{p}})^2\}} \tag{2.24}$$

式 (2.20)–式 (2.22) が**プラントル–ロイスの構成式**である．

機械設計では，材料の種類によらずトレスカの降伏条件が仮定されることが多い．それは，降伏条件を判定するために必要な計算手順が簡単だからである．また，加工硬化を考慮せず，ひずみ硬化率が $H = 0$ と仮定されることがある．これにより，応力–塑性ひずみ曲線を考える必要がなくなる．この結果，降伏応力は，作用しうる応力の最大値となる．このように仮定された極限的な物体は**弾完全塑性体**（elastic-perfect plastic material）と呼ばれる．

■ 例題2.2 ■

図2.5 (a)に示すように，外径が $2b$，肉厚が t の薄肉円筒容器の端面に引張荷重 P とねじりモーメント T が作用している．このとき，x_3 軸の方向に生じる全ひずみ ε_{33} を以下の (1)–(3) の場合でそれぞれ求めなさい．なお，この材料の応力–ひずみ曲線は図2.5 (b)のようであるものとする．また，肉厚 t は半径 b に比べて十分に薄いものとする．

(1)　引張荷重により降伏後，ねじりモーメントを作用させる場合
(2)　ねじりモーメントにより降伏後，引張荷重を作用させる場合
(3)　引張荷重とねじりモーメントを降伏するまで同時に作用させる場合

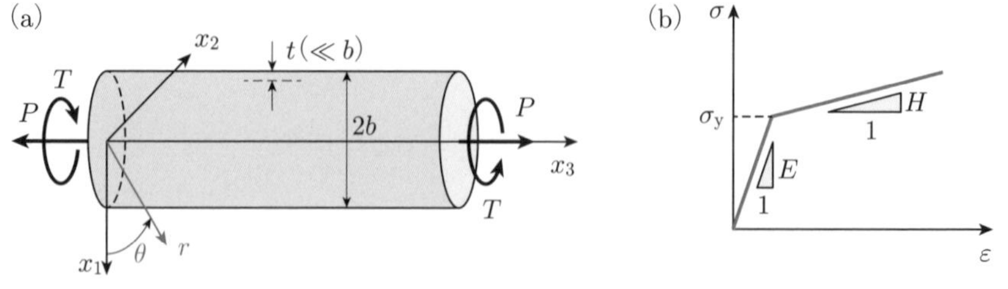

図2.5　引張荷重とねじりモーメントを受ける薄肉円筒容器

【解答】 引張荷重とねじりモーメントを受けた薄肉円筒容器の壁面に生じる応力成分は，第 1 章の式 (1.59) ならびに式 (1.95) から求められる．式 (1.59) に対しては，分母の長方形断面積 $2b$ を容器断面積 $2\pi bt$ に，式 (1.95) に対しては，b^4 を $b^4-(b-t)^4 \approx 4b^3t$ に置き換えればよい．そして，r に b を代入することで，応力成分は，

$$\sigma_{33}=\frac{P}{2\pi bt},\quad \sigma_{rr}=0,\quad \sigma_{\theta\theta}=0,\quad \sigma_{3\theta}=\frac{T}{2\pi b^2t} \tag{2.25}$$

となる．ここで，表記を簡単にするためにつぎのようにおいておく．

$$\frac{P}{2\pi bt}\Rightarrow\sigma,\quad \frac{T}{2\pi b^2t}\Rightarrow\tau \tag{2.26}$$

式 (1.7) において

$$\sigma_{11}\Rightarrow\sigma_{33},\quad \sigma_{22}\Rightarrow\sigma_{\theta\theta},\quad \sigma_{12}\Rightarrow\sigma_{3\theta}$$

と置き換えると，主応力は

$$\begin{array}{c}\dfrac{1}{2}\sigma+\dfrac{1}{2}\sqrt{\sigma^2+4\tau^2}\\ \dfrac{1}{2}\sigma-\dfrac{1}{2}\sqrt{\sigma^2+4\tau^2}\end{array} \tag{2.27}$$

一方，面外方向の応力成分は $\sigma_{rr}=0$ である．よって，主応力成分 σ_1, σ_2, σ_3（$\sigma_1>\sigma_2>\sigma_3$）はつぎのようになる．

$$\begin{aligned}\sigma_1&=\frac{1}{2}\sigma+\frac{1}{2}\sqrt{\sigma^2+4\tau^2}\\ \sigma_2&=0\\ \sigma_3&=\frac{1}{2}\sigma-\frac{1}{2}\sqrt{\sigma^2+4\tau^2}\end{aligned} \tag{2.28}$$

つぎに式 (2.28) を式 (2.6) に代入して相当応力を求めると，

$$\overline{\sigma}=\sqrt{\sigma^2+3\tau^2} \tag{2.29}$$

ミーゼスの降伏条件を仮定すれば，

$$\sigma^2+3\tau^2=\sigma_{\mathrm{y}}^2 \tag{2.30}$$

を満足したら降伏することになる．これは楕円の方程式

$$\left(\frac{\sigma}{\sigma_{\mathrm{y}}}\right)^2+\left(\frac{\tau}{\frac{\sigma_{\mathrm{y}}}{\sqrt{3}}}\right)^2=1 \tag{2.31}$$

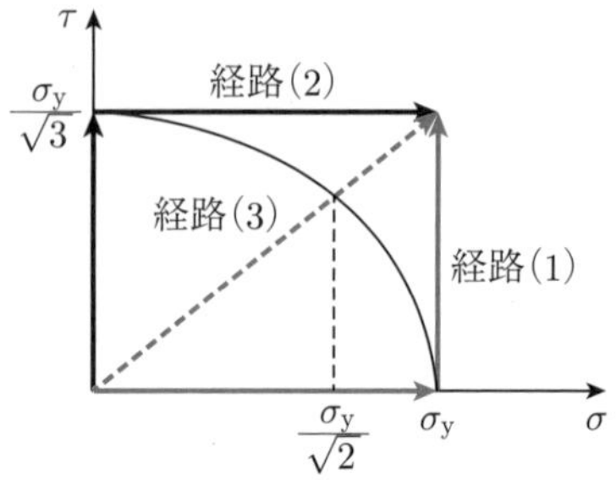

図2.6　ミーゼスの降伏曲面と負荷経路

である．この方程式を図に表すと図2.6のようになる．なお，図には本例題における異なる三種類の負荷経路も矢印で示しておいた．

比例係数を求めるために，式 (2.29) を全微分すると，

$$\Delta\overline{\sigma} = \frac{\partial\overline{\sigma}}{\partial\sigma}\Delta\sigma + \frac{\partial\overline{\sigma}}{\partial\tau}\Delta\tau = \frac{\sigma\Delta\sigma + 3\tau\Delta\tau}{\overline{\sigma}} \tag{2.32}$$

これにより比例係数は，

$$\Delta\lambda = \frac{3}{2}\frac{\Delta\overline{\sigma}}{H\overline{\sigma}} = \frac{3}{2H}\frac{\sigma\Delta\sigma + 3\tau\Delta\tau}{\sigma^2 + 3\tau^2} \tag{2.33}$$

と求まる．また，偏差応力 σ'_{33} は，

$$\sigma'_{33} = \sigma_{33} - p = \frac{2}{3}\sigma \tag{2.34}$$

であるから，式 (2.21) と式 (2.33) より塑性ひずみの増分量 $\Delta\varepsilon^{\mathrm{p}}_{33}$ がつぎのように求まる．

$$\Delta\varepsilon^{\mathrm{p}}_{33} = \frac{\sigma}{H}\frac{\sigma\Delta\sigma + 3\tau\Delta\tau}{\sigma^2 + 3\tau^2} \tag{2.35}$$

以上の結果に基づいてそれぞれの負荷経路に従って全ひずみを求めてみる．

(1)　引張荷重により降伏後，ねじりモーメントを作用させる場合

引張荷重が作用することで軸方向に生じる垂直ひずみは，

$$\varepsilon_{33} = \frac{\sigma_y}{E} \tag{2.36}$$

であり，さらにねじりモーメントを作用させることで，最終的に生じる全ひずみは，以下のように求まる．

$$
\begin{aligned}
\varepsilon_{33} &= \frac{\sigma_{\mathrm{y}}}{E} + \int_0^{\frac{\sigma_{\mathrm{y}}}{\sqrt{3}}} \frac{\sigma}{H} \frac{\sigma \Delta\sigma + 3\tau \Delta\tau}{\sigma^2 + 3\tau^2} \bigg|_{\sigma = \sigma_{\mathrm{y}}} \\
&= \frac{\sigma_{\mathrm{y}}}{E} + \frac{\sigma_{\mathrm{y}}}{H} \ln \sqrt{2}
\end{aligned}
\tag{2.37}
$$

ここで，ln は自然対数である．

(2)　ねじりモーメントにより降伏後，引張荷重を作用させる場合

ねじりモーメントが作用するため，軸方向には垂直ひずみは生じない．その後，引張荷重が作用することで，最終的な全ひずみは以下のようになる．

$$
\begin{aligned}
\varepsilon_{33} &= \frac{\sigma_{\mathrm{y}}}{E} + \int_0^{\sigma_{\mathrm{y}}} \frac{\sigma}{H} \frac{\sigma \Delta\sigma + 3\tau \Delta\tau}{\sigma^2 + 3\tau^2} \bigg|_{\tau = \frac{\sigma_{\mathrm{y}}}{\sqrt{3}}} \\
&= \frac{\sigma_{\mathrm{y}}}{E} + \frac{\sigma_{\mathrm{y}}}{H} \left(1 - \frac{\pi}{4}\right)
\end{aligned}
\tag{2.38}
$$

(3)　引張荷重とねじりモーメントを降伏するまで作用させる場合

引張荷重とねじりモーメントが以下の比率に従って同時に作用する．

$$
\frac{\tau}{\sigma} = \frac{1}{\sqrt{3}} \tag{2.39}
$$

よって，全ひずみは，

$$
\begin{aligned}
\varepsilon_{33} &= \frac{\sigma_{\mathrm{y}}}{E} + \int_{\frac{\sigma_{\mathrm{y}}}{\sqrt{2}}}^{\sigma_{\mathrm{y}}} \frac{\sigma}{H} \frac{\sigma \Delta\sigma + 3\tau \Delta\tau}{\sigma^2 + 3\tau^2} \\
&= \frac{\sigma_{\mathrm{y}}}{E} + \frac{\sigma_{\mathrm{y}}}{H} \left(1 - \frac{1}{\sqrt{2}}\right)
\end{aligned}
\tag{2.40}
$$

となる．★

以上により，経路のとり方によって全ひずみは異なることがわかった．よって，ひずみ増分理論に従って負荷経路に沿って計算しなければならない．

2.4 クリープ構成式

クリープ（creep）とは，物体に作用している外力が一定のとき，時間とともにひずみが増加する現象をいう．一定温度において，試験片に一定荷重を作用させて測定されるクリープひずみ ε^{c} と時間 t の関係を図2.7に示す．この曲線は**クリープ曲線**（creep curve）と呼ばれ，引張試験により得られる応力–ひずみ曲線に対応している．クリープ曲線は，以下の3つの段階に分けられる．

(1) **第I期クリープ（遷移クリープ）**

クリープ変形初期におけるクリープひずみ速度が時間とともに減少する期間である．

(2) **第II期クリープ（定常クリープ）**

ほぼ一定のクリープひずみ速度となる期間である．このクリープひずみ速度は**定常クリープ速度**（steady creep rate）あるいは**最小クリープ速度**（minimum creep rate）と呼ばれる．

(3) **第III期クリープ（加速クリープ）**

クリープひずみ速度が時間とともに急激に増加し，破断する期間である．

クリープ曲線は，温度，応力が高くなるにつれて定常クリープ速度が増加し，破断までの時間（**クリープ破断寿命**（creep rupture time））が短くなる傾向にある．通常，機械設計においてクリープ変形を計算する際にはクリープ寿命の大半を占める第II期クリープに注意が払われる．よって，クリープ曲線においては定常クリープ速度とクリープ寿命が重要である．クリープ曲線は，一般に次式で表される．

$$\varepsilon^{\mathrm{c}} = f(\sigma, t, T) \tag{2.41}$$

特に定常クリープひずみ速度と応力が以下のように関係付けられたクリープ構成式がよく用いられる．これは**ノートン則**（Norton's law）とも呼ばれる．

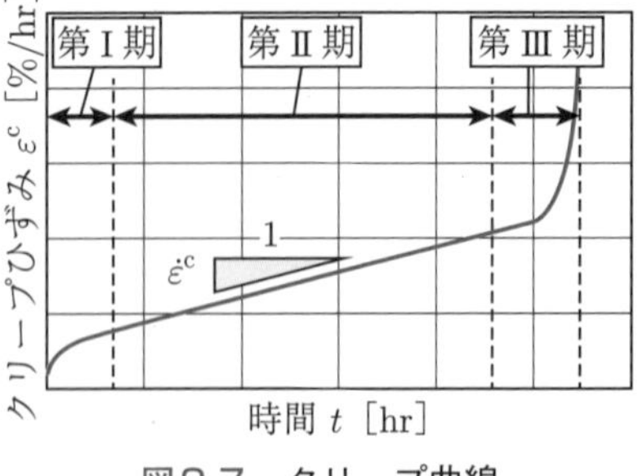

図2.7 クリープ曲線

$$\dot{\varepsilon}^{\mathrm{c}} = k\sigma^n \tag{2.42}$$

ここで，k は**クリープ係数** (creep coefficient)，n は**クリープ指数** (creep exponent) と呼ばれ，クリープ曲線から定められる材料定数である．

ノートン則は，プラントル–ロイスの構成式を利用すれば，以下のように多軸応力状態に拡張できる．はじめに比例係数

$$\Delta\lambda = \frac{3}{2}\frac{\Delta\overline{\sigma}}{H\overline{\sigma}} \qquad \text{(2.22) 再掲}$$

において，ひずみ硬化率である式 (2.15) において相当応力，相当塑性ひずみに置き換えて，

$$H = \frac{\Delta\overline{\sigma}}{\Delta\overline{\varepsilon}^{\mathrm{p}}} \tag{2.43}$$

これを式 (2.22) に代入すると，

$$\Delta\lambda = \frac{3}{2}\frac{\Delta\overline{\varepsilon}^{\mathrm{p}}}{\overline{\sigma}} \tag{2.44}$$

のように書ける．よって，塑性ひずみの増分量は，

$$\Delta\varepsilon_i^{\mathrm{p}} = \frac{3}{2}\sigma'_i\frac{\Delta\overline{\varepsilon}^{\mathrm{p}}}{\overline{\sigma}} \quad (i = 1, 2, 3) \tag{2.45}$$

となる．この式において上添え字 p を c に置き換え，両辺を時間増分 Δt で除すと，

$$\frac{\Delta\varepsilon_i^{\mathrm{c}}}{\Delta t} = \frac{3}{2\overline{\sigma}}\sigma'_i\frac{\Delta\overline{\varepsilon}^{\mathrm{c}}}{\Delta t} \tag{2.46}$$

さらに時間微分を（$\dot{\ }$）で置き換えると，

$$\dot{\varepsilon}_i^{\mathrm{c}} = \frac{3}{2\overline{\sigma}}\sigma'_i\dot{\overline{\varepsilon}}^{\mathrm{c}} \tag{2.47}$$

一方，ノートン則における応力と定常クリープ速度を，それぞれ相当応力と相当クリープ速度に置き換えることで，

$$\dot{\overline{\varepsilon}}^{\mathrm{c}} = k\overline{\sigma}^n \tag{2.48}$$

となり，これを式 (2.47) に代入して整理すると，多軸応力状態でのノートン則が以下のように得られる．

$$\dot{\varepsilon}_i^{\mathrm{c}} = \frac{3}{2}k\sigma'_i\overline{\sigma}^{n-1} \tag{2.49}$$

なお，相当クリープひずみ速度は，相当塑性ひずみ増分において，例えば $\Delta\overline{\varepsilon}^{\mathrm{p}} \Rightarrow \dot{\overline{\varepsilon}}^{\mathrm{c}}$，$\Delta\varepsilon_{11}^{\mathrm{p}} \Rightarrow \dot{\varepsilon}_{11}^{\mathrm{c}}, \ldots, \Delta\gamma_{12}^{\mathrm{p}} \Rightarrow \dot{\gamma}_{12}^{\mathrm{c}}, \ldots$ のように置き換えれば得られる．

2.5 基本的な問題

この節では，塑性力学の様々な問題について，例題の形で紹介していく．

2.5.1 引張問題

例題2.3

図2.8に示すように長さ a，高さ $2b$，厚さ 1 の一様断面を有する平板について考える．この平板の左端は剛体壁に固定され，右端には表面力 $T_1 = p$ が一様に作用している．このとき，この平板が降伏する際の p を求めなさい．なお，平面応力状態を仮定し，材料の降伏応力は σ_{y} とする．

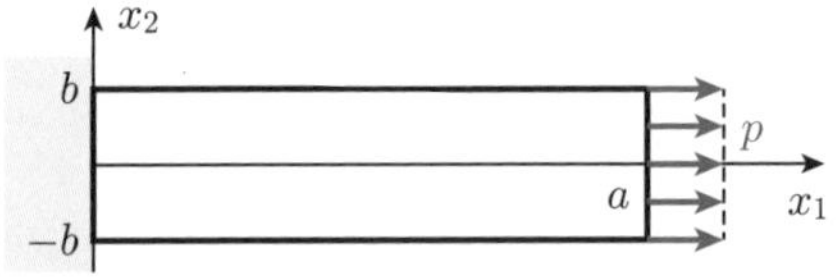

図2.8 引張りを受ける平板

【解答】 この例題の応力解はすでに求められており，それは式 (1.58) より，

$$\sigma_{11} = p, \quad \sigma_{22} = 0, \quad \sigma_{12} = \sigma_{21} = 0 \tag{2.50}$$

これにより，主応力は以下のようになる．

$$\sigma_1 = p, \quad \sigma_2 = 0, \quad \sigma_3 = 0 \tag{2.51}$$

トレスカの降伏条件では，

$$p = \sigma_{\mathrm{y}} \tag{2.52}$$

になったら降伏する．

ミーゼスの降伏条件においても，

$$p = \sigma_{\mathrm{y}} \tag{2.53}$$

になったら降伏する．よって，一軸方向に引張りを受ける平板問題の降伏条件は，トレスカ，ミーゼスの降伏条件ともに等しく，表面力 p が材料の降伏応力になったら降伏する．★

材料を弾完全塑性体と仮定すれば，降伏応力を超えて p が作用しても，その大きさは降伏応力を超えることはなく，平板に生じる塑性ひずみは際限なく増加し続ける．このため，以下のように表す．

$$p_{\mathrm{U}} = \sigma_{\mathrm{y}} \tag{2.54}$$

そして，このような状態になったとき**塑性崩壊**（plastic collapse）したといわれる．通常，機械構造物では応力が分布するから，その一部が降伏し，降伏した領域が外力とともに広がり，最終的に構造物全体が塑性崩壊するという過程をたどる．

2.5.2 曲げ問題

例題2.4

図2.9に示すように長さ a，高さ $2b$，厚さ 1 の一様断面を有する平板について考える．この平板の左端は剛体壁に固定され，右端にはモーメント M が作用している．この平板が降伏する際のモーメントを求めなさい．なお，平面応力状態を仮定し，材料の降伏応力は σ_{y} とする．

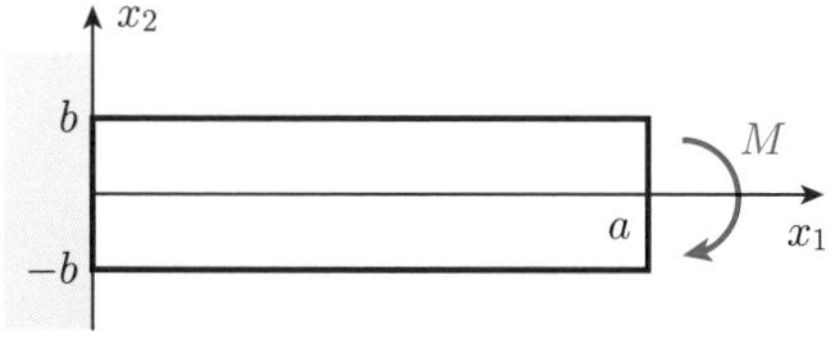

図2.9　モーメント M を受ける平板

【解答】　この例題の応力解はすでに求められており，それは式 (1.66) より，

$$\sigma_{11} = \frac{3M}{2b^3}x_2, \quad \sigma_{22} = 0, \quad \sigma_{12} = \sigma_{21} = 0 \tag{2.55}$$

これにより，主応力は以下のようになる．

$$\sigma_1 = \frac{3M}{2b^3}x_2, \quad \sigma_2 = 0, \quad \sigma_3 = 0 \tag{2.56}$$

この結果から，主応力 σ_1 は平板の上面で引張応力が最も高く，下面で圧縮応力が最も高い，線形分布であることがわかる．このことから，平板の上面，下面ではじめに降伏する．先の例題の結果から本例題もトレスカとミーゼスの降伏条件は同じ結果となる．よって，例えば平板上面の降伏条件は，

$$\sigma_1\big|_{x_2=b} = \frac{3M}{2b^3} \times b = \sigma_{\mathrm{y}} \tag{2.57}$$

であるから，モーメントが

$$M = \frac{2}{3}b^2\sigma_{\mathrm{y}} \tag{2.58}$$

になったら平板の上下面で降伏し始める．

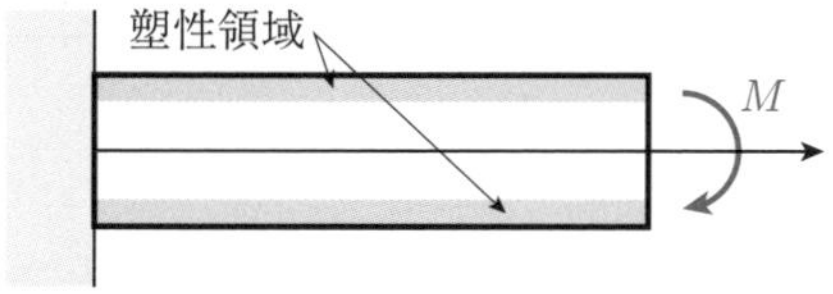

図2.10　モーメント M を受ける平板の塑性領域

その後，モーメントが大きくなると，塑性領域が平板の上下面から内側に向けて広がっていく．この材料が弾完全塑性体であるとすれば，モーメントは平板の弾性領域のみで支えることになるが，先のように一様に平板が降伏しないため，平板として機能する．しかし，モーメントがある大きさ M_{U} になると平板の中心まで塑性領域が進行して，平板全体が降伏することになる．すなわち塑性崩壊する．このモーメントは重要なため，以下にその大きさを求めておく．

平板の上側（$0 < x_2 \leq b$）のみモーメントを計算し，この大きさは下側（$-b \leq x_2 < 0$）でも同じであるから，計算した結果を二倍すればよい．よって，

$$M_{\mathrm{U}} = 2\int_0^b \sigma_{\mathrm{y}} x_2 \, dx_2 \tag{2.59}$$

となり，塑性崩壊するときのモーメントが以下のように求まる．

$$M_{\mathrm{U}} = b^2 \sigma_{\mathrm{y}} \tag{2.60}$$

よって，機械設計に塑性力学の考え方を取り入れると，平板の上下面が降伏するときのモーメントからさらに 1.5 倍まで耐えるとしてよいことになる．★

2.5.3　厚肉円筒問題

例題2.5

図2.11 (a)に示すように内半径 a，外半径 b の中空厚肉円筒について考える．この中空厚肉円筒内面に一様圧力 p が作用するときの応力解を求めなさい．なお，円柱座標系 (r, θ, x_3) を図のようにとるものとする．また，平面応力状態を仮定し，材料の降伏応力は σ_{y} とする．

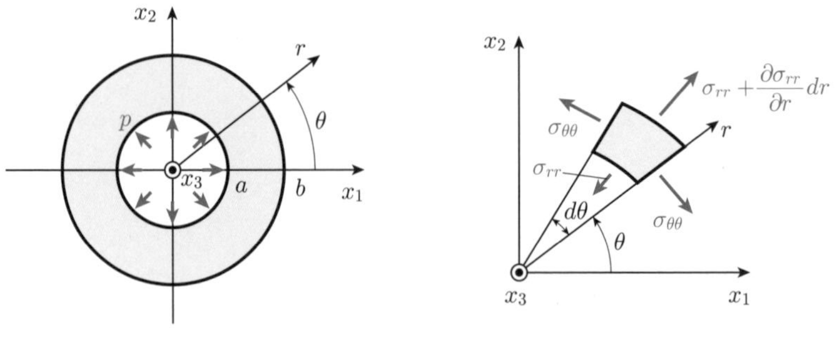

(a) 中空厚肉円筒　　(b) 微小要素

図2.11　内圧 $\boldsymbol{p}$ を受ける中空厚肉円筒

【解答】 この例題の応力解はすでに求められており，

$$\sigma_{rr} = \frac{a^2}{b^2-a^2}\left\{1-\left(\frac{b}{r}\right)^2\right\}p$$
$$\sigma_{\theta\theta} = \frac{a^2}{b^2-a^2}\left\{1+\left(\frac{b}{r}\right)^2\right\}p \qquad (1.105)\ 再掲$$

である．これにより，中空厚肉円筒内面（$r = a$）から降伏が始まることがわかる．内面での応力値は，

$$\sigma_{rr} = -p$$
$$\sigma_{\theta\theta} = \frac{b^2+a^2}{b^2-a^2}p \qquad (2.61)$$

これに加えて，平面応力状態であるから，$\sigma_{33} = 0$ である．これらはまた主応力でもある．これをトレスカの降伏条件

$$\sigma_{\theta\theta} - \sigma_{rr} = \sigma_{\mathrm{y}} \qquad (2.62)$$

に代入すると，降伏し始めるときの圧力 p が以下のように求まる．

$$p = \frac{1}{2}\left(1-\frac{a^2}{b^2}\right)\sigma_{\mathrm{y}} \qquad (2.63)$$

つぎにミーゼスの降伏条件に代入すると，その圧力 p は，

$$p = \frac{1}{\sqrt{3}}\left(1-\frac{a^2}{b^2}\right)\left(1+\frac{1}{3}\frac{a^4}{b^4}\right)^{-\frac{1}{2}}\sigma_{\mathrm{y}} \qquad (2.64)$$

と求まる．

圧力がさらに増加すると，厚肉円筒容器の内面から外側に向けて放射状に塑性領域が広がっていく．塑性領域を $a \leq r \leq c$ とし，弾性領域を $c \leq r \leq b$ とする．弾性領域での応力分布は，式 (1.105) の形状に相似であると考えてよく，それは

$$\sigma^{\mathrm{e}}_{rr} = A - \frac{B}{r^2}$$
$$\sigma^{\mathrm{e}}_{\theta\theta} = A + \frac{B}{r^2} \qquad (2.65)$$

ここで，上添え字 e は弾性領域でのそれとわかるように付けた．また，A と B は未定係数であり，境界条件によって定められる．

塑性領域については，簡単のためにトレスカの降伏条件を仮定すると，応力の平衡方程式 (1.99) とトレスカの降伏条件式 (2.62) から，

$$\frac{d\sigma^{\mathrm{p}}_{rr}}{dr} = \frac{\sigma_{\mathrm{y}}}{r} \tag{2.66}$$

を得る．ここで，応力成分の上添え字 p は塑性領域でのそれとわかるように付けた．式 (2.66) を積分するとともに，式 (2.62) から塑性領域での応力成分が以下のように求まる．

$$\begin{aligned} \sigma^{\mathrm{p}}_{rr} &= \sigma_{\mathrm{y}} \ln r + C \\ \sigma^{\mathrm{p}}_{\theta\theta} &= \sigma_{\mathrm{y}} (\ln r + 1) + C \end{aligned} \tag{2.67}$$

ここで，C は未定係数である．また，ln は自然対数である．

本例題の境界条件は以下のようになる．

$$\begin{aligned} r = a \text{ にて} \quad & \sigma^{\mathrm{p}}_{rr} = -p \\ r = c \text{ にて} \quad & \sigma^{\mathrm{e}}_{rr} = \sigma^{\mathrm{p}}_{rr} \\ r = c \text{ にて} \quad & \sigma^{\mathrm{e}}_{\theta\theta} - \sigma^{\mathrm{e}}_{rr} = \sigma_{\mathrm{y}} \\ r = b \text{ にて} \quad & \sigma^{\mathrm{e}}_{rr} = 0 \end{aligned} \tag{2.68}$$

これにより未定係数が求められ，厚肉円筒容器の弾性領域と塑性領域が混在するときの応力解は，

$$\left. \begin{aligned} \sigma^{\mathrm{p}}_{rr} &= \sigma_{\mathrm{y}} \left\{ \ln\left(\frac{r}{c}\right) - \frac{1}{2}\left(1 - \frac{c^2}{b^2}\right) \right\} \\ \sigma^{\mathrm{p}}_{\theta\theta} &= \sigma_{\mathrm{y}} \left\{ \ln\left(\frac{r}{c}\right) + \frac{1}{2}\left(1 + \frac{c^2}{b^2}\right) \right\} \end{aligned} \right\} (a \leq r \leq c)$$
$$\left. \begin{aligned} \sigma^{\mathrm{e}}_{rr} &= \frac{1}{2}\left(\frac{c}{b}\right)^2 \sigma_{\mathrm{y}} \left(1 - \frac{b^2}{r^2}\right) \\ \sigma^{\mathrm{e}}_{\theta\theta} &= \frac{1}{2}\left(\frac{c}{b}\right)^2 \sigma_{\mathrm{y}} \left(1 + \frac{b^2}{r^2}\right) \end{aligned} \right\} (c \leq r \leq b) \tag{2.69}$$

である．ここで，弾性領域と塑性領域の境界 $r = c$ は，

$$p = \sigma_{\mathrm{y}} \left\{ \ln\left(\frac{c}{a}\right) + \frac{1}{2}\left(1 - \frac{c^2}{b^2}\right) \right\} \tag{2.70}$$

から定めることができる．

圧力がさらに増加して，厚肉円筒容器の肉厚全体が塑性領域になった，すなわち塑性崩壊したとすると，そのときの圧力 p_{U} は，式 (2.70) に $c = b$ とおいて以下のように求められる．

$$p_{\mathrm{U}} = \sigma_{\mathrm{y}} \ln\left(\frac{b}{a}\right) \tag{2.71} \bigstar$$

2.5.4　熱弾塑性問題

例題2.6

図2.12に示すように長さ a，高さ $2b$，厚さ 1 の一様断面を有する平板について考える．この平板の左端は剛体壁に固定され，基準温度 T_0 から温度 T_{h} まで一様に加熱されている．そして，右端には一様変位 $u_1 = u$ が作用する．このとき，この平板の応力–変位線図を作図しなさい．なお，平面応力状態，弾完全塑性体を仮定し，材料の降伏応力は σ_{y} とする．

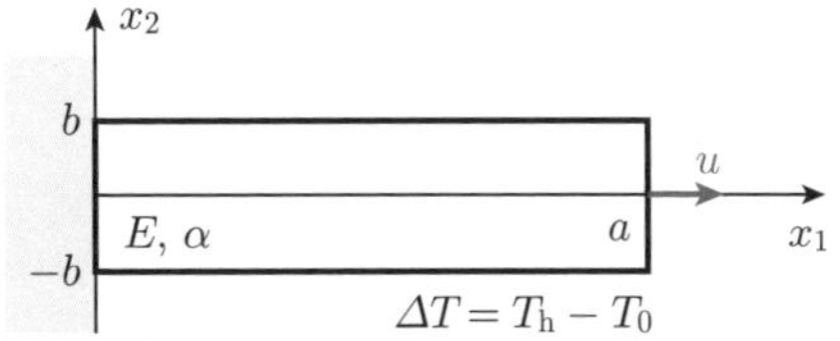

図2.12　強制変位を受ける一様加熱された平板

【解答】　この例題では，例題 1.12 の結果から応力分布はつぎのように一様になっていると考えてよい．

$$\sigma_{11} = \sigma, \quad \sigma_{22} = 0, \quad \sigma_{12} = 0 \tag{2.72}$$

ここで，σ は平板に一様に発生している応力である．これを式 (1.33) のフックの法則に代入して，

$$\varepsilon_{11} = \frac{\sigma}{E} + \alpha\Delta T \tag{2.73}$$

式 (1.12) の第一式を式 (2.73) の左辺に代入し，それを積分すると，

$$u_1 = \frac{\sigma}{E}x_1 + \alpha\Delta T x_1 + A(x_2) \tag{2.74}$$

となる．ここで，積分定数 A は x_2 を変数にもつ関数である．剛体壁 $x_1 = 0$ にて $u_1 = 0$ でなければならないから，$A(x_2)$ はゼロである．よって，

$$u_1 = \frac{\sigma}{E}x_1 + \alpha\Delta T x_1 \tag{2.75}$$

題意により，平板の右端 $x_1 = a$ に強制変位 $u_1 = u$ が作用しているから，

$$u = \frac{\sigma}{E}a + \alpha\Delta T a \tag{2.76}$$

よって，応力について解くと，応力と変位の関係は以下のようになる．

$$\sigma = \frac{E}{a}u - E\alpha\Delta T \tag{2.77}$$

これを作図すると図2.13の①のようになる．図中の破線は熱膨張により変位した

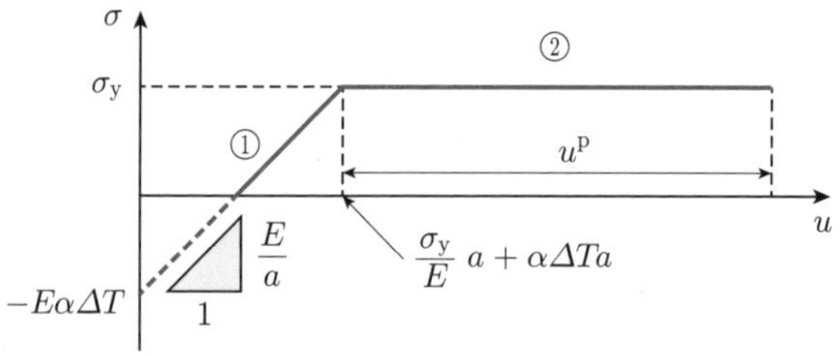

図2.13 強制変位を受ける平板の応力–変位関係

ことを示している．

平板に生じている応力 σ が，

$$\sigma=\sigma_{\mathrm{y}} \tag{2.78}$$

に達すると平板全体が塑性変形することになる．このときの平板に生じた塑性変位成分 u^{p} を求める．このため，式 (2.76) を以下のように修正する．

$$u=\frac{\sigma_{\mathrm{y}}}{E}a+\alpha\Delta Ta+u^{\mathrm{p}} \tag{2.79}$$

これにより，塑性変位は以下のようになる．

$$u^{\mathrm{p}}=u-\frac{\sigma_{\mathrm{y}}}{E}a-\alpha\Delta Ta \tag{2.80}$$

応力と変位の関係を作図すると図**2.13**の②のようになる．★

例題2.7

図**2.14**に示すように長さ a，高さ $2b$，厚さ1の平板について考える．この平板の左端は剛体壁に固定され，右端はばね定数 k^* のばねに直列に結合され，さらにその自由端が剛体壁に固定されている．なお，基準温度 T_0 にてばねの長さが自由長にある．その後，平板のみ温度 T_{h} まで一様に加熱し，冷却した．このとき，この平板の応力–加熱温度線図を作図しなさい．なお，平面応力状態，弾完全塑性体を仮定し，材料の降伏応力は σ_{y} とする．

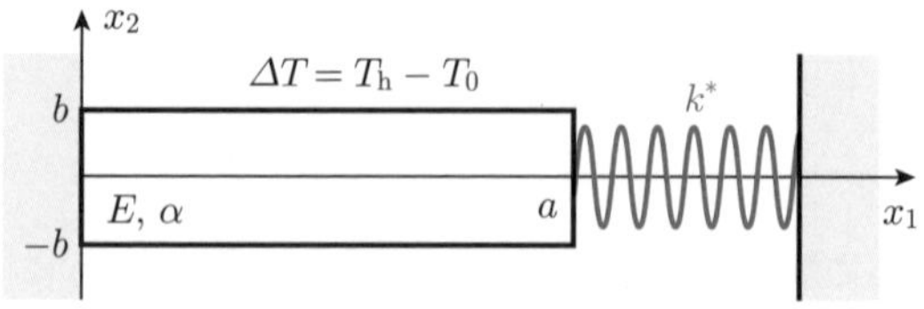

図2.14 ばねに直列に結合された平板

【解答】 平板と直列に結合されたばねの右端と剛体壁を切り離し，ばねの右端に強制変位 u を x_1 方向に作用させる．ばねが無い場合の結果はすでに求められており，それは，

$$u = \frac{\sigma}{E}a + \alpha \Delta T a \tag{2.81}$$

剛体壁からの反力を R とすれば，垂直応力は，

$$\sigma = \frac{R}{2b \times 1} \tag{2.82}$$

となる．ここで，分母は平板の断面積である．式 (2.82) を式 (2.81) に代入して，

$$u = \frac{Ra}{2Eb} + \alpha \Delta T a \tag{2.83}$$

反力 R はばねにも作用しているから，平板とばね全体の変位は，

$$u = \frac{Ra}{2Eb} + \alpha \Delta T a + \frac{R}{k^*} \tag{2.84}$$

となる．ところで，ばねの右端は壁に固定されていたから，強制変位は $u = 0$ でなければならない．よって，式 (2.84) における反力 R は以下のように求まる．

$$R = -\frac{\alpha \Delta T a}{\frac{1}{k} + \frac{1}{k^*}} \tag{2.85}$$

ここで，

$$\frac{1}{k} = \frac{a}{2Eb} \tag{2.86}$$

とおいた．よって，平板に生じる応力は以下のように求まる．

$$\begin{aligned} \sigma &= \frac{R}{2b \times 1} \\ &= -\beta E \alpha \Delta T \end{aligned} \tag{2.87}$$

ここで，

$$\beta = \frac{k^*}{k + k^*} \tag{2.88}$$

とおき，これは**拘束パラメータ**と呼ばれる．$\beta = 0$ のとき平板は自由に熱膨張した状態，$\beta = 1$ のとき平板は完全に拘束されている状態であり，一般の状態は $0 < \beta \leq 1$ である．

式 (2.87) において，$\sigma < -\sigma_{\mathrm{y}}$ のとき平板は弾性状態であり，$\sigma = -\sigma_{\mathrm{y}}$ にて降伏するから，そのときの温度は，

$$\Delta T_{\mathrm{c}} = \frac{\sigma_{\mathrm{y}}}{\beta E \alpha} \tag{2.89}$$

となる．よって，加熱温度がこの温度になると，平板は塑性状態となる．ΔT_{c} は**臨界温度**と呼ばれる．ふたたび，式 (2.84) に戻り，右辺に塑性変位（$\varepsilon^{\mathrm{p}} a$）を追加すると，

$$u = \frac{Ra}{2Eb} + \alpha \Delta T a + \frac{R}{k^*} + \varepsilon^{\mathrm{p}} a \tag{2.90}$$

であり，本例題ではばねの右端が剛体壁に固定されていたから，強制変位は $u = 0$ でなければならない．このとき，平板は弾完全塑性体で，降伏しているから，反力 R は，

$$R = -\sigma_y (2b \times 1) \tag{2.91}$$

である．よって，式 (2.90) と式 (2.91) により，塑性ひずみが以下のように求まる．

$$\varepsilon^{\mathrm{p}} = \frac{2b\sigma_{\mathrm{y}}}{a} \left(\frac{1}{k} + \frac{1}{k^*} \right) - \alpha \Delta T \tag{2.92}$$

あるいは，

$$\begin{aligned} \varepsilon^* &= \varepsilon^{\mathrm{p}} + \alpha \Delta T \\ &= \frac{2b\sigma_{\mathrm{y}}}{a} \left(\frac{1}{k} + \frac{1}{k^*} \right) \end{aligned} \tag{2.93}$$

とおいて，これは**固有ひずみ**（eigen strain）と呼ばれる．

その後，冷却したとき，平板には以下の応力が残留することになる．

$$\sigma_{\mathrm{r}} = \beta E \alpha \Delta T - \sigma_{\mathrm{y}} \tag{2.94}$$

これは**残留応力**（residual stress）と呼ばれる．

図2.15に応力–加熱温度線図を示す．

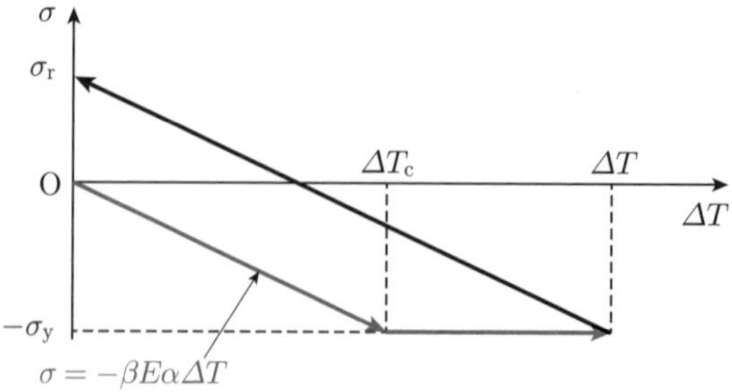

図2.15 応力–加熱温度線図 ★

演習問題

□**2.1** 物体中のある点での主応力成分が $\sigma_1, \sigma_2, \sigma_3$ であった．このとき，トレスカの降伏条件を示しなさい．なお，単軸応力状態での降伏応力を σ_y とする．

□**2.2** 長さ l，半径 b の円形断面を有する円柱棒について考える．この棒の左端は剛体壁に固定され，右端にはねじりモーメント T が作用しているとき，この円柱棒が降伏するときのねじりモーメントを求めなさい．

□**2.3** 弾完全塑性体

$$\sigma = \begin{cases} E\varepsilon^\mathrm{e} & (0 \leq \sigma < \sigma_\mathrm{y}) \\ \sigma_\mathrm{y} & (\sigma = \sigma_\mathrm{y}) \end{cases} \tag{2.95}$$

に対するプラントル–ロイスの構成式を導きなさい．

□**2.4** 例題 2.5 の応力解を利用して，内圧を受ける無限平板に存在する円孔周りの応力解を求めなさい．

第3章

破 壊 力 学

本章では，材料強度学を構成する学問のひとつである破壊力学について学ぶ．破壊力学とは，物体に発生したき裂の成長（あるいは進展）を力学的に扱う学問であり，最近の機械設計ではき裂の存在を許容することを前提としている．本章を通じて破壊力学の基本的な考え方を理解して欲しい．

3.1　破壊力学とは

破壊力学（fracture mechanics）は，き裂の成長を取り扱う学問である．機械構造物は定期的に検査され，き裂の有無やその大きさが検出される．その後，設備が運転されるなかで検出されたき裂がどのように成長していくのかを予測することが破壊力学に求められる．

さて，破壊力学の先駆的な業績としてグリフィスにより考えられた脆性材料のき裂が挙げられる（1920 年）[1]．ガラスのような脆性材料にき裂が存在すると，引張強さがどの程度低下するのか見積もった．しかし，長い間，この研究は脚光を浴びることは無かった．時勢は，第二次世界大戦に突入し，米国，欧州，我が国において大型船舶（輸送船，戦艦など）が多数建造された．そこでふたたびき裂の問題が注目を浴びるようになった．それは，船体の溶接部で突然き裂が発生し，大音響とともに巨大船舶がつぎつぎに自沈したことによる．この問題を解決するためにはき裂の成長に基づいて破壊を理解する必要があると考え，アーウイン（1957 年）は一様引張応力を受ける無限平板中に存在するき裂周辺の応力分布を調べた[2]．これにより，応力拡大係数と呼ばれる重要なパラメータが提案された．同時に，グリフィスの研究の重要性も再認識されるようになった．アーウインのアプローチは，き裂先端近傍での応力分布に基づいて破壊を理解しようとしたが，グリフィスのアプローチは，き裂成長によるエネルギー変化に基づく．ふたつのアプローチは全く異なるが，最終的には同じ結果を与える．本章では，はじめに数学的なアプローチが容易なグリフィスの方法に従って破壊力学を学んでいくことにしよう．

3.2　エネルギー解放率

図3.1 (a)に示す長さ a のき裂を含んだ平板問題について考える．平板の厚さを t，高さ h とし，下面が剛体床に固定されている．また，上面は剛体ブロックに固定され，これに強制変位 u が作用するとき，この平板に蓄えられるひずみエネルギーを求める．そのため，図のようにき裂が存在している領域と，存在していない領域に平板を仮想的に分離して考える．さらに，ひずみエネルギー U はき裂が存在していない領域（**図3.1 (b)**）のみに蓄えられると考える．すると，

$$U = \frac{1}{2}\sigma\varepsilon(bht) \tag{3.1}$$

これにフックの法則 $\sigma = E\varepsilon$ を代入して，

$$U = \frac{1}{2}E\varepsilon^2(bht) \tag{3.2}$$

一方，垂直ひずみは，

$$\varepsilon = \frac{u}{h} \tag{3.3}$$

であるから，式 (3.2) は，

$$U = \frac{1}{2}\frac{Ebt}{h}u^2 \tag{3.4}$$

ある強制変位 u のもとでき裂が成長したとき，その長さは $b - \Delta b$ となったとする．すると，き裂成長後のひずみエネルギーは，

$$U + \Delta U = \frac{1}{2}\frac{E(b-\Delta b)t}{h}u^2 \tag{3.5}$$

のように変化する．よって，き裂成長に伴って変化した全ポテンシャルエネルギーの変化 $\Delta\Pi$ は，式 (1.48) により，

$$\begin{aligned}\Delta\Pi &= \Delta U + \Delta W \\ &= -\frac{1}{2}\frac{Et\Delta b}{h}u^2\end{aligned} \tag{3.6}$$

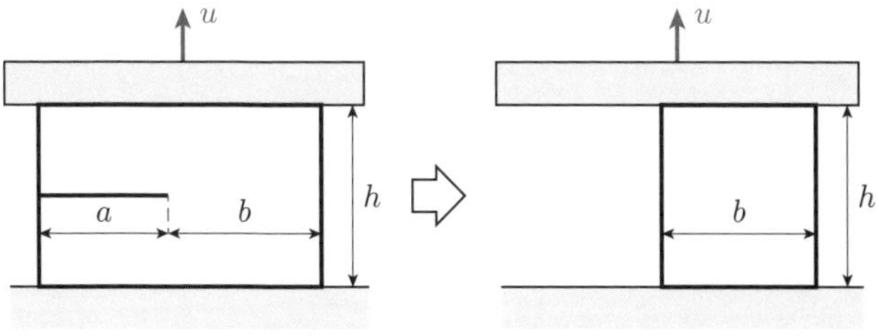

(a)　(b)

図3.1　強制変位を受けるき裂が存在する平板

ここで，外力のもつポテンシャルエネルギーの変化 ΔW は強制変位が一定のためゼロとおいた．また，式 (3.6) にマイナス記号が付いているが，これはき裂成長にエネルギーが費やされたことを意味する．そこで単位面積当たりのき裂成長に費やされたエネルギーは，

$$-\frac{\Delta \Pi}{t\Delta b} = \frac{E}{2h}u^2 \tag{3.7}$$

である．これは**エネルギー解放率**（energy release rate）と呼ばれ，記号 $\boldsymbol{g}$ を使って以下のように表される．

$$\boldsymbol{g} = -\frac{d\Pi}{dA} \tag{3.8}$$

ここで，エネルギー解放率の単位は N/m である．

つぎに**図3.2**に示す剛体天井に固定されたき裂を有する平板の問題について考える．この平板の中央には面積 A のき裂が存在しており，平板の下端には鉛直下向き方向に強制変位あるいは強制荷重が作用している．強制変位が作用する場合，これは**変位制御**（displacement control）と呼ばれる．強制荷重が作用する場合，これは**荷重制御**（load control）と呼ばれる．このようにふたつの異なる制御方式の違いがエネルギー解放率に及ぼす影響をみていく．

図3.2 (a)は変位制御に対する荷重–変位関係を示す．き裂面積が A のとき，O-a に沿って変位とともに荷重が線形に増加する．そして，ある変位 u に達したときにき裂面積が $A + \Delta A$ に成長したとする．このとき，この面積に対する荷重–変位関係は O-c となり，き裂成長により点 a から点 c に荷重が急激に低下することになる．よって，変位制御のために $\Delta W = 0$ であることを考慮して，き裂成長に伴う全ポテンシャルエネルギーの変化は，

$$\Delta \Pi = \Delta U + \Delta W = \Delta U \tag{3.9}$$

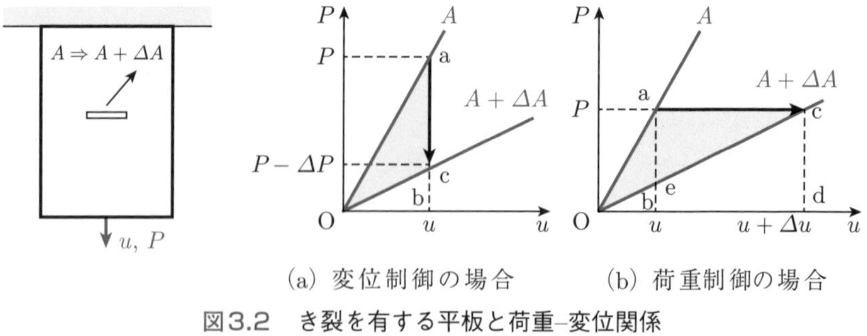

(a) 変位制御の場合　　(b) 荷重制御の場合

図3.2　き裂を有する平板と荷重–変位関係

となる．図3.2 (a)の記号を利用すると，全ポテンシャルエネルギーの変化は，

$$\begin{aligned} \varDelta\varPi &= \triangle\mathrm{Ocb} - \triangle\mathrm{Oab} \\ &= \triangle\mathrm{Ocb} - \triangle\mathrm{Ocb} - \triangle\mathrm{Oac} \\ &= -\triangle\mathrm{Oac} \end{aligned} \tag{3.10}$$

であるから，図中の $\triangle\mathrm{Oac}$ がき裂の成長に費やされたことになる．

つぎに図3.2 (b)は荷重制御の場合に得られる荷重–変位関係を示す．き裂面積が A のとき，O-a に沿って荷重とともに変位が線形に増加する．そして，荷重 P に達したときにき裂面積が $A + \varDelta A$ に成長したとする．このときの荷重–変位関係は O-e-c になるから，き裂成長により点 a から点 c のように変位が急激に増加する．よって，き裂成長に伴う全ポテンシャルエネルギーの変化は，

$$\varDelta\varPi = \varDelta U + \varDelta W \tag{3.11}$$

となる．図3.2 (b)の記号を利用すると，全ポテンシャルエネルギーの変化は，

$$\begin{aligned} \varDelta\varPi &= \triangle\mathrm{Ocd} - \triangle\mathrm{Oab} + (-\square\mathrm{acdb}) \\ &= \triangle\mathrm{Oeb} + \square\mathrm{becd} - \triangle\mathrm{Oae} - \triangle\mathrm{Oeb} - \triangle\mathrm{ace} - \square\mathrm{becd} \\ &= -\triangle\mathrm{Oac} \end{aligned} \tag{3.12}$$

であるから，図中の $\triangle\mathrm{Oac}$ がき裂の成長に費やされたことになる．以上のように，有限のき裂成長量に対して解放されるポテンシャルエネルギーは制御方法によって異なる．ただし，き裂成長量が微小であれば，エネルギー解放率は制御方法によって変化せず，その時点でのき裂成長駆動力と考えてよい．

以上により，き裂成長前後の荷重–変位線図で囲まれた面積がき裂成長に費やされることがわかる．従って，図3.3に示すような一般的な負荷様式の場合については，薄水色の領域の面積がき裂成長に費やされるエネルギーとなる．

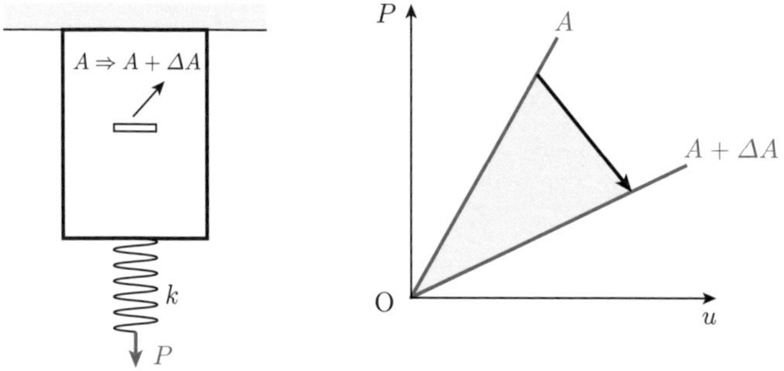

図3.3　一般的な負荷様式のもとでのき裂を有する平板と荷重–変位関係

以上をまとめると，単位面積当たりのき裂成長により解放される全ポテンシャルエネルギーがエネルギー解放率である．

つぎに材料試験によりエネルギー解放率を求める方法について考える．面積 A のき裂を有する物体が強制変位 u を受けているものとする．この物体をばね定数 $k=k(A)$ のばねと等価であるものとみなせば，系に蓄えられたひずみエネルギーは式 (1.45) より以下のようになる．

$$U=\frac{1}{2}k(A)u^2 \tag{3.13}$$

き裂が成長することでひずみエネルギーは，

$$U+\Delta U=\frac{1}{2}\left(k(A)+\frac{dk}{dA}dA\right)u^2 \tag{3.14}$$

となり，ひずみエネルギーの変化量は，

$$\Delta U=\frac{1}{2}\frac{dk}{dA}dAu^2 \tag{3.15}$$

のようになる．結局，変位制御下での全ポテンシャルエネルギーの変化は，

$$\Delta\Pi=\Delta U=\frac{1}{2}\frac{dk}{dA}dAu^2 \tag{3.16}$$

であるから，エネルギー解放率は，

$$\begin{aligned}\boldsymbol{g}&=-\frac{d\Pi}{dA}\\&=-\frac{1}{2}\frac{dk}{dA}u^2\end{aligned} \tag{3.17}$$

と求まる．ここで，式 (3.17) のばね定数 k の逆数，

$$\lambda=\frac{1}{k} \tag{3.18}$$

に置き換えると，

$$\begin{aligned}\boldsymbol{g}&=-\frac{1}{2}\frac{d}{dA}\left(\frac{1}{\lambda}\right)u^2\\&=\frac{1}{2}\frac{1}{\lambda^2}\frac{d\lambda}{dA}u^2\end{aligned} \tag{3.19}$$

ここで，λ はコンプライアンス（compliance）と呼ばれる．よって，

$$P=ku=\frac{u}{\lambda}$$

を代入して，

$$\boldsymbol{g}=\frac{1}{2}P^2\frac{d\lambda}{dA} \tag{3.20}$$

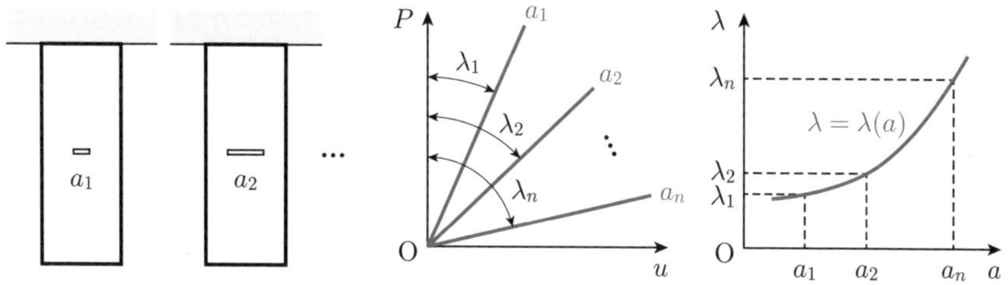

図3.4　エネルギー解放率の測定原理

を得る．

式 (3.20) を利用してエネルギー解放率を求める方法を図3.4に示す．はじめに様々なき裂長さを試験片に機械加工する．図にはき裂長さ $a_1 < a_2 < a_3 < \cdots < a_n$ のき裂付き試験片が剛体天井に吊り下げられている様子を示している．この試験片に対して引張試験することで荷重–変位関係を測定する．そして測定結果からそれぞれのき裂長さに対するコンプライアンス $\lambda_1 < \lambda_2 < \lambda_3 < \cdots < \lambda_n$ を求める．その後，き裂長さとコンプライアンスの関係をグラフ用紙にプロットし，このプロット点に対して最小二乗法により近似式

$$\lambda = \lambda(a) \tag{3.21}$$

を求める．試験片の厚さを t とすれば，式 (3.20) に式 (3.21) を代入してエネルギー解放率が以下のように求まる．

$$\boldsymbol{g} = \frac{1}{2}P^2\frac{d\lambda(a)}{t\,da} \tag{3.22}$$

例題3.1

図3.5に示すように長さ l，高さ $2H$，厚さ B の片側に長さ a のき裂が導入された DCB（Double Cantilever Beam）試験片のエネルギー解放率を求めなさい．なお，試験片の右端にはき裂を開口する方向に集中荷重 P が作用している．

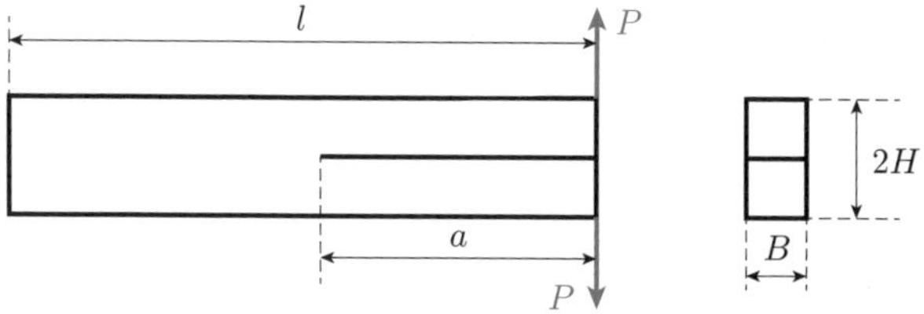

図3.5　DCB 試験片

【解答】 この問題を解くために，図3.5のき裂面に対して上側を切り出し，これを図3.6に示すように先端に集中荷重を受ける長さ a のはり問題とみなす．作用点でのたわみ量 δ は材料力学で知られており，それは以下のようになる．

$$\delta = \frac{Pa^3}{3EI} \tag{3.23}$$

ここで，I は断面二次モーメントであり，

$$I = \frac{BH^3}{12} \tag{3.24}$$

これを式 (3.23) に代入して

$$\delta = 4\frac{Pa^3}{EBH^3} \tag{3.25}$$

が得られる．結局，き裂の開口変位 u は，

$$\begin{aligned} u &= 2\delta \\ &= 8\frac{Pa^3}{EBH^3} \end{aligned} \tag{3.26}$$

と求まり，DCB 試験片のコンプライアンス λ は以下のようになる．

$$\begin{aligned} \lambda &= \frac{u}{P} \\ &= 8\frac{a^3}{EBH^3} \end{aligned} \tag{3.27}$$

これを式 (3.22) に代入してエネルギー解放率 $\boldsymbol{g}$ は以下のように求まる．

$$\boldsymbol{g} = \frac{12a^2}{EH^3}\left(\frac{P}{B}\right)^2 \tag{3.28}$$

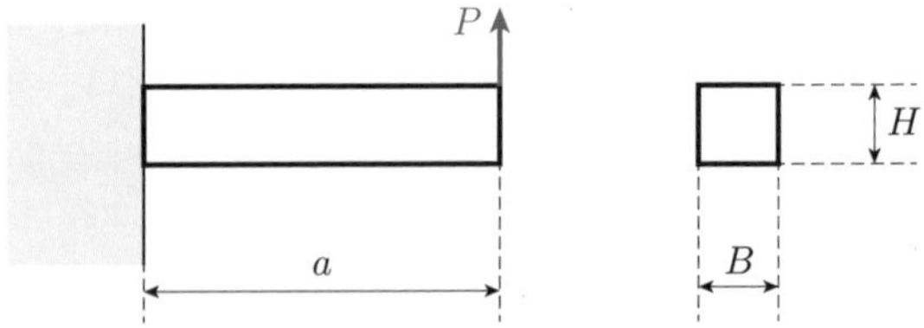

図3.6 先端に集中荷重を受ける片持ちはり

★

3.3　J　積　分

物体を弾性体と仮定してエネルギー解放率を求めた．一方，弾塑性体のときには，図3.7のように非線形に変形するから，取り扱いはやや複雑である．ただし，き裂成長前後で変化した荷重–変位曲線の間に囲まれた面積がき裂成長に費やされるという考えは，これまでと同様である．すなわち，式 (3.8) は

$$J = -\frac{d\Pi}{dA} \tag{3.29}$$

のようになる．ただし，左辺にはエネルギー解放率 $\boldsymbol{g}$ ではなく記号 J を用いた．これは **J 積分**（J-integral）と呼ばれる．なお，物体が弾性体であれば，

$$J = \boldsymbol{g} \tag{3.30}$$

であり，エネルギー解放率に等しい．

以下にライスにより導かれた J 積分を示すことにする[3]．図3.8 (a)に示すように二次元平板に長さ a のき裂が存在している問題を考える．このき裂先端を取り囲むようにして仮想切断面 $\varGamma$ をおく．この切断面の内側の領域を $\varSigma$，仮想切断面に

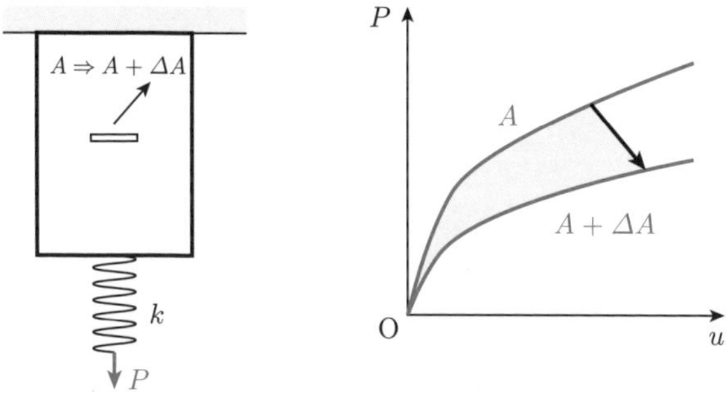

図3.7　一般的な負荷様式のもとでの弾塑性体の中央に存在するき裂

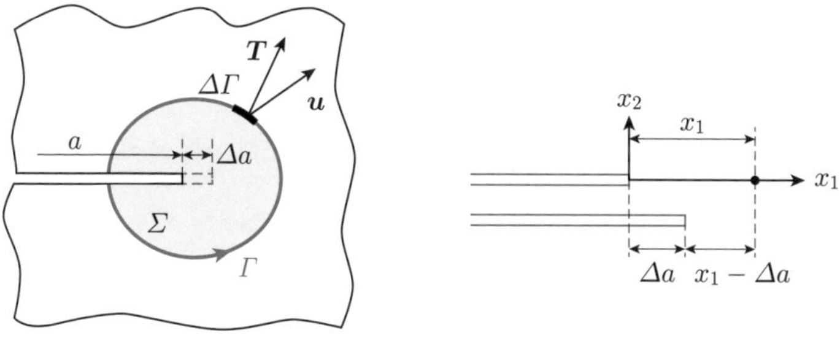

(a)　　(b)

図3.8　き裂を有する平板

は変位ベクトル

$$\boldsymbol{u} = (u_1, u_2) \tag{3.31}$$

ならびに表面力ベクトル

$$\boldsymbol{T} = (T_1, T_2) \tag{3.32}$$

が分布しているものとする．

領域 Σ に対する全ポテンシャルエネルギーは，

$$\Pi = U + W \tag{3.33}$$

であり，右辺のひずみエネルギー U は，

$$U = \int_{\Sigma} \widehat{U}\, dV \tag{3.34}$$

である．ここで，$\widehat{U} = \widehat{U}(x_1, x_2)$ は単位体積当たりに蓄えられたひずみエネルギー密度である．また，外力のもつポテンシャルエネルギーは，

$$W = -\int_{\Gamma} \boldsymbol{T} \cdot \boldsymbol{u} B\, d\Gamma \tag{3.35}$$

であり，記号（・）はふたつのベクトルの内積をとるものとする．これらを式 (3.33) に代入すれば，全ポテンシャルエネルギーは，

$$\Pi = \int_{\Sigma} \widehat{U}\, dV - \int_{\Gamma} \boldsymbol{T} \cdot \boldsymbol{u} B\, d\Gamma \tag{3.36}$$

となる．ここで，B は平板の厚さである．式 (3.29) に従って，単位面積当たりの全ポテンシャルエネルギーの変化を求めると，

$$\frac{\Delta \Pi}{\Delta A} = \int_{\Sigma} \frac{\Delta \widehat{U}}{\Delta A}\, dV - \int_{\Gamma} \boldsymbol{T} \cdot \frac{\Delta \boldsymbol{u}}{\Delta A} B\, d\Gamma \tag{3.37}$$

ここで，表面力を一定とした．$\Delta A = B\Delta a$, $dV = B\, dx_1 dx_2$ により，式 (3.37) は，

$$\frac{\Delta \Pi}{B\Delta a} = \int_{\Sigma} \frac{\Delta \widehat{U}}{\Delta a}\, dx_1 dx_2 - \int_{\Gamma} \boldsymbol{T} \cdot \frac{\Delta \boldsymbol{u}}{\Delta a}\, d\Gamma \tag{3.38}$$

となる．

一方，き裂成長によるひずみエネルギー密度の変化は，図 **3.8 (b)** より

$$\Delta \widehat{U} = \widehat{U}(x_1 - \Delta a, x_2) - \widehat{U}(x_1, x_2) \tag{3.39}$$

であり，右辺第一項を展開すると，

$$\Delta \widehat{U} = \widehat{U}(x_1, x_2) - \frac{\partial \widehat{U}}{\partial x_1} \Delta a - \widehat{U}(x_1, x_2) \tag{3.40}$$

であるから，

$$\Delta\widehat{U} = -\frac{\partial \widehat{U}}{\partial x_1}\Delta a \tag{3.41}$$

を得る．同様にして変位ベクトルについても，

$$\boldsymbol{\Delta u} = -\frac{\partial \boldsymbol{u}}{\partial x_1}\Delta a \tag{3.42}$$

であるから，式 (3.38) は，

$$\frac{\Delta\Pi}{B\Delta a} = -\int_\Sigma \frac{\partial \widehat{U}}{\partial x_1}\,dx_1dx_2 + \int_\Gamma \boldsymbol{T}\cdot\frac{\partial \boldsymbol{u}}{\partial x_1}\,d\Gamma \tag{3.43}$$

のように変形できる．よって，J 積分は以下のようになる．

$$J = \int_\Sigma \frac{\partial \widehat{U}}{\partial x_1}\,dx_1dx_2 - \int_\Gamma \boldsymbol{T}\cdot\frac{\partial \boldsymbol{u}}{\partial x_1}\,d\Gamma \tag{3.44}$$

なお，右辺の第一項に対してガウスの定理を適用すれば，以下のように J 積分の公式が求められる．

$$J = \int_\Gamma \left(\widehat{U}\,dx_2 - \boldsymbol{T}\cdot\frac{\partial \boldsymbol{u}}{\partial x_1}\,d\Gamma\right) \tag{3.45}$$

J 積分の重要な数学的な性質は，積分経路 Γ のとり方によらず J 積分の値は変わらないことである．この証明は簡単であり，図3.9に示すようにき裂先端周りにふたつの異なる積分経路（仮想切断面）を考える．

図3.9のそれぞれの積分経路に沿って計算される J 積分は，

$$J_{\mathrm{A'B'}} + J_{\mathrm{B'B}} + J_{\mathrm{BA}} + J_{\mathrm{AA'}} = 0 \tag{3.46}$$

ここで，積分経路内にき裂が存在していないため，J 積分の値はゼロである．また，き裂面では $dx_2 = 0,\ \boldsymbol{T} = \boldsymbol{0}$ であるから，積分項 $J_{\mathrm{B'B}}$ と $J_{\mathrm{AA'}}$ はゼロとなり，

$$J_{\mathrm{A'B'}} + J_{\mathrm{BA}} = 0 \tag{3.47}$$

である．よって，$J_{\mathrm{A'B'}} = -J_{\mathrm{BA}}$ であるから，式 (3.47) は，

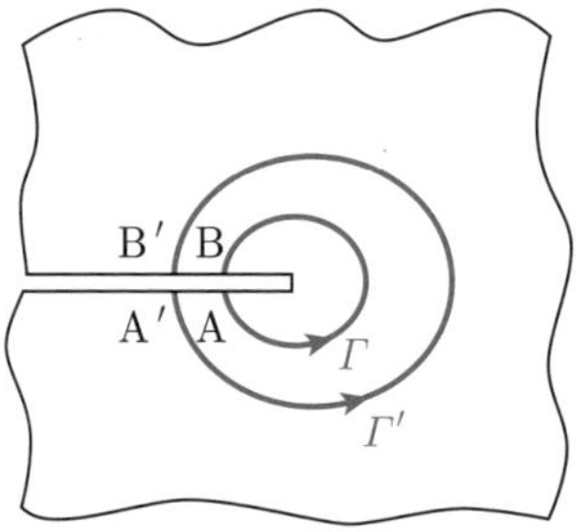

図3.9　き裂先端周りにとられたふたつの異なる経路

$$J_{A'B'} = J_{AB} \tag{3.48}$$

となって J 積分は積分経路に依存しないことが示された．これは，**J 積分の経路独立性**（path independence of J-integral）と呼ばれる．

例題3.2

図3.10 (a)に示す変位制御によって変形したき裂を有する平板について考える．これは3.2節図3.1で扱った問題と同じである．この J 積分を求めなさい．

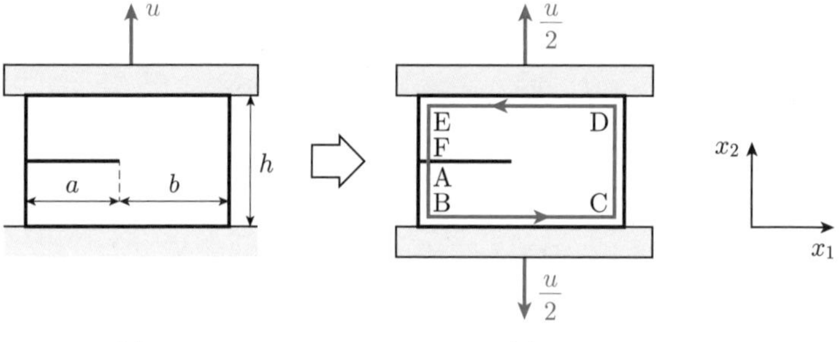

(a)　(b)

図3.10　変位制御によって変形したき裂を有する平板

【解答】 図3.10 (b)のように積分経路ABCDEFを平板表面に沿ってとる．上下辺BCおよびDEは，$dx_2 = 0$, $\sigma_{12} = 0$ および $\frac{\partial u_2}{\partial x_1} = 0$ から，これらの積分項はゼロであることがわかる．また，AB, EF上では表面力がゼロであり，$\widehat{U} \approx 0$ とみなせる．したがって，J 積分に寄与するのは経路CD上の積分項のみであり，$dx_1 = 0$, $\sigma_{11} = \sigma_{12} = 0$ により応力は σ_{22} のみとなる．よって，

$$\begin{aligned} J &= \int_0^h \widehat{U}\,dx_2 = \int_0^h \frac{1}{2}E\left(\frac{u}{h}\right)^2 dx_2 \\ &= \frac{E}{2h}u^2 \end{aligned} \tag{3.49}$$

となり，この結果は式(3.7)に一致している．★

3.4　応力拡大係数

本節では，き裂先端近傍での応力分布からき裂成長問題について考える．無限遠方で一様引張応力が作用する平板において円孔が存在するとき，円孔縁では急激に応力が増大する．応力が円孔縁で増大する理由は，図3.11に示すように力線を作図すると理解できる．円孔から離れた場所では力線は直線的に流れていたが，円孔縁に近づくにつれて湾曲し，力線の密度が増加するようになる．このような密度の増加は単位面積当たりに横切る力線の数が増加することと対応するから，応力が増大することになる．この円孔形状を潰せばき裂であり，このことからき裂先端で応力が増大することが理解できるであろう．

き裂先端近傍での応力分布は，弾性力学で厳密に求められており，き裂面に垂直な方向の応力成分 σ_{22} は，

$$\sigma_{22} = \sqrt{\frac{a}{2r}}\,\sigma^{\infty} \tag{3.50}$$

のようになることが知られている．ここで，a はき裂全長の半分の長さ，r はき裂先端を原点にとった極座標系における半径方向の距離である．破壊力学では，このようにき裂先端に極座標系の原点がよくとられる．式 (3.50) において，き裂先端 $(r \to 0)$ にて応力値が無限大となること，き裂先端から離れる $(r \to \infty)$ につれて応力値がゼロに漸近していくことがわかる．前者は，円孔縁での応力値が $3\sigma^{\infty}$ であったものが，曲率半径が無限小になるにつれて応力値が無限大になることと対応している．後者については，遠方での引張応力 σ^{∞} に近づかなければならないが，式 (3.50) はそのようになっていない．実は，応力解は無限級数により与えられており，式 (3.50) は応力値が最も高いき裂先端近傍での解のみを示したことによる[4]．

破壊力学では，応力解である式 (3.50) をさらに以下のように変形する．

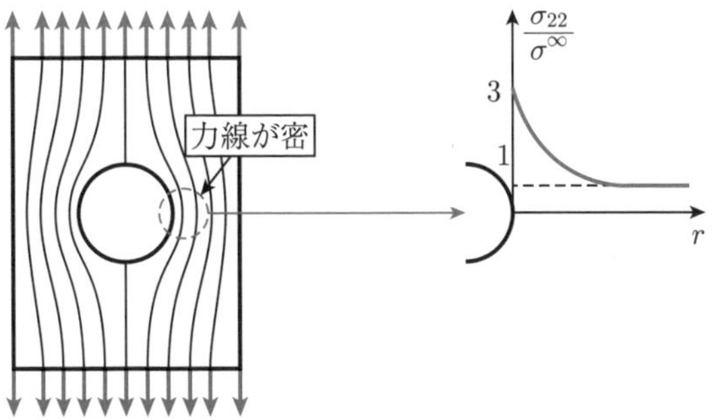

図3.11　円孔周りの力線の様子

$$\sigma_{22} = \sqrt{\frac{a}{2r}}\,\sigma^{\infty} = \frac{\sqrt{\pi a}\,\sigma^{\infty}}{\sqrt{2\pi r}} = \frac{K}{\sqrt{2\pi r}} \tag{3.51}$$

そして，

$$K = \sqrt{\pi a}\,\sigma^{\infty} \tag{3.52}$$

は**応力拡大係数**（stress intensity factor）と呼ばれる．これにより，図3.12に示すようにき裂先端近傍での応力分布の形状は，

$$\frac{1}{\sqrt{2\pi r}} \tag{3.53}$$

で特徴付けられ，その大きさは応力拡大係数 K によって定められることになる．このように応力分布の形状とその強さを分離して考える，という点が破壊力学のポイントとなる．

一般の負荷状態については，き裂を開口するような引張負荷のみならず，き裂面で相互にすべらせるようなせん断負荷，き裂面を面外方向にゆがめるようなせん断負荷が組み合わされた状態となる．この様子を図3.13にまとめて示す．

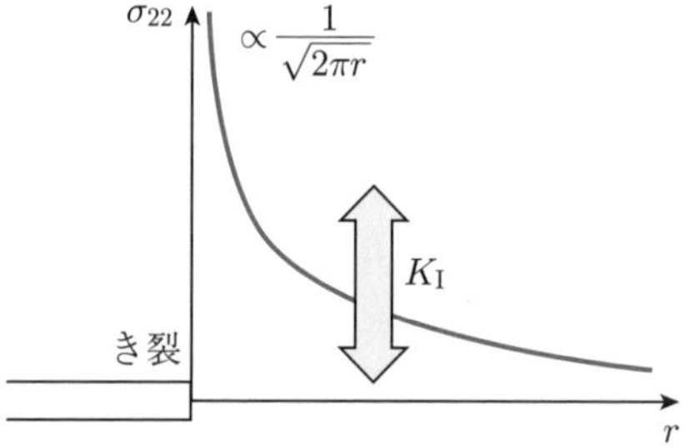

図3.12　き裂先端近傍での応力分布の形状と応力拡大係数

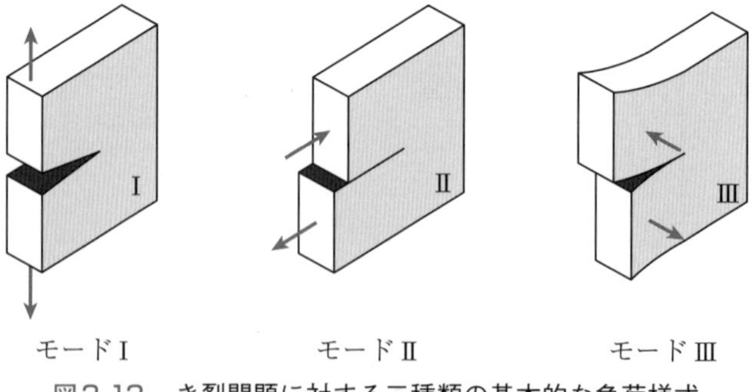

図3.13　き裂問題に対する三種類の基本的な負荷様式

き裂面を相互に開口させるような負荷様式は**モード** I（mode I）と呼ばれ，これに対応した応力拡大係数は K_{I} のように書かれる．つぎにき裂面で相互にすべらせるような負荷様式は**モード** II（mode II）と呼ばれ，それは K_{II} のように書かれる．最後にき裂面を面外方向にすべらせるような負荷様式は**モード** III（mode III）と呼ばれ，それは K_{III} のように書かれる．なお，いずれのモードにおいてもき裂先端近傍での応力分布の形状は式 (3.53) で特徴付けられる．

一般の応力状態においてき裂先端近傍での応力分布は円柱座標系 (r, θ, x_3)（図3.14）に対して以下のようになる．

$$\sigma_{ij}(r,\theta) = \frac{1}{\sqrt{2\pi r}}\left(K_{\mathrm{I}} f_{ij}^{\mathrm{I}}(\theta) + K_{\mathrm{II}} f_{ij}^{\mathrm{II}}(\theta) + K_{\mathrm{III}} f_{ij}^{\mathrm{III}}(\theta)\right) \quad (i, j = 1, 2, 3) \qquad (3.54)$$

ここで，$f_{ij}^{\mathrm{I}}(\theta)$, $f_{ij}^{\mathrm{II}}(\theta)$, $f_{ij}^{\mathrm{III}}(\theta)$ は角度関数と呼ばれ，弾性力学によりその具体的な形が求められているが，その詳細は省略する[5]．

応力拡大係数の単位は，式 (3.52) により，

$$\mathrm{MPa}\sqrt{\mathrm{m}}$$

という奇妙な形をしている．このため，工学単位系と SI 単位系の間で単位換算するときには注意して欲しい．

弾性力学により，き裂開口変位 $\phi(r)$ がつぎのようになることが知られている．

$$\phi(r) = \frac{8K_{\mathrm{I}}}{E'}\sqrt{\frac{r}{2\pi}} \qquad (3.55)$$

ここで，

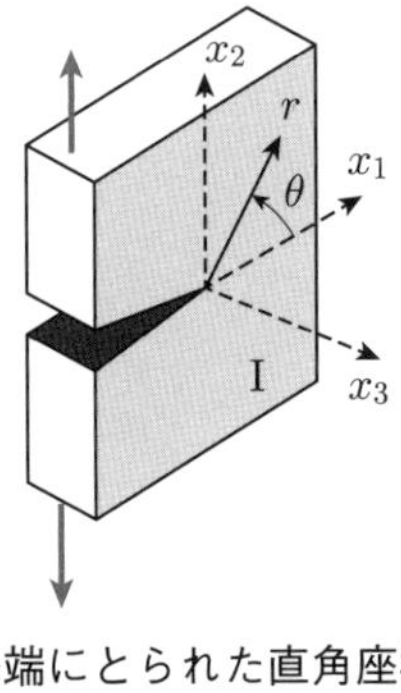

図3.14　き裂先端にとられた直角座標系と円柱座標系

$$E' = \begin{cases} E & (\text{平面応力}) \\ \dfrac{E}{1-\nu^2} & (\text{平面ひずみ}) \end{cases} \tag{3.56}$$

最後にエネルギー解放率と応力拡大係数の関係に触れておく．詳しい証明は，き裂開口変位とき裂を閉口させるのに必要な表面力の積から得られる仕事を計算することで示すことができる[5] が，ここでは簡単に相互関係のみを示すに留めておく．はじめに式 (3.52) の両辺を二乗してみると，

$$K^2 = \pi a(\sigma^\infty)^2 \tag{3.57}$$

この単位は，

$$(\mathrm{MPa}\sqrt{\mathrm{m}})^2 = \frac{\mathrm{N}^2}{\mathrm{m}^3} \tag{3.58}$$

である．さらに両辺を縦弾性係数で除して，

$$\frac{K^2}{E'} = \frac{\pi a(\sigma^\infty)^2}{E'} \tag{3.59}$$

ふたたびこの単位を調べると，

$$\frac{\mathrm{N}^2}{\mathrm{m}^3} \times \frac{\mathrm{m}^2}{\mathrm{N}} = \mathrm{N/m} \tag{3.60}$$

となって，これはエネルギー解放率のそれに等しいことがわかる．このような**次元解析**から以下のような関係式が導かれる．

$$\boldsymbol{g} = \frac{K^2}{E'} \tag{3.61}$$

一般の負荷様式に対しては，

$$\boldsymbol{g} = \frac{1}{E'}(K_{\mathrm{I}}^2 + K_{\mathrm{II}}^2) + \frac{1}{2G}K_{\mathrm{III}}^2 \tag{3.62}$$

となることが知られている．

3.5　重ね合せの原理によるき裂問題の解法

様々なき裂形状が任意負荷を受けるときの応力拡大係数を求める方法について説明する.

図3.15に示すような中央にき裂を有する平板が引張荷重 P を受けているときの応力拡大係数を求めてみる．この問題は，き裂が存在していない平板が引張荷重を受けている問題（問題 A）と内圧を受けるき裂が存在する平板の問題（問題 B）に分けられる．ここで，問題 B におけるき裂内面に作用させる内圧の分布は，問題 A においてき裂が存在している仮想線（図中の破線）上に生じている応力分布に等しい．こうすることで，問題 A と問題 B を重ね合せた結果，き裂面での応力がゼロとなって元の問題に一致する．ところで，問題 A の応力拡大係数はゼロであり，問題 B のそれは K_{B} と求められたとする．すると，

$$K_{\mathrm{I}} = (\text{問題 A の解} = 0) + (\text{問題 B の解} = K_{\mathrm{B}}) \tag{3.63}$$

となり，結局，問題 B を解けばよいことがわかる．この問題を通じて，読者は重ね合せの原理によるき裂問題の解き方を感覚的に理解してもらえたと思う.

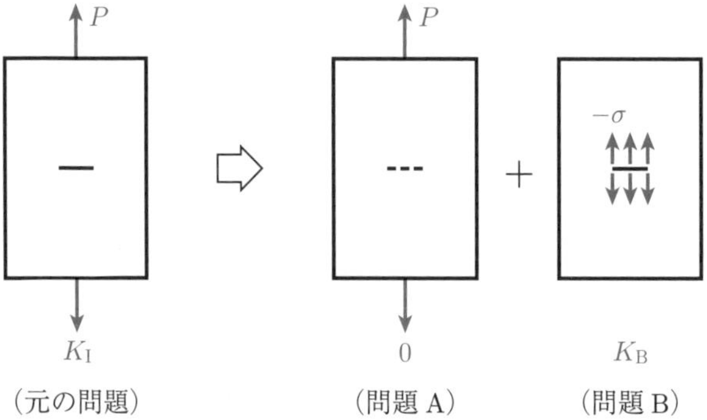

図3.15　中央にき裂を有する平板

例題3.3

図3.16に示すような長さ $2a$ のき裂を有する無限平板が無限遠方で引張応力 σ^{∞} を受けているとき，応力拡大係数を求めなさい．

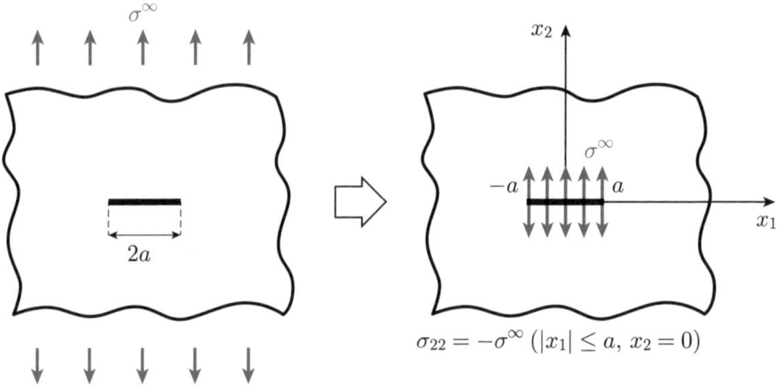

図3.16　き裂を有する無限平板

【解答】 本例題は，無限平板中のき裂内面（$|x_1| \leq a$）に圧力 $-\sigma^{\infty}$ が一様に作用しているときの応力拡大係数を求めればよい．そこでこの問題の解を求めるために，図3.17 (a)に示すき裂中央からき裂面上の距離 b の位置に対向した集中荷重 (P, Q) が作用するときの応力拡大係数解を利用する．ここで，応力拡大係数解は以下のように与えられることが知られている[6]．

$$
\begin{aligned}
(K_{\mathrm{I}})_{+a} &= \frac{1}{\sqrt{\pi a}} \sqrt{\frac{a+b}{a-b}}\, P \\
(K_{\mathrm{II}})_{+a} &= \frac{1}{\sqrt{\pi a}} \sqrt{\frac{a+b}{a-b}}\, Q
\end{aligned}
\tag{3.64}
$$

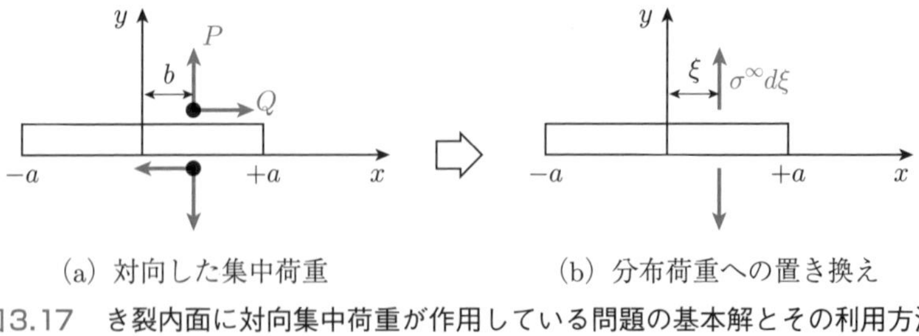

(a) 対向した集中荷重　　(b) 分布荷重への置き換え

図3.17　き裂内面に対向集中荷重が作用している問題の基本解とその利用方法

ここで，式 (3.64) の左辺の下添え字 $+a$ は右側のき裂先端に対する解であることを示す．この解を利用して本問題はつぎのように解かれる．図3.17 (b)に示すように，き裂中央から距離 $x=\xi$ の位置にき裂面に対して集中荷重 $P=\sigma^{\infty}\,d\xi$ が作用しているものとすれば，

$$(K_{\mathrm{I}})_{+a}=\frac{1}{\sqrt{\pi a}}\sqrt{\frac{a+\xi}{a-\xi}}\,\sigma^{\infty}\,d\xi \tag{3.65}$$

これをき裂全面にわたって分布させ，

$$(K_{\mathrm{I}})_{+a}=\frac{\sigma^{\infty}}{\sqrt{\pi a}}\int_{-a}^{a}\sqrt{\frac{a+\xi}{a-\xi}}\,d\xi \tag{3.66}$$

この積分を実行すれば，

$$(K_{\mathrm{I}})_{+a}=\sqrt{\pi a}\,\sigma^{\infty} \tag{3.67}$$

が得られ，この結果は式 (3.52) に一致している．★

例題3.4

図3.18に示す長さ $2a$ のき裂が角度 θ だけ傾いて存在する無限平板が無限遠方で引張応力 σ^{∞} を受けているとき，応力拡大係数を求めなさい．

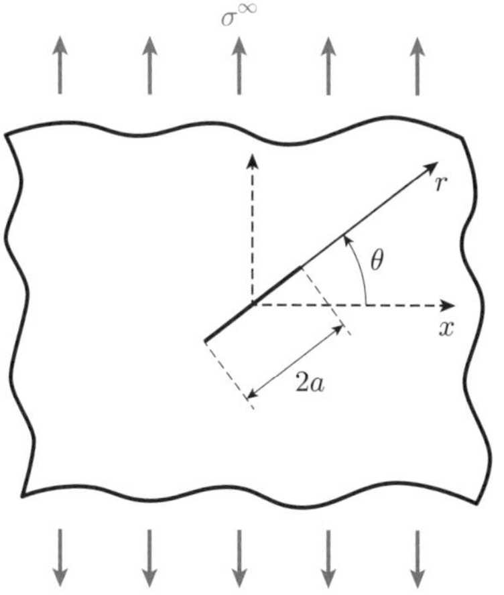

図3.18 傾いたき裂を有する無限平板

【解答】 本例題における問題 A として，無限平板から傾いたき裂を取り除き，代わりにき裂が存在している位置に仮想線を想定し，その面に分布している応力成分を求める．それは第 1 章で示した応力成分の座標変換式 (1.5) において，$\theta \Rightarrow \theta + \frac{\pi}{2}$ とおけば σ'_{11} の式は σ'_{22} に関する座標変換式になる．そして，

$$\sigma'_{22} \Rightarrow \sigma_{\theta\theta}, \quad \sigma'_{12} \Rightarrow \sigma_{r\theta}$$

のように置き換えて，

$$\begin{aligned} \sigma_{\theta\theta} &= \frac{1}{2}(\sigma_{11} + \sigma_{22}) - \frac{1}{2}(\sigma_{11} - \sigma_{22})\cos 2\theta - \sigma_{12}\sin 2\theta \\ \sigma_{r\theta} &= \frac{1}{2}(\sigma_{22} - \sigma_{11})\sin 2\theta + \sigma_{12}\cos 2\theta \end{aligned} \tag{3.68}$$

を得る．そして，元の問題の境界条件

$$\begin{cases} \sigma_{11} = 0 \\ \sigma_{12} = 0 \\ \sigma_{22} = \sigma^{\infty} \end{cases} \tag{3.69}$$

を代入することで仮想切断面上の応力分布が以下のように求まる．

$$\begin{aligned} \sigma_{\theta\theta} &= \frac{1}{2}(1 + \cos 2\theta)\sigma^{\infty} \\ \sigma_{r\theta} &= \frac{1}{2}\sin 2\theta\, \sigma^{\infty} \end{aligned} \tag{3.70}$$

先に得た応力拡大係数式 (3.67) を利用すれば，本例題の応力拡大係数は以下のように求まる．

$$\begin{aligned} K_{\mathrm{I}} &= \frac{1}{2}(1 + \cos 2\theta)\sqrt{\pi a}\, \sigma^{\infty} \\ K_{\mathrm{II}} &= \frac{1}{2}\sin 2\theta\, \sqrt{\pi a}\, \sigma^{\infty} \end{aligned} \tag{3.71}$$

なお，付録 A.2 に代表的な応力拡大係数をまとめておく．★

演習問題

□**3.1**　図3.19に示す片側にき裂を有した平板の底面が剛体床に固定されている．平板の寸法，き裂長さは図に示す通りである．図のようにき裂の自由端部に鉛直上向き方向に集中荷重 Q が作用するとき，エネルギー解放率を求めなさい．

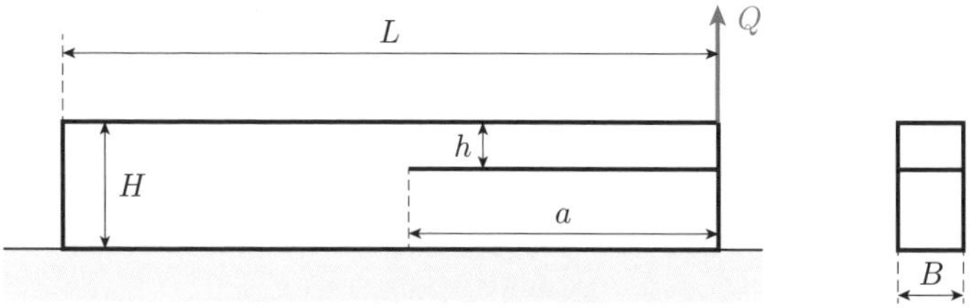

図3.19　片側にき裂を有する平板

□**3.2**　図3.20に示す中央にき裂を有する平板において，き裂面の中央に対向した集中荷重 P が作用している．平板の寸法，き裂長さは図に示す通りである．このとき，エネルギー解放率を求めなさい．

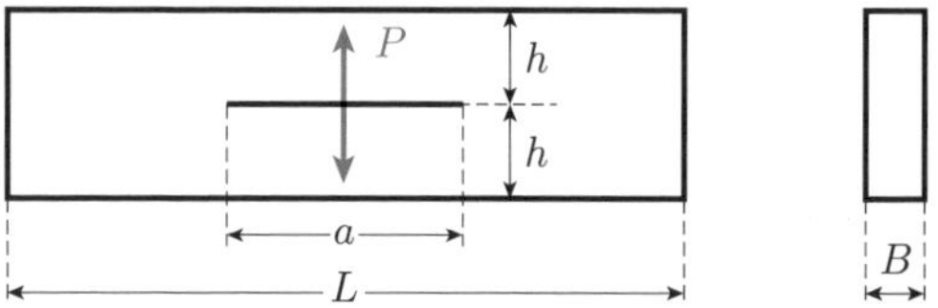

図3.20　き裂面の中央に対向した集中荷重が作用する平板

□**3.3**　図3.21に示す中央に傾いたき裂を有する平板において，図に示すように引張応力が一様に作用している．このとき応力拡大係数を求めなさい．

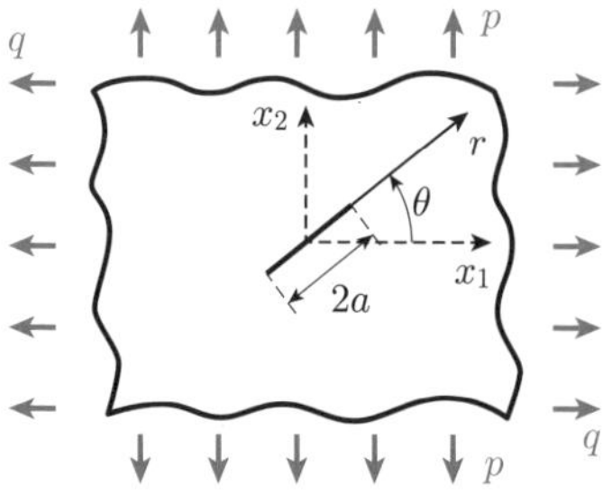

図3.21　傾いたき裂を有する平板

□**3.4**　演習問題 3.3 で得た応力拡大係数に対するエネルギー解放率を求めなさい．ここで，平面応力状態を仮定すること．

第4章

応力測定法

本章では，ひずみや応力を測定する方法について説明する．ここでは，ひずみゲージによる応力測定法を紹介する．この方法は，金属線の電気抵抗からひずみを求めるというものであり，様々な応力測定法のなかで使用実績が豊富である．

4.1　ひずみゲージの測定原理

金属線の電気抵抗は，引張荷重を受けて伸びると変化する．**ひずみゲージ**（strain gage）はこの現象を利用したものである．金属線の電気抵抗を R とし，ひずみ ε を受けて ΔR だけ電気抵抗が変化したものとすれば，以下の関係が成り立つことが知られる．

$$\frac{\Delta R}{R} = K_{\mathrm{s}}\varepsilon \tag{4.1}$$

ここで，K_{s} は**ゲージ率**（gage factor）と呼ばれ，電気抵抗の変化に対するひずみの感度を表す．通常，ゲージ率は 2.0–2.2 程度である．

一般的なひずみゲージでは，電気絶縁体である樹脂材の上に電気抵抗線と引出線であるリード線が取り付けられている．図**4.1**にその構造を示す．電気抵抗線には，銅・ニッケル系あるいはニッケル・クロム系合金が用いられる．

ひずみによって生じる電気抵抗値の変化が小さいことから，図**4.2**に示すホイトストンブリッジ回路（あるいは単にブリッジ回路）を利用して，ひずみゲージに生じた電気抵抗の変化を電圧変化に変換する．図において，各抵抗値を R_1, R_2, R_3, R_4 [Ω] とし，ブリッジ電圧を E [V] とすると，出力電圧 e_0 [V] は，

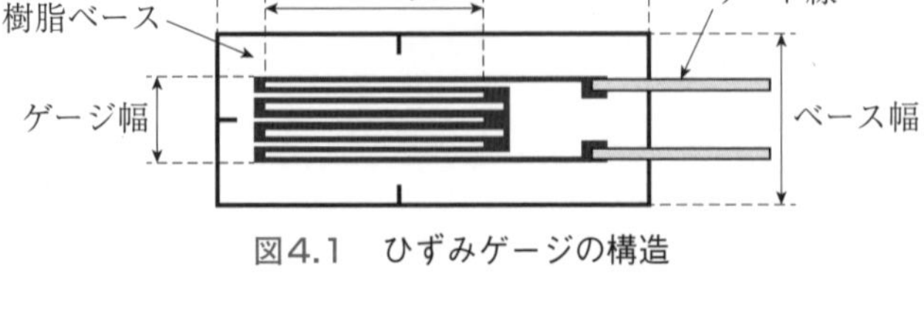

図4.1　ひずみゲージの構造

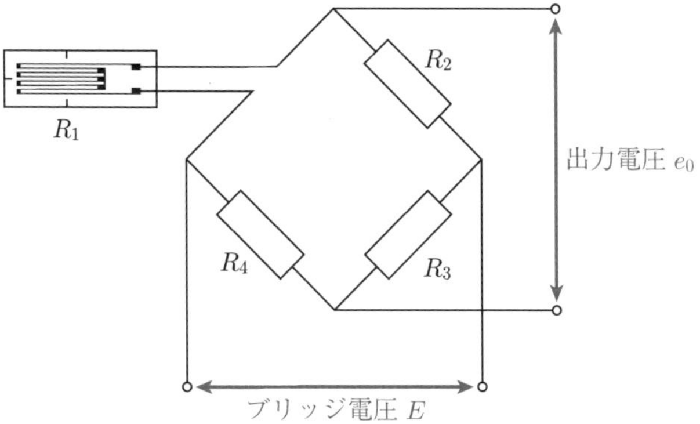

図4.2　ひずみゲージとブリッジ回路（1 ゲージ法）

$$e_0 = \frac{R_1R_3 - R_2R_4}{(R_1 + R_2)(R_3 + R_4)}E \tag{4.2}$$

である．ここで，R_1 はひずみゲージの抵抗値である．電気抵抗 R_1 が ΔR だけ変化したとすると，式 (4.2) は以下のようになる．

$$e_0 = \frac{(R_1 + \Delta R)R_3 - R_2R_4}{(R_1 + \Delta R + R_2)(R_3 + R_4)}E \tag{4.3}$$

ここで，

$$R_1 = R_2 = R_3 = R_4 \equiv R$$

とおけば，式 (4.3) は，

$$e_0 = \frac{R^2 + R\Delta R - R^2}{(2R + \Delta R)2R}E \tag{4.4}$$

となる．さらに，$\Delta R \ll R$ に注意すると，式 (4.4) は，

$$\begin{aligned} e_0 &\approx \frac{1}{4}\frac{\Delta R}{R}E \\ &= \frac{1}{4}K_{\mathrm{s}}\varepsilon E \end{aligned} \tag{4.5}$$

と近似でき，この式により出力電圧からひずみが求まることになる．実際には，この出力電圧をアンプで増幅して，アナログ出力し，これをデータロガで記録する．通常，ひずみ値は μst（マイクロストレイン）で表示され，この値に 10^{-6} を掛けたものがひずみ値となる．また，ひずみゲージの電気抵抗値には $R = 120\,\Omega$ がとられているものが多い．

ひずみゲージのブリッジ回路の構成には，**図4.2**の1ゲージ法のほかに2ゲージ法，4ゲージ法がある．これらの具体的な結線方法を**図4.3**に示す．測定目的に応じてそれらの方法が選択される．ブリッジ回路は，ブリッジボックスと呼ばれる付属装置に組み込まれており，ブリッジボックスの端子にひずみゲージのリード線を結線すればよいようになっている．

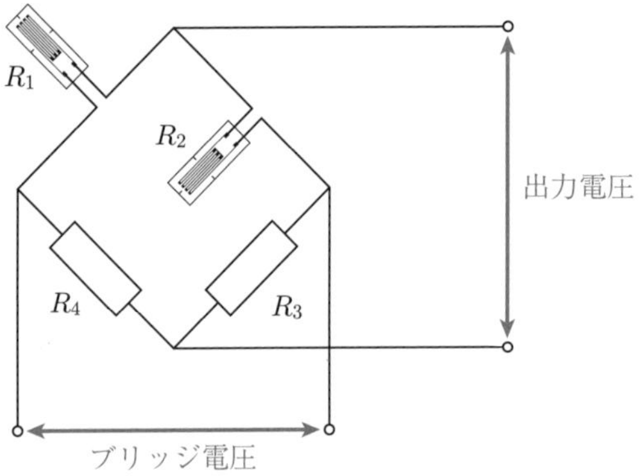

(a)　2ゲージ法

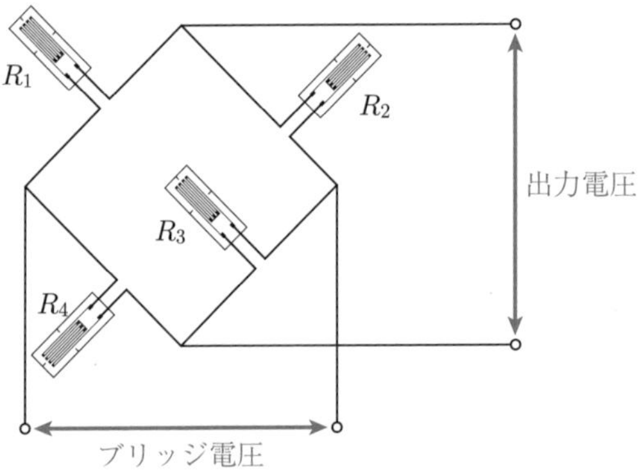

(b)　4ゲージ法

図4.3　ブリッジ回路の構成

4.2　ひずみゲージの取り付け方

ひずみゲージの取り付け方は以下の通りである．

（ステップ 1）ひずみゲージの選定

- 測定対象となる材料の種類，その目的に適したひずみゲージをカタログから選定する．

（注意）　その際，対象となる材料の線膨張係数には十分留意する必要がある．

（ステップ 2）接着箇所の研磨

- ひずみゲージを接着する位置をサンドペーパ（#320 程度）で研磨する．
- その後，アセトンを染み込ませた作業用ペーパにより研磨した表面をよく洗浄する．

（ステップ 3）測定位置のマーキング

- ひずみゲージを測定したい位置にマーキングする．

（注意）　4H 以上の鉛筆あるいはケガキ線を引いてマーキングするとよい．

（ステップ 4）ひずみゲージの接着

- ひずみゲージの裏面にひずみゲージ専用の瞬間接着剤を一滴滴下し，すぐにマーキングした位置にひずみゲージを圧着する．
- その後，ポリエチレンシートにて指圧程度でひずみゲージを対象試料表面に押し付ける．
- 1 分程度したらシートをはずし，60 分以上硬化するまで放置する．
- すべての作業が終了したらブリッジボックスに接続し，アンプに電源を入れて測定を開始する．

コラムその 2 —我が国のひずみゲージのルーツ[1]—

1936 年にカリフォルニア工科大学でひずみゲージが発明され，その 10 年後には，国鉄鉄道技術研究所の中村和雄主任研究員がひずみゲージを手作りで試作し，実際に使用したとされる．鉄道車両の軽量化のために応力値を実測する必要があった．終戦直後，海外の情報や入手可能な材料が限られていたため，和紙の上に抵抗線を格子状に張り付け，これをペーパーゲージと呼んだそうである．その後も改良が続けられ，1952 年ごろには現在のひずみゲージが完成した．

4.3　応力評価法

荷重が作用している方向があらかじめわかっているとき，その方向に沿ってひずみゲージを接着すればよい．しかし，多軸応力状態ではどの方向にひずみゲージを接着すればよいのかわからない．よって，本節では多軸応力状態における応力成分を求める方法について説明する．

ひずみゲージによりひずみを測定するために，あらかじめ直角座標系を定めておく必要がある．そして，この座標系を基準に応力成分を求めることから始める．まず，ひずみ成分の座標変換式は第 1 章式 (1.19) で示されており，それは

$$\begin{aligned} \varepsilon'_{11} &= \frac{1}{2}(\varepsilon_{11}+\varepsilon_{22}) + \frac{1}{2}(\varepsilon_{11}-\varepsilon_{22})\cos 2\theta + \frac{1}{2}\gamma_{12}\sin 2\theta \\ \gamma'_{12} &= (\varepsilon_{22}-\varepsilon_{11})\sin 2\theta + \gamma_{12}\cos 2\theta \end{aligned} \tag{4.6}$$

であった．この式を利用し，図**4.4**に示す**ロゼットゲージ**（rosette gage）と呼ばれるひずみゲージを利用すればすべてのひずみ成分が求められる．ロゼットゲージは，図に示すように円形ベース上に 3 枚のひずみゲージが配列（$\theta = \frac{\pi}{4}$）されており，それぞれのひずみゲージの軸線の交点がひずみ成分の評価点となる．

さて，図**4.4**に示すロゼットゲージにおけるそれぞれのひずみゲージの測定値が，

$$\varepsilon_{11} = a, \quad \varepsilon_{22} = b, \quad \varepsilon'_{11} = c \tag{4.7}$$

であったとする．これらの値を式 (4.6) の第一式に代入すると，

$$c = \frac{1}{2}(a+b) + \frac{1}{2}(a-b)\cos 2\theta + \frac{1}{2}\gamma_{12}\sin 2\theta \tag{4.8}$$

となり，せん断ひずみが以下のように求まる．

$$\gamma_{12} = \frac{2c-(a+b)-(a-b)\cos 2\theta}{\sin 2\theta} \tag{4.9}$$

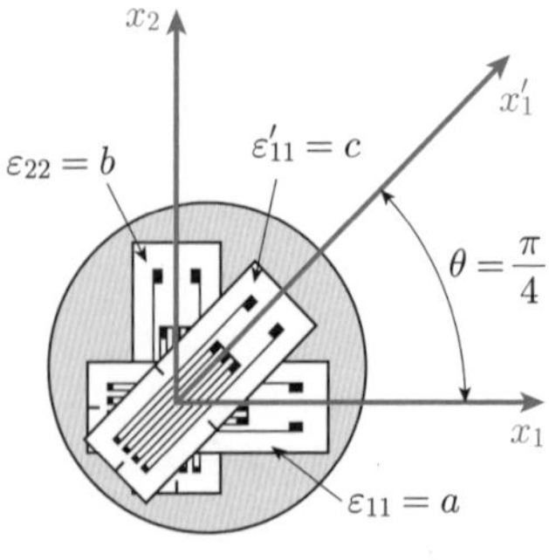

図**4.4**　ロゼットゲージ

ロゼットゲージにおいては $\theta = \frac{\pi}{4}$ であるから，式 (4.9) は，

$$\gamma_{12} = 2c - (a + b) \tag{4.10}$$

のようになる．

つぎに応力成分を求める．試料表面にひずみゲージが接着されていることから，平面応力状態にあると考えてよく，フックの法則は，

$$\begin{cases} \sigma_{11} = \dfrac{E}{(1+\nu)(1-\nu)}(\varepsilon_{11} + \nu\varepsilon_{22}) \\ \sigma_{22} = \dfrac{E}{(1+\nu)(1-\nu)}(\varepsilon_{22} + \nu\varepsilon_{11}) \\ \sigma_{12} = \dfrac{E}{2(1+\nu)}\gamma_{12} \end{cases} \tag{4.11}$$

である．よって，ひずみゲージによる測定値と式 (4.10) のせん断ひずみ値を式 (4.11) に代入すれば，応力成分が以下により求まる．

$$\begin{cases} \sigma_{11} = \dfrac{E}{(1+\nu)(1-\nu)}(a + \nu b) \\ \sigma_{22} = \dfrac{E}{(1+\nu)(1-\nu)}(b + \nu a) \\ \sigma_{12} = \dfrac{E}{2(1+\nu)}\{2c - (a + b)\} \end{cases} \tag{4.12}$$

例題4.1

引張試験において，ひずみゲージを試験片表面の引張方向に接着してひずみを測定したところ 645 μst であった．このとき，引張方向の垂直応力を求めなさい．なお，材料の縦弾性係数は 200 GPa とする．

【解答】 ひずみゲージで計測した値が 645 μst であるから，これに 10^{-6} を乗じてひずみ値を求める．つぎに，フックの法則により縦弾性係数とひずみ値を乗じれば引張方向の垂直応力が以下のように求まる．

$$\begin{aligned} \sigma = E\varepsilon &= 200 \times 10^3 \times 645 \times 10^{-6} \\ &= 129\,\mathrm{MPa} \end{aligned} \tag{4.13}$$

ここで，縦弾性係数の値に 10^3 を乗じているが，これは縦弾性係数の接頭語をギガ（G）からメガ（M）に変換したためである．★

例題4.2

ロゼットゲージを用いて，炭素鋼製の構造物表面のひずみを測定したところ，$a = 285\,\mu\mathrm{st}$, $b = 65\,\mu\mathrm{st}$, $c = 105\,\mu\mathrm{st}$ であった．このとき，測定点での応力成分，主応力，主せん断応力を求めなさい．なお炭素鋼の縦弾性係数は $21000\,\mathrm{kgf/mm^2}$，ポアソン比は 0.3 とする．

【解答】 炭素鋼の縦弾性係数を工学単位系から SI 単位系へ単位換算すると，$21000\,\mathrm{kgf/mm^2} \to 21000 \times 9.8 = 205800\,\mathrm{MPa}$ となる．これとひずみゲージの測定値を式 (4.12) に代入すれば，応力成分は以下のように求まる．

$$\begin{cases} \sigma_{11} = \dfrac{205800}{(1+0.3)(1-0.3)}(285 + 0.3 \times 65) \times 10^{-6} = 68.9\,\mathrm{MPa} \\ \sigma_{22} = \dfrac{205800}{(1+0.3)(1-0.3)}(65 + 0.3 \times 285) \times 10^{-6} = 34.0\,\mathrm{MPa} \\ \sigma_{12} = \dfrac{205800}{2(1+0.3)}\{2 \times 105 - (285 + 65)\} \times 10^{-6} = -11.1\,\mathrm{MPa} \end{cases} \tag{4.14}$$

つぎに主応力は，以上の応力値を式 (1.7) に代入すれば求まり，その結果は，

$$\begin{cases} \sigma_1 = \dfrac{1}{2}(68.9 + 34.0) + \sqrt{\left(\dfrac{68.9 - 34.0}{2}\right)^2 + 11.1^2} = 72.1\,\mathrm{MPa} \\ \sigma_2 = \dfrac{1}{2}(68.9 + 34.0) - \sqrt{\left(\dfrac{68.9 - 34.0}{2}\right)^2 + 11.1^2} = 30.8\,\mathrm{MPa} \end{cases} \tag{4.15}$$

最後に主せん断応力は，応力値を式 (1.9) に代入すれば以下のように求まる．

$$\tau_1 = \sqrt{\left(\dfrac{68.9 - 34.0}{2}\right)^2 + 11.1^2} = 20.7\,\mathrm{MPa} \tag{4.16}$$ ★

演習問題

□**4.1** $\theta = \frac{\pi}{4}$ のロゼットゲージの代わりに $\theta = \frac{\pi}{3}$ のものが用いられるときがある．ひずみ値が $\varepsilon_{11} = \varepsilon_{\mathrm{a}}$, $\varepsilon_{22} = \varepsilon_{\mathrm{b}}$, $\varepsilon'_{11} = \varepsilon_{\mathrm{c}}$ であったとき，応力成分を求めるための式を導きなさい．

□**4.2** 応力測定法として，本書ではひずみゲージによる測定方法を説明したが，その他の応力測定法について調べなさい．また，それらの測定原理，利点，欠点についても論じなさい．

第5章

材料試験法

これまでに弾性力学，塑性力学，破壊力学の基礎について学んできた．これらは，機械構造物に生じる変位や応力，き裂成長に必要な駆動力を計算することを目的としている．これに対して，それらが降伏するか，破壊するかについて判断するためにはその基準が必要である．そこで，本章では判断基準にはどのようなものがあるのか，また判断基準を定めるのに必要な材料試験の方法について説明する．

5.1 引張試験

引張試験（tensile test）は，機械的特性を理解するために行われる最も基本的な試験である．図5.1に引張試験機の構成を示す．試験機の構成は以下からなる．

(1) 引張力を発生する装置
(2) 発生させた引張力を**試験片**（test specimen）に伝達するための固定部
(3) 引張力を測定するためのロードセル
(4) 測定したデータを収録する記録装置

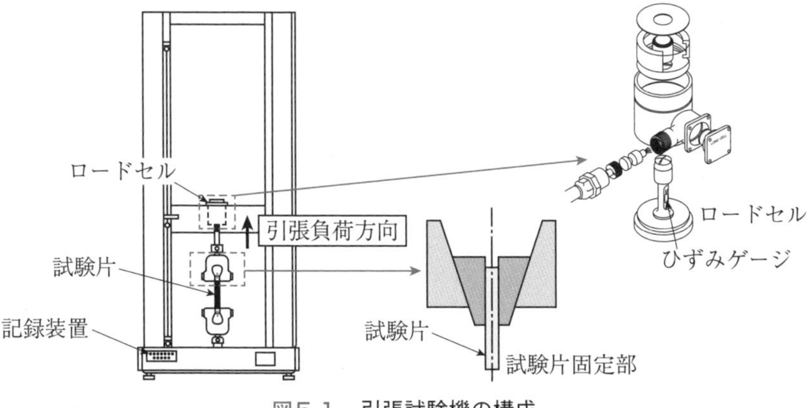

図5.1 引張試験機の構成

引張力を発生する装置として，油圧，電気モータなどが利用される．試験片に発生した力の大きさを検出するために**ロードセル**（load cell）と呼ばれるセンサが利用される．ロードセルの内部にはひずみゲージが組み込まれており，ひずみ値から荷重を換算する仕組みとなっている．そして，ロードセルが固定されているフレームを移動することで引張試験が行われる．試験片固定部は，図のように台形治具により試験片を挟み込み，試験片が引張られると治具の掴み力が増すように工夫されている．

図5.2に試験片形状の一例を示す．試験片は，試験片固定部に固定するための掴み部，平行部（図中の l_1 部），試験有効部（図中の l_2 部）からなる．試験有効部の断面積（$W \times t$）に比べて掴み部のそれを十分に大きくとるとともに，平行部と掴み部の段付き部には応力集中が生じないようフィレットを施している．ここに示した試験片平行部の断面形状は長方形であるが，円形が用いられることもある．この試験片に対して引張試験することでロードセルにより荷重が，試験有効部に取り付けた伸び計により変位が測定され，試験片が破断するまで引張試験が続けられる．そして，荷重を元の断面積で，伸びを元の長さで除して公称応力（σ_{n}）と公称ひずみ（ε_{n}）が求められる．実際には，引張荷重により試験片の断面積は変化していくから，そのときの断面積で荷重を割るべきであり，また逐次変化していく長さに対する伸びの割合を考えなければならない．前者は**真応力**（true stress）（σ_{t}），後者は**真ひずみ**（true strain）（ε_{t}）と呼ばれる．

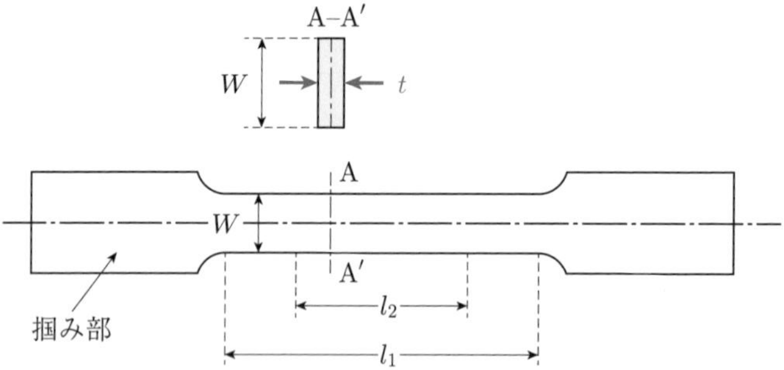

図5.2　引張試験片の形状

■ **例題5.1** ■

真応力，真ひずみと公称応力，公称ひずみの関係を導きなさい．

【解答】 真ひずみ ε_{t} は，その定義により，

$$\varepsilon_{\mathrm{t}} = \int_{l_0}^{l} \frac{dl}{l} = \ln\left(\frac{l}{l_0}\right)$$

ここで，ln は自然対数である．一方，公称ひずみ ε_{n} は，

$$\varepsilon_{\mathrm{n}} = \frac{l - l_0}{l_0}$$

$$\Rightarrow \frac{l}{l_0} = 1 + \varepsilon_{\mathrm{n}}$$

であるから，

$$\varepsilon_{\mathrm{t}} = \ln(1 + \varepsilon_{\mathrm{n}})$$

一方，真応力はつぎのようにして求められる．塑性変形しても体積は変化しないという性質により，

$$A_0 l_0 = Al$$

$$\Rightarrow A = A_0 \frac{l_0}{l}$$

よって，

$$\sigma_{\mathrm{t}} = \frac{P}{A} = \frac{P}{A_0}\frac{l}{l_0}$$

となって，以下の関係式を得る．

$$\sigma_{\mathrm{t}} = \sigma_{\mathrm{n}}(1 + \varepsilon_{\mathrm{n}})$$

以上の関係式をまとめると以下のようになる．

$$\begin{aligned} \sigma_{\mathrm{t}} &= \sigma_{\mathrm{n}}(1 + \varepsilon_{\mathrm{n}}) \\ \varepsilon_{\mathrm{t}} &= \ln(1 + \varepsilon_{\mathrm{n}}) \end{aligned} \tag{5.1}$$ ★

引張試験により得られた応力–ひずみ曲線から 2.1 節の機械的特性が求められる．付録 A.1 に代表的な工業材料の機械的特性をまとめておく．

5.2 硬さ試験

硬さ試験（hardness test）は，引張試験のようにあらかじめ試験片を機械加工により準備しておく必要が無く，測定時間も短いことから，生産現場などで最も広く用いられている．以下に硬さ試験の代表的なものを紹介する．

(1)　**ブリネル硬さ**　1900 年にスウェーデンのブリネルによって考案されたものであり，工業界で広く利用されている．ブリネル硬さとは**図5.3**に示すように直径 D の鋼球圧子を試料表面に押し込み，このときの荷重 P [kgf] とくぼみの直径 d [mm] から以下の式により評価する．一般に鋼球圧子の直径の大きさとして 10 mm がとられる．

$$H_{\mathrm{B}} = \frac{2P}{\pi D(D - \sqrt{D^2 - d^2})} \tag{5.2}$$

ブリネル硬さにおいては，**図5.3**に示すように試料の降伏応力に依存してくぼみの縁が沈み込んだり，盛り上がったりする．このため，材料によってはくぼみの直径を正確に計測することが難しい場合もあるから注意してほしい．

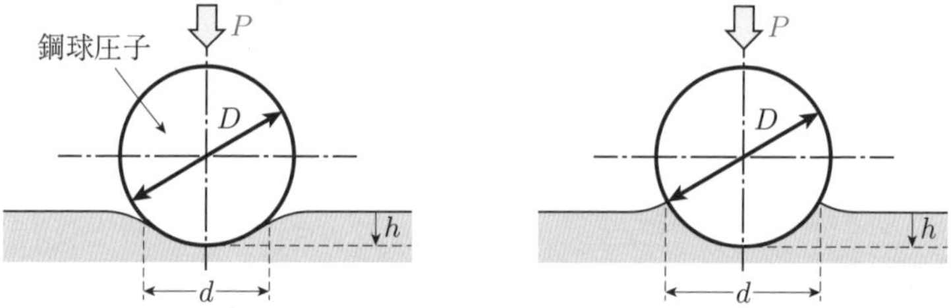

図5.3　ブリネル硬さ

(2)　**ビッカース硬さ**　1925 年にイギリスにあるビッカース社に勤めていたスミスとサンドランドによって考案されたものであり，はじめのうちは研究用として使用されていたが，1930 年ごろから表面処理された材料の硬さ測定に使用され，これを契機に広まった．ビッカース硬さとは**図5.4**に示すように対面角 α の正四角錐ダイヤモンド圧子により，試料表面にくぼみを付け，このときの荷重 P [kgf] とくぼみの対角線長さ d [mm] から以下の式により評価する．

$$H_{\mathrm{v}} = \frac{2P \sin\frac{\alpha}{2}}{d^2} \tag{5.3}$$

通常，対面角は 136° がとられ，そのとき，式 (5.3) は

$$H_\mathrm{v} = 1.854\frac{P}{d^2} \tag{5.4}$$

となる．本書では省略するが，基準荷重のもとで円錐形状あるいは球形状の圧子を押し込み，その深さから硬さを評価する**ロックウエル硬さ**もある．

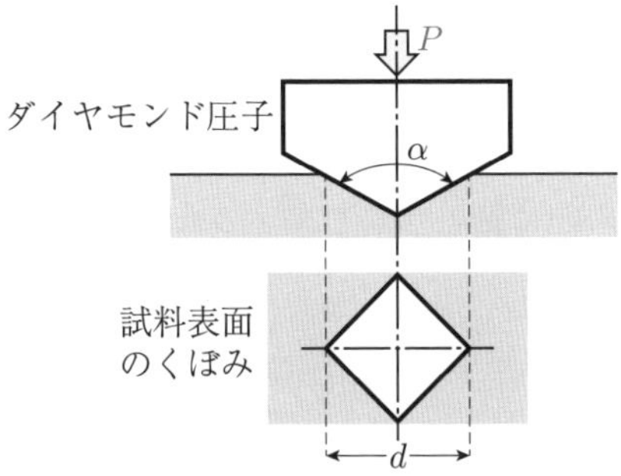

図5.4　ビッカース硬さ

(3)　**ショア硬さ**　1906年にアメリカのショアによって考案されたものであり，**動的硬さ**とも呼ばれる．ショア硬さとは図5.5に示すように先端にダイヤモンドを埋め込んだ鋼製ハンマを高さ h_0 から自由落下させる．そして，試料表面に衝突後のハンマの跳ね上がり高さ h から以下の式により評価する．

$$H_\mathrm{s} = \frac{10000}{65} \times \frac{h}{h_0} \tag{5.5}$$

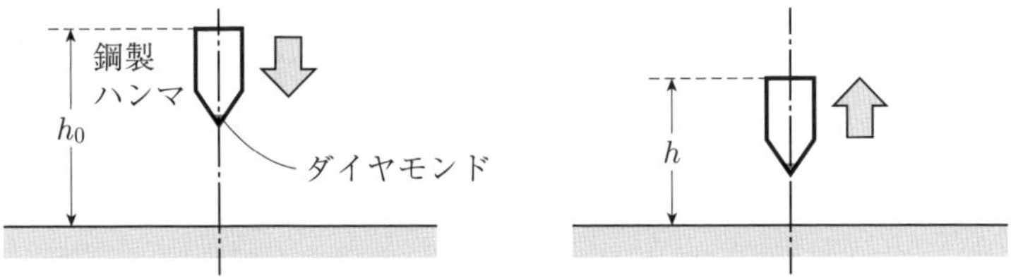

図5.5　ショア硬さ

以上に説明してきた硬さ試験のうち，鋼材の種類によらずビッカース硬さ（H_v）と引張強さ（σ_B）の間には以下の関係があることが知られている．

$$H_\mathrm{v} = 0.3\sigma_\mathrm{B} \tag{5.6}$$

ここで，引張強さの単位はMPaである．

5.3 衝撃試験

シャルピー衝撃試験（Charpy impact test）は，材料の耐衝撃性を評価することを目的に行われる．試験装置を図5.6に示す．振り子型ハンマを所定の角度 α だけ持ち上げて固定させておく．ハンマの回転中心から鉛直下，ハンマの軌道上に図5.6 (a)に示すような中央に切欠きを加工した試験片を固定し，ハンマを振り下ろす．これにより試験片を高速で曲げて破壊する．ハンマは試験片を破壊するためにエネルギーを失うとともに，残りのエネルギーにより反対側に振り上がる．このとき，試験片を破壊するのに費やされたエネルギー（**吸収エネルギー**（absorbed energy）と呼ばれる）は，

$$E = WR(\cos\beta - \cos\alpha) \tag{5.7}$$

となる．ここで，W はハンマの重さ，R はハンマの軌道半径，α はハンマの持上げ角，β は振上げ角である．試験片の切欠き部での断面積を A とすれば，

$$C = \frac{E}{A} \tag{5.8}$$

が定義され，これは**シャルピー衝撃値**（Charpy impact value）と呼ばれる．シャルピー衝撃値は，材料の粘り強さを表す指標である．

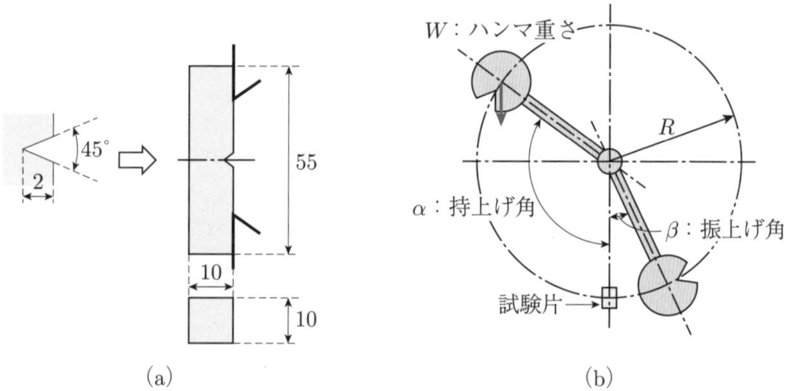

図5.6　シャルピー衝撃試験装置

5.4 疲労試験

機械部品に小さな荷重が作用しても，それが何十万サイクルと繰り返されるとき裂が発生することが知られる．この現象は**疲労**（fatigue）と呼ばれる．機械部品の多くは，疲労が問題となることが多い．このため，機械設計に際しては疲労による破損を未然に防止するように，作用する応力レベルには注意しなければならない．

通常，部品形状が滑らかであれば疲労はほとんど問題にならない．しかし，円孔，切欠き，フィレットなどのように部品形状が変化する箇所では応力が集中して，疲労き裂が発生する．このため，できる限り幅広い応力レベルで**疲労試験**（fatigue test）を行い，き裂発生までの繰返し数，すなわち**疲労寿命**（fatigue life）を把握しておく必要がある．

疲労寿命データを効率的に取得するために図5.7に示す**回転曲げ疲労試験機**（rotating bending fatigue tester）が利用される．丸棒試験片の両端が図のように回転軸に固定され，固定部分は電気モータに連結されて試験片が回転するようになっている．一方，回転軸と試験片の連結部にナイフエッジを介して錘 W が負荷される．これにより，作用点間には一定の曲げモーメントが作用することになる．このときの試験片中央部での応力がモータの回転により繰り返し変動することになる．この応力は，**応力振幅** σ_{a}（stress amplitude）と呼ばれる．

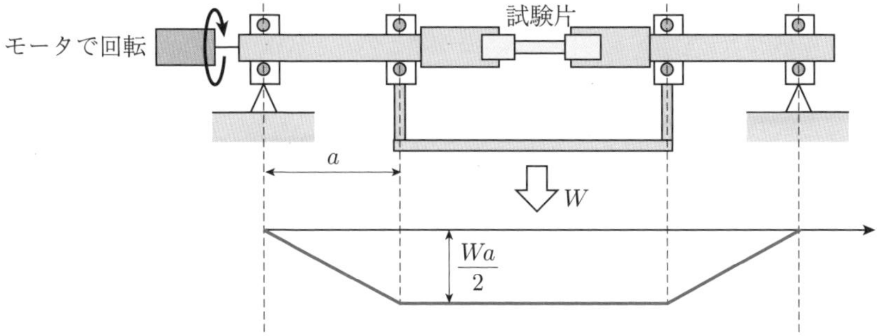

図5.7 回転曲げ疲労試験機

例題5.2

図5.7に示す回転曲げ疲労試験において，作用点間の曲げモーメント，ならびに応力振幅を求めなさい．なお，試験片の直径は d とする．

【解答】 作用点間での曲げモーメントは，

$$M = \frac{Wa}{2} \tag{5.9}$$

である．また，試験片中央部での応力振幅は，

$$\sigma_{\mathrm{a}} = 32\frac{M}{\pi d^3} \tag{5.10}$$

であり，この式に錘の大きさと試験片の直径を代入すればよい．★

回転曲げ疲労試験は，長寿命側の疲労寿命データを効率的に取得できるが，試験片断面では応力が分布すること，平均応力を試験条件として考慮できないことなどの制約がある．そのため，**軸疲労試験機**（axial fatigue tester）が用いられるときがある．

図5.8 (a)に軸疲労試験における応力制御波形を示す．図において，σ_{a} は応力振幅，σ_{m} は**平均応力**（mean stress）である．そして，T は**周期**（period），

$$\sigma_{\max} = \sigma_{\mathrm{a}} + \sigma_{\mathrm{m}}$$

は**最大応力**（maximum stress），

$$\sigma_{\min} = \sigma_{\mathrm{m}} - \sigma_{\mathrm{a}}$$

は**最小応力**（minimum stress）である．疲労試験条件を特徴付けるパラメータとして，**応力比**（stress ratio）

$$R = \frac{\sigma_{\min}}{\sigma_{\max}} \tag{5.11}$$

が定義される．また，周波数

$$\nu = \frac{1}{T} \tag{5.12}$$

も試験条件として重要なパラメータである．回転曲げ疲労試験においては，応力比は -1 であり，応力振幅は式 (5.10)，周波数はモータの回転数である．

上述した疲労試験により得られたき裂発生までの繰返し数（**疲労寿命**）を横軸に，そのときの応力振幅を縦軸にプロットしたものは **S–N 曲線**と呼ばれる．これは，引張試験における応力–ひずみ曲線に相当する．一例として，**図5.8 (b)**にステンレス鋼 SUS304 の S–N 曲線を示す．図には軸疲労試験結果が □ 印，回転曲げ疲労試験結果が ▲ 印でプロットされている．応力振幅が低下するにつれて疲労寿命が長くなる．そして，ある応力振幅になると S–N 曲線が水平となり，これ以下の応力振幅ではき裂が発生しなくなる．この応力振幅は**疲労限度**（fatigue limit）と呼ばれる．機械設計において疲労限度は重要なパラメータである．

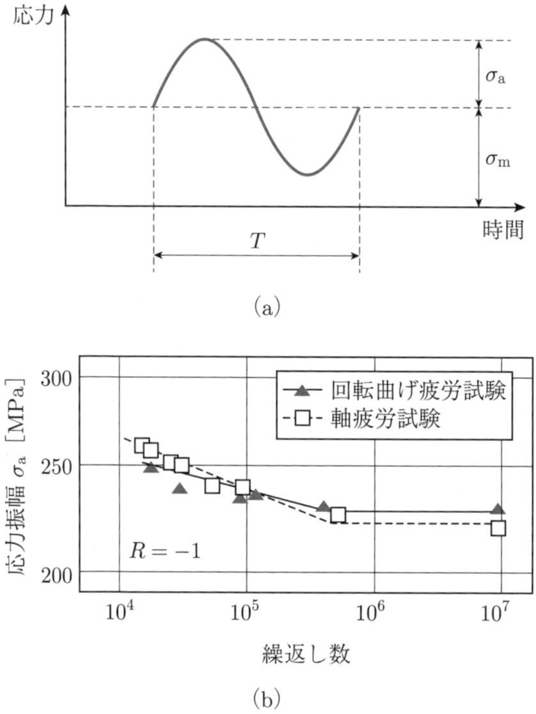

図5.8　軸疲労試験と S–N 曲線の一例（SUS304）[1]

5.5　クリープ試験

クリープ曲線を測定するために**図5.9**に示すクリープ試験機が用いられる．クリープ試験機は，錘 W を 1 : 10 のテコ比により試験片に一定引張荷重 $10W$ を作用するようになっている．試験片は電気炉により一様に加熱されるとともに，電気炉の外側に設置したマイクロメータにより試験片平行部の伸びを計測する．そして，時間と伸びの関係から第 2 章の**図2.7**のような**クリープ曲線**を作成する．これは，引張試験における応力–ひずみ曲線に相当する．

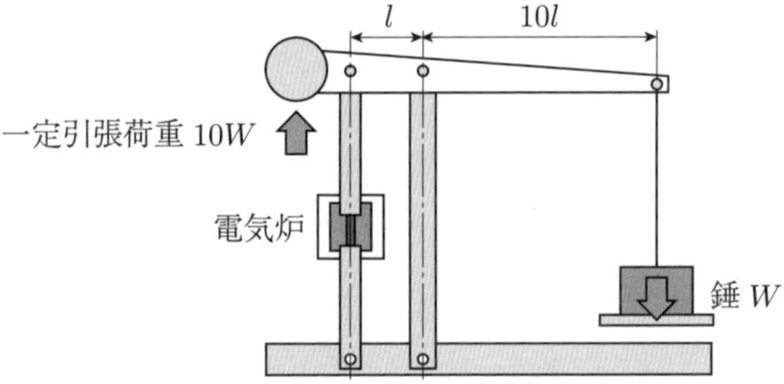

図5.9　クリープ試験機

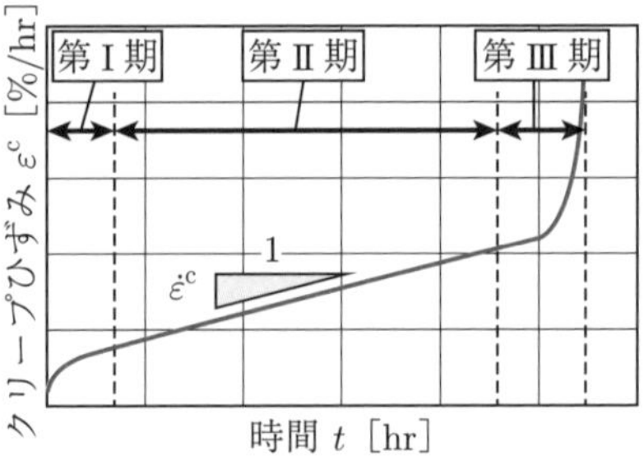

図2.7（再掲）　クリープ曲線

5.6 組織観察

金属組織観察は，機械部品が破損した原因を明らかにするために重要である．金属組織を観察するためには，適切な手順に従って観察用試料を準備しなければならない．また，準備した試料に対して，はじめに光学顕微鏡により全視野を観察する．そして，この全視野から注目すべき領域を特定し，電子顕微鏡などの高倍率な観察装置で詳細観察する．組織観察結果に対して，観察者の思い込みや先入観は排除しなければならない．

観察用試料は以下の手順に従って準備する．

(1) **試料の切り出し** 大きな部品から観察したい領域を決定し，その領域から試料を切り出す．試料の切り出しに際しては，機械加工による変質層の導入は避けなければならない．このために事前に加工条件を検討しておくことが望ましい．機械加工には，**放電加工**や**切断砥石**による切断加工がある．放電加工は，時間とコストがかかるため，部品からの切り出しが難しい場合に限定される．切断砥石による切断加工はよく利用される方法である．切断砥石は研削材とバインダからなる．どのような切断砥石を選択するかは重要である．例えば，硬い材料を切断するのに柔らかいバインダのものが使用される．これに加えて，回転速度にも十分に注意する．

(2) **包埋** 試料を切断後，埋め込みする．埋め込み材には，ポリマに触媒を加えた重合ポリマの有機系材料が使用される．**熱間硬化**と**冷間硬化**の二種類がある．熱間硬化は短時間（数十分程度）で埋め込み作業が完了するが，発熱する．冷間硬化は発熱しないが，硬化までに半日程度必要となる．観察対象試料に応じてこれらは使い分けられる．

(3) **研磨** 包埋が完了した後，試料を研磨する．研磨方法として以下の標準的な方法を紹介する．

（ステップ 1） 研磨紙 80/120/220/500/1200/2400 の順に湿式で研磨する．これにより試料表面にある大きな傷を除去し，面を平坦化する．
（ステップ 2） 1 ミクロン程度のアルミナあるいはダイヤモンド溶液にてバフ研磨する．研磨後，超音波洗浄機により試料を十分に洗浄する．

手動により研磨することも可能であるが，全自動研磨機を使用すると容易に，かつ短時間で研磨を仕上げることができる．

(4)　**エッチング**　研磨された試料表面にはほとんど凹凸がないため，光が散乱せず，このままでは光学顕微鏡による観察ができない．そこで，腐食溶液にて試料表面をエッチング（腐食）(etching) する．腐食溶液は，対象となる試料によって異なるが，例えば王水やフッ酸などがよく使用される．

演習問題

□**5.1**　引張試験により得られた機械的特性と硬さ試験による硬さ値には相関関係があることが知られる．その理由について考察しなさい．

□**5.2**　回転曲げ疲労試験において，電気モータの角速度を ω [rad/s]，錘を W [N]，試験片の直径を d [mm]，支点と作用点の距離を a [mm] としたとき，試験片の中央部表面に生じる応力 σ [MPa] の時間変化を図示しなさい．

□**5.3**　光学顕微鏡，電子顕微鏡の観察原理とその違いについて調査しなさい．

コラムその 3 —チャレンジャー号爆発事故—

1986 年 1 月 28 日に米国スペースシャトルチャレンジャーが打ち上げられたが，73 秒後に空中分解し，乗組員全員が死亡した．このコラムでは，この事故原因について考えてみたい．爆発事故は，右側固体燃料補助ロケットの密閉用 O リング（図5.10）から高温・高圧ガスが外部へ漏洩し，外部燃料タンクが破損した．その結果，軌道が大きくそれて墜落した．事故後，大統領事故調査委員であるファインマン（ノーベル物理学賞受賞者）がその原因究明を託された．その結果，事故が起きた日の打ち上げ時の気温は −1°C と異常な寒波であった．当該ロケット部の製造会社は，事前にこのような極低温下では O リングの信頼性は保証できない，と打ち上げ停止を進言した．これに対して NASA は強硬に打ち上げを進めたとされる．結局，この事故は O リングが極低温下で破断ひずみが低下したために発生したものであった．ファインマンはこれを実証するために，公開会議においてビーカーに氷水を用意し，これに O リングを入れて実演した．たった一か所の小さな部品が大きな事故となった．

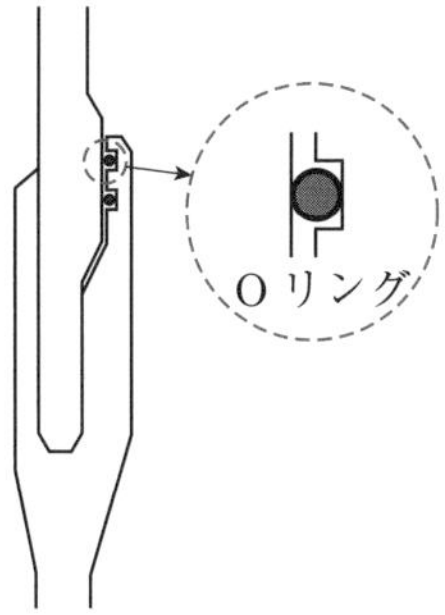

図5.10　密閉用 O リング

第6章

引 張 強 度

本章では，はじめに機械設計で重要な許容応力，安全率について説明する．つぎに許容応力の決定に必要となる降伏応力，引張強さなどを学ぶ．さらにき裂の存在を許容するために必要となる破壊靭性値，破壊評価線図について学ぶ．

6.1　許容応力と安全率

機械部品に作用する応力は**作用応力**（applied stress, working stress）と呼ばれる．そして，機械設計では，用いる材料の降伏応力や引張強さ（これらはまとめて**引張強度**と呼ばれる）よりも作用応力が低くなるように部品形状が決定される．ただし，これはあくまで基本的な考え方であって，実際には作用応力は変動する．また，用いる材料の化学成分が規定値とわずかに異なる，欠陥を含んでいる，といった品質上の問題により，引張強度にはばらつきがある．そのため，作用応力の変動や引張強度のばらつきをどのように機械設計に反映していくのか以下に見ていこう．機械設計では，以下のように**許容応力** σ_{allow}（allowable stress）

$$\sigma_{\mathrm{allow}} = \frac{\sigma_{\mathrm{R}}}{f} \tag{6.1}$$

が定義される．ここで，σ_{R} は**基準強度**（reference strength），f は**安全率**である．そして，作用応力がこの許容応力に比べて低くなるようにする．基準強度には，降伏応力や引張強さが選ばれ，それらの値のもつばらつきや応力変動については安全率に反映される．このことを理解するために，図6.1に示すような作用応力と基準強度の分布と安全率の関係について考える．一般に作用応力と基準強度は，図に示すように正規分布をとる．そして，作用応力の上限と基準強度の下限がなるべく重ならないようにする．このとき，作用応力の上限と基準強度の下限の差を**安全裕度**（safety margin）という．はじめに基準強度の分布からみていく．例えば，基準強度を引張強さとしたとき，その平均値が x_{R}^{0} であったとする．この引張強さに対する下限値を x_{R}^{*} とおけば，材料側からみた安全率 η_{R} は，

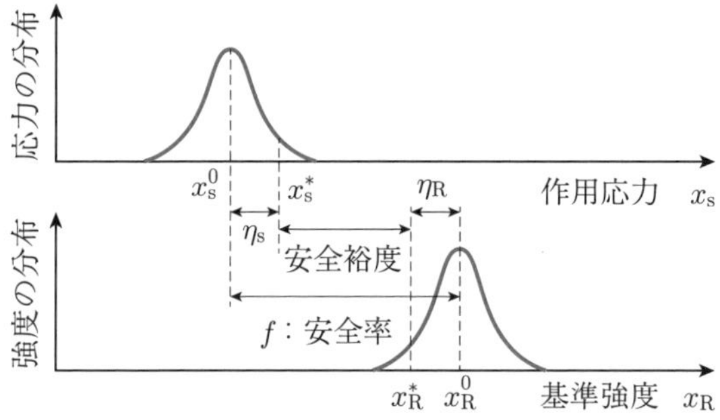

図6.1 作用応力と基準強度の分布と安全率の関係[1]

$$\eta_{\mathrm{R}} = \frac{x_{\mathrm{R}}^*}{x_{\mathrm{R}}^0} \quad (\leq 1) \tag{6.2}$$

となる．これは**強度安全率**（safety factor for strength）と呼ばれる．

これに対して作用応力の平均値が x_{s}^0 であったとする．この平均値を中心に作用応力は図のように裾野をもって分布する．この作用応力の上限を x_{s}^* とすれば，作用応力からみた安全率 η_{s} は，

$$\eta_{\mathrm{s}} = \frac{x_{\mathrm{s}}^*}{x_{\mathrm{s}}^0} \quad (\geq 1) \tag{6.3}$$

となる．これは，**応力安全率**（safety factor for applied stress）と呼ばれる．

式 (6.2) より，引張強さに対する平均値 x_{R}^0 は，

$$x_{\mathrm{R}}^0 = \frac{x_{\mathrm{R}}^*}{\eta_{\mathrm{R}}} \tag{6.4}$$

となる．一方，式 (6.3) より作用応力の平均値 x_{s}^0 は，

$$x_{\mathrm{s}}^0 = \frac{x_{\mathrm{s}}^*}{\eta_{\mathrm{s}}} \tag{6.5}$$

であるから，式 (6.1) より安全率 f はつぎのようになる．

$$f = \frac{x_{\mathrm{R}}^0}{x_{\mathrm{s}}^0} = \frac{x_{\mathrm{R}}^*}{x_{\mathrm{s}}^*} \times \frac{\eta_{\mathrm{s}}}{\eta_{\mathrm{R}}} \tag{6.6}$$

右辺において，項 $\frac{x_{\mathrm{R}}^*}{x_{\mathrm{s}}^*}$ は安全裕度に相当し，使用条件（温度，雰囲気など），安全性（人間への配慮，破損時の損害の程度など），使用時間に伴う引張強度の低下などを配慮して定められる．一方，項 $\frac{\eta_{\mathrm{s}}}{\eta_{\mathrm{R}}}$ は機械構造物の種類によって異なった値をとる．例えば，自動車のような輸送機械においては作用応力が大きく変動するから $\eta_{\mathrm{R}} = 1$ とおかれ，発電プラントにおいては作用応力がほとんど変動しないことから $\eta_{\mathrm{s}} = 1$ とおかれる．

6.2 降伏応力と引張強さ

引張荷重を受けることで材料は弾性変形した後，降伏応力に達して塑性変形する．その後，材料が耐えられる最大の強さ（引張強さ）に達して破断する．この変形と破壊の過程を原子レベルで見ていくとつぎのようになる．はじめに引張荷重により原子同士が引き離され，原子間の引力により抵抗力が発生する．この抵抗力が応力であり，この過程は弾性変形に対応する．その後，結晶中に分散している**転位**（dislocation）と呼ばれる線状欠陥が移動し始める．この過程が塑性変形であり，降伏応力の大きさは，転位の移動のしやすさに依存する．例えば，結晶中に析出物が存在していれば，その周辺でひずみが分布するため，転位の移動が阻害される．あるいは析出物に転位が巻き付いて移動しにくくなる．これらは転位運動に対する抵抗力となり，ひずみ硬化率の大きさを決定する．塑性変形が進むと，転位密度も増加する．この結果，転位同士が相互に反発し合って応力が集中するようになる．この結果，材料内部にき裂の核が形成される．これが引張強さの大きさを決定する．その後，き裂の核からき裂へと発展し，成長することで材料が破断する．

降伏応力は概ね図6.2に示すような二種類の特徴的な形状をもって発生することが知られる．例えば面心立方格子構造（FCC）をもつ結晶体は左のグラフのようであり，鉄やタンタルなどの体心立方構造（BCC）では右のグラフのように降伏応力が上下に変動する．このとき，高い降伏応力は**上降伏応力**，低い降伏応力は**下降伏応力**と呼ばれる．

結晶構造や元素の違いが降伏応力に及ぼす影響についてまとめたものを図6.3に示す．なお，ここに示した材料はすべて単結晶材であり，上降伏応力のみがプロットされている．この図から，

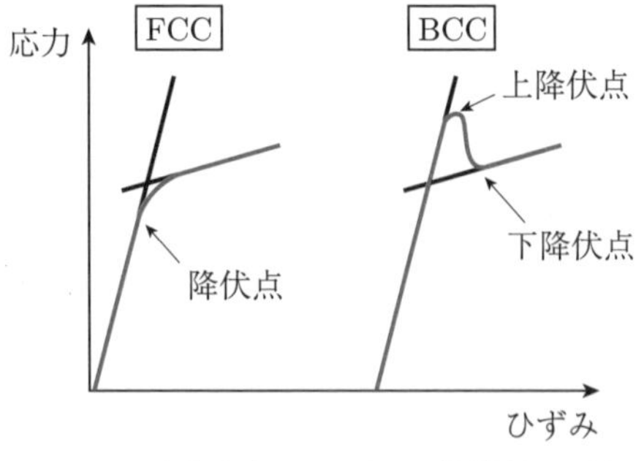

図6.2　降伏応力の二種類の特徴的な形状

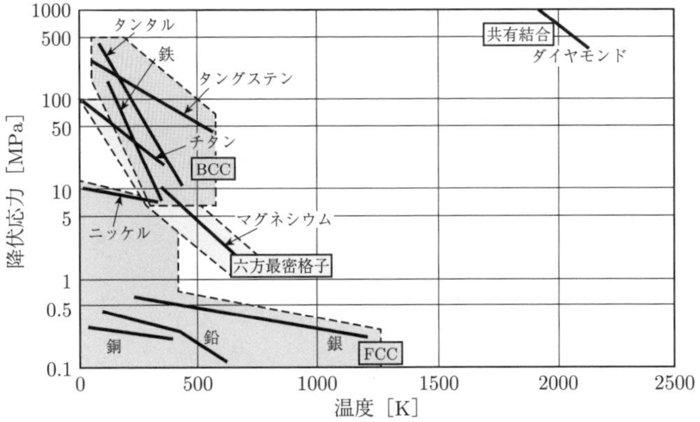

図6.3　結晶構造と元素の違いが降伏応力に及ぼす影響[2]

(1)　いずれの材料においても温度が高くなるにつれて降伏応力は低下する．

(2)　共有結合であるダイヤモンドの降伏応力が最も高い．これは原子間結合力が他の材料に比べて強いことによる．

(3)　体心立方体構造（BCC）をもつ材料である，タングステン，タンタルおよび鉄においては，室温では高い降伏応力を示すが，温度が高くなるにつれて急激に低下する．

(4)　面心立方格子構造（FCC）をもつ材料である，ニッケル，銀，銅，鉛においては，ダイヤモンドのそれとは対極的に降伏応力は極めて低い．

つぎに多結晶体の降伏応力の特徴を説明する．**図6.4**にアルミニウム合金（Al–Mg 合金）の平均粒径と降伏応力の関係を示す．多くの多結晶体では平均結晶粒径 d と降伏応力 σ_{y} の間にはつぎの関係が成り立つことが知られる．

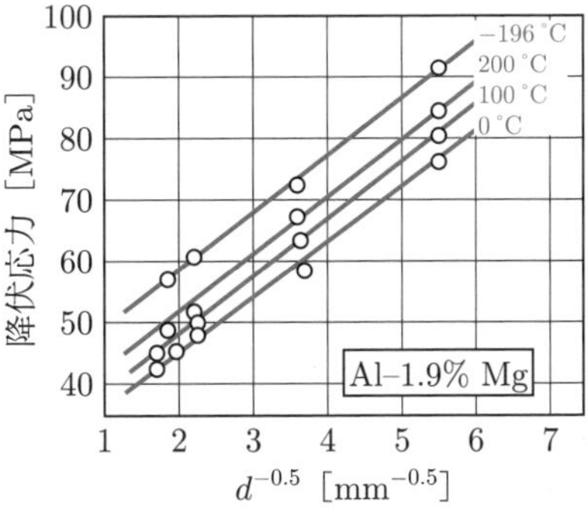

図6.4　アルミニウム合金の降伏応力に及ぼす平均結晶粒径の影響[3]

$$\sigma_{\mathrm{y}} = \sigma_0 + k_{\mathrm{y}} d^{-\frac{1}{2}} \tag{6.7}$$

これは，**ホール–ペッチの関係式**（Hall–Petch relation）と呼ばれる．ここで，σ_0，k_{y} は材料の種類や温度によって異なった値をとる．図から，結晶粒径の平方根の逆数に降伏応力が比例していることがわかる．よって，結晶粒径が小さくなるにつ

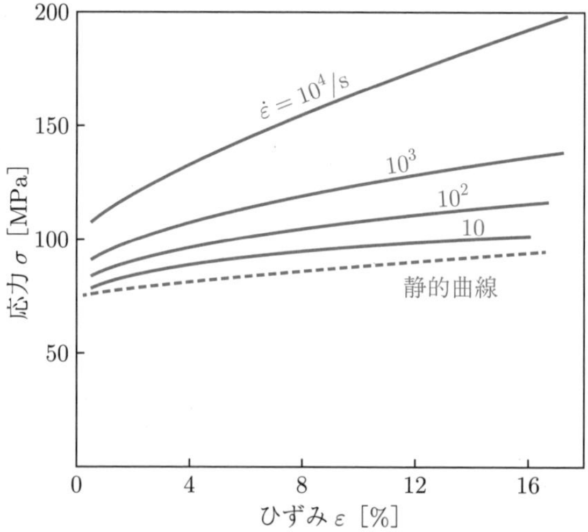

図6.5　純アルミニウムの応力–ひずみ曲線に及ぼすひずみ速度の影響[4]

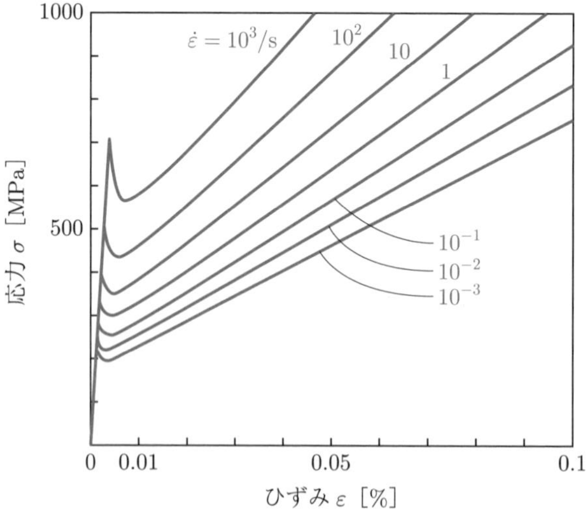

図6.6　軟鋼の応力–ひずみ曲線に及ぼすひずみ速度の影響[4]

れて降伏応力も増加する．この理由は，すべり面に沿って運動する転位が結晶粒界によって阻害されることによる．

つぎに図6.5に純アルミニウムの応力–ひずみ曲線に及ぼすひずみ速度の影響を示す．純アルミニウムは面心立方構造であり，降伏点は明瞭ではないが，ひずみ速度とともにひずみ硬化率が増加している．図6.6に軟鋼の応力–ひずみ曲線に及ぼすひずみ速度の影響を示す．軟鋼は体心立方体構造であり，上降伏点，下降伏点が明瞭に現れている．図より，ひずみ速度に伴って両降伏点が増加している．これらの結果から，機械部品が受ける作用応力の大きさのみならずひずみ速度にも十分に留意しなければならない．

例題6.1

本節では，様々な工業材料の降伏応力や引張強さについて学んできた．これらの知識を機械設計とどのように結び付けるのか考えてみる．断面積が A，長さが l，密度が ρ の丸棒が引張荷重 P を受けるとき，この丸棒が軽く，かつ強くなるような工業材料を選定したい．このとき，どのような機械的特性を組み合わせると効率良く材料を選定できるか考えなさい．

【解答】 丸棒の質量 m は，

$$m = \rho A l$$

である．一方，丸棒の断面は引張荷重 P を受けるため，許容応力と比較した以下の式を満足していなければならない．

$$\frac{P}{A} < \frac{\sigma_{\mathrm{R}}}{f}$$

ここで，σ_{R} は基準強度（降伏応力，引張強さ），f は安全率である．この式から断面積

$$A > \frac{Pf}{\sigma_{\mathrm{R}}}$$

を求め，先の質量の式に代入すれば，

$$m > (fP) \times l \times \frac{\rho}{\sigma_{\mathrm{R}}}$$

を得る．これにより，

$$M = \frac{\sigma_{\mathrm{R}}}{\rho}$$

が最大となる工業材料を見出せばよい．ここで，M は英国のアシュビーによって提案された**性能指数**（performance index）と呼ばれる[5]．★

6.3　破断ひずみ

工業材料は，降伏応力が高くなると破断ひずみが低下する傾向にある．そのため，機械設計における基準強度として降伏応力を用いたとき，き裂の存在により即時破断しやすくなる．一方，降伏応力が低い材料では破断ひずみが高い傾向にある．このため，き裂先端が鈍化して機械部品が即時破断しにくい．以上の理由から，材料の破断ひずみも重要な機械的特性のひとつである．そこで，ここでは破断ひずみについて説明する．

破断ひずみが高い材料は**延性材料**と呼ばれる．延性材料の代表的なものはアルミニウム合金やステンレス鋼などがある．これに対して破断ひずみが低い材料は，**脆性材料**と呼ばれる．脆性材料の代表的なものはセラミックス，鋳鉄などがある．以下では延性材料に絞って説明していく．脆性材料については 6.4 節の破壊靭性値で学ぶことになる．

2.2 節に述べているようにすべり面に沿って転位が移動し，すべり変形が生じて塑性変形が進行する．これにより材料には**くびれ**（necking）と呼ばれる局所的な収縮変形が生じて破断する．すべり変形が容易に進行する材料は，降伏応力が低く，破断ひずみが高いから，合金では不純物を金属組織に分散させることで，転位の運動を阻害するよう工夫している．一方，不純物は母材中に**介在物**（inclusion）となって分布し，応力集中により母材との界面がはく離して，凹凸形状の破面を形成する．すでに述べているように静水圧成分は，塑性変形に関与しないが，母材と介在物の界面がはく離すると，その界面には空隙（**ボイド**）が形成され，その成長を介して静水圧成分の影響がみられるようになる．

破断ひずみと静水圧の関係を調べるために，**図6.7**に示す環状切欠き丸棒試験片に対して引張試験が行われている．その際，環状切欠きの形状を変えることで切欠き底近傍での静水圧の影響が現れるようにした．**図6.8**に相当破断ひずみ $\overline{\varepsilon}_{\mathrm{f}}$ と静水圧成分 σ_{m} を相当応力 $\overline{\sigma}$ で除した**応力三軸度**（stress triaxiality）の関係を示す．この結果は SS41 材であり，切欠き底での最小断面積の変化から相当破断ひずみを求めている．図より，応力三軸度が高くなるにつれて相当破断ひずみが低下している．図にはライスとトレイシ[6] により提案された以下の相当破断ひずみ式 $\overline{\varepsilon}_{\mathrm{f}}$ により予測された結果も示す．

$$\overline{\varepsilon}_{\mathrm{f}} = C_0 \exp\left(-\frac{3}{2}\frac{\sigma_{\mathrm{m}}}{\overline{\sigma}}\right) \tag{6.8}$$

ここで，C_0 は材料定数である．式 (6.8) により，静水圧成分の増加に伴って低下する破断ひずみを表現できる．

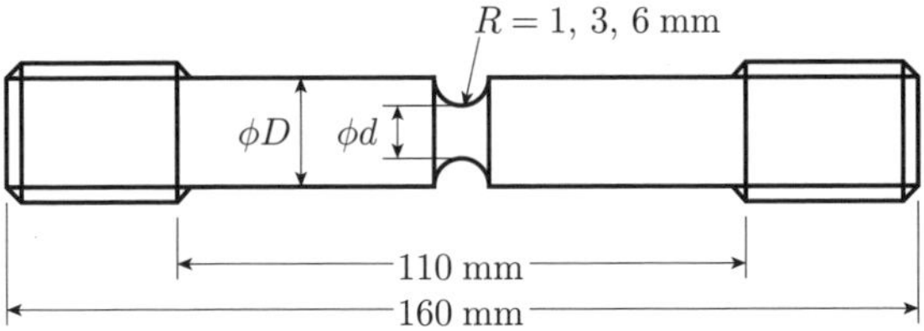

図6.7　環状切欠き丸棒試験片の形状[7]

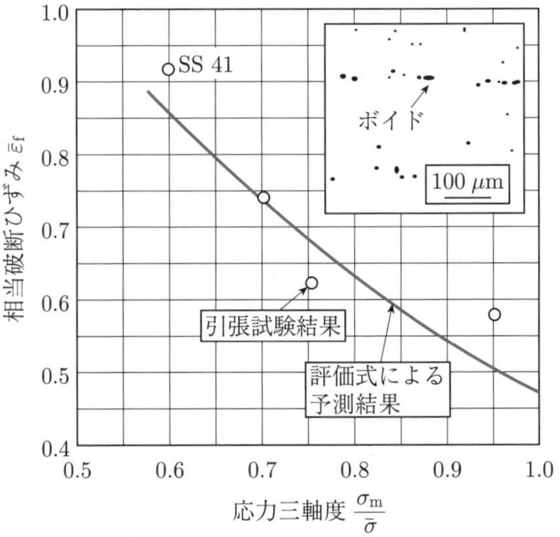

図6.8　応力三軸度が相当破断ひずみに及ぼす影響[7]

6.4 破壊靭性

第 3 章では，き裂成長の力学的パラメータとして応力拡大係数，エネルギー解放率，J 積分について説明した．これらはあくまでき裂が成長する際の駆動力であり，き裂が成長するかどうかの判定基準が必要となる．そこで本節では，この判定基準について説明する．

き裂成長の判定基準は，脆性材料と延性材料によって異なる．例えば，セラミックス材料のような脆性材料では，その判断基準はつぎのようになる．

$$K_{\mathrm{I}} \geq K_{\mathrm{IC}} \tag{6.9}$$

あるいは，

$$\boldsymbol{g} \geq \boldsymbol{g}_{\mathrm{C}} \tag{6.10}$$

これらの判定基準において，K_{IC}, $\boldsymbol{g}_{\mathrm{C}}$ は**破壊靭性値**（fracture toughness），**臨界エネルギー解放率**（critical energy release rate）と呼ばれる．これらの値は，破壊試験によって求められる材料定数である．

例題6.2

肉厚 t，半径 R の薄肉の球形圧力容器を設計したい．使用圧力を p とするとき，適切な材料を選定するための性能指数を示しなさい．

【解答】 球形圧力容器の壁面に作用する応力は，

$$\sigma = \frac{pR}{2t}$$

そして，許容応力が降伏応力 σ_{y} を超えないように設計したとすると，

$$\sigma < \frac{\sigma_{\mathrm{y}}}{f}$$

を満足していなければならない．ここで，f は安全率である．よって，圧力容器の肉厚条件は，

$$t > \frac{f}{\sigma_{\mathrm{y}}} \times \frac{pR}{2}$$

となる．この不等式から，性能指数 M_1 は降伏応力 σ_{y} であり，この値をなるべく大きくすればよいことがわかる．

一方，球形圧力容器壁面にき裂が発生した場合には，式 (3.52) より，

$$\sigma = \frac{K_{\mathrm{IC}}}{\sqrt{\pi a}}$$

これをき裂長さ a について解くと,

$$a=\frac{1}{\pi}\left(\frac{K_{\mathrm{IC}}}{\sigma}\right)^2$$

ここで,作用応力が降伏応力に一致したとき,そのき裂長さ a_{c} は,

$$a_{\mathrm{c}}=\frac{1}{\pi}\left(\frac{K_{\mathrm{IC}}}{\sigma_{\mathrm{y}}}\right)^2$$

である.よって,き裂長さが満足すべき条件は,

$$a<a_{\mathrm{c}}=\frac{1}{\pi}\left(\frac{K_{\mathrm{IC}}}{\sigma_{\mathrm{y}}}\right)^2$$

となる.これにより,性能指数 M_2 は $\frac{K_{\mathrm{IC}}}{\sigma_{\mathrm{y}}}$ であり,この値をなるべく大きくとればよい.ところで,き裂の存在を許容しないときの性能指数は降伏応力であった.しかし,これに従うと性能指数 M_2 は小さくなり,ふたつの性能指数の間で相反した結果となる.このため,材料選定に際しては,これらが両立するよう選ぶ必要がある.★

一般のき裂問題に対する応力拡大係数は,

$$K_{\mathrm{I}}=\alpha\sigma\sqrt{\pi a} \tag{6.11}$$

のように表される.ここで,α は試験片形状やき裂形状に依存した無次元定数である.この応力拡大係数に対するエネルギー解放率は以下である.

$$\boldsymbol{g}=\alpha^2\frac{\pi}{E}\sigma^2 a \tag{6.12}$$

これと式 (6.10) を合わせて図示したものが図6.9 (a)である.図中の $\boldsymbol{g}_{\mathrm{c}}$ は脆性材料の臨界エネルギー解放率である.脆性材料に長さ a_0 のき裂が存在しているとき,ある応力に対するエネルギー解放率 $\boldsymbol{g}$ は,式 (6.12) によりき裂長さ a に比例する.図のように,エネルギー解放率が点 A であるものとすれば,臨界エネルギー解放率 $\boldsymbol{g}_{\mathrm{c}}$ には達していないからき裂は成長しない.応力が増加して,点 B になるとエネルギー解放率は $\boldsymbol{g}_{\mathrm{c}}$ に一致する.すると,き裂は瞬時に成長することになる.これは**不安定破壊**(unstable fracture)といわれる.

一方,き裂先端で塑性領域を形成する場合には,図6.9 (b)のようになる.初期き裂長さ a_0 に対して応力を負荷すると,き裂が開口し,図中の点 A から点 B のようにき裂長さに伴ってき裂成長に対する抵抗値(**き裂成長抵抗**)が図のように増加する.この曲線は**き裂成長抵抗曲線**(crack growth resistance curve)あるいは**R曲線**(R-curve)と呼ばれる.この曲線上に,図6.9 (a)と同様にエネルギー解放率

とき裂長さの関係を図示する．ある応力において点 A であったとする．この点 A で除荷しても何も起こらない．その後，再び応力を増加させるとその大きさに応じてき裂は成長するが，負荷を止めるとき裂成長も止まる．これは**安定破壊**（stable fracture）と呼ばれ，延性材料によく見られるき裂成長挙動の特徴である．さらなる負荷により R 曲線と接する点 B にまでエネルギー解放率が達すると，き裂が瞬時に成長，破壊するようになる．すなわち，不安定破壊が生じる．

板厚さが薄い平板のような場合（平面応力状態）には図6.9 (b)に近い．一方，板厚さが厚い場合（平面ひずみ状態）は図6.9 (a)に近いことが知られる．このことを理解するための例として，図6.10に 18%Ni マルエージング鋼の破壊靭性値 K_C に及ぼす試験片厚さ B の影響を示す．図より，試験片厚さが厚くなる，すなわち平面ひずみ状態に近づくにつれて破壊靭性値は一定値になる．通常，この値が K_{IC} とみなされる．

破壊靭性値を求めるための試験方法は，ASTM（American Society for Testing and Materials）によって規格化されており，本書もそれに従って説明する[8]．

ASTM 規格では，図6.11に示すような三点曲げ試験片あるいは CT 試験片を用

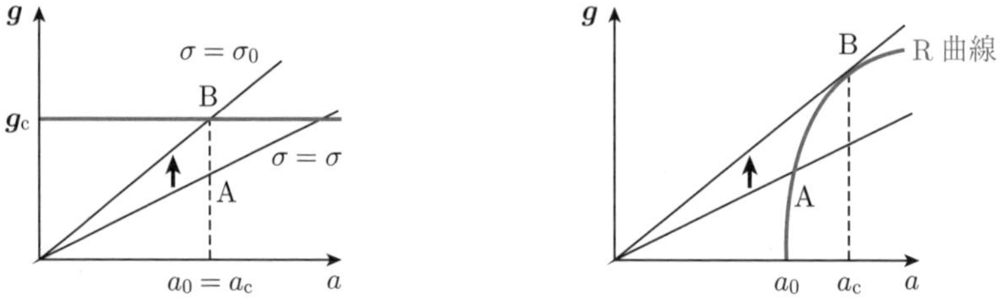

(a)　脆性材料　　(b)　き裂先端で塑性領域を形成する場合

図6.9　き裂成長抵抗曲線（**R** 曲線）

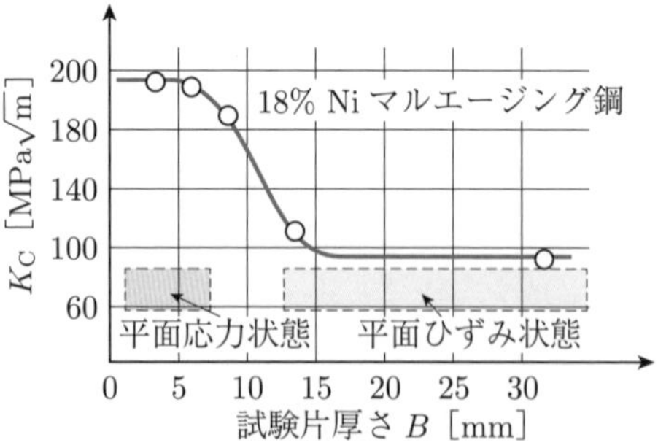

図6.10　**18%Ni** マルエージング鋼の破壊靭性値に及ぼす試験片厚さの影響[9]

いて破壊靭性値を測定するよう定められている．そして，試験片形状は図のように定められている．応力拡大係数は付録 A.2(5) と (6) に示してあるので，そちらの式を利用する．破壊試験に際しては，機械加工により導入した人工き裂の開口量を測定するために**図6.12**に示すクリップゲージと呼ばれる変位計を用いる．これにより計測されたき裂開口量（図中の COD）と作用させた荷重（P）の関係を**図6.13**のようにプロットし，き裂が成長を開始するときの荷重（P_Q）から応力拡大係数を

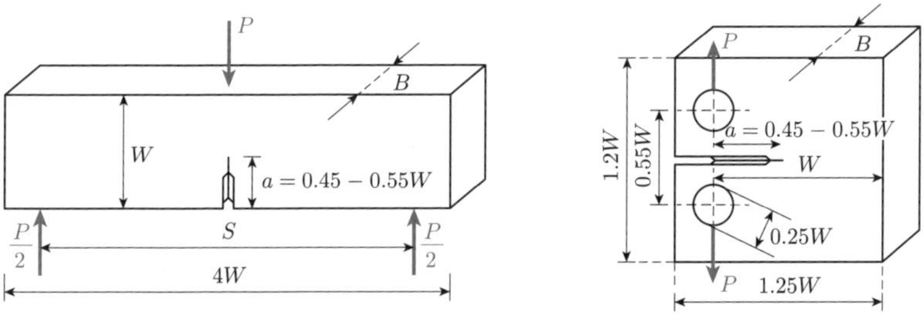

（a） 三点曲げ試験片　　（b） CT 試験片

図6.11　破壊靭性値を測定するための試験片形状

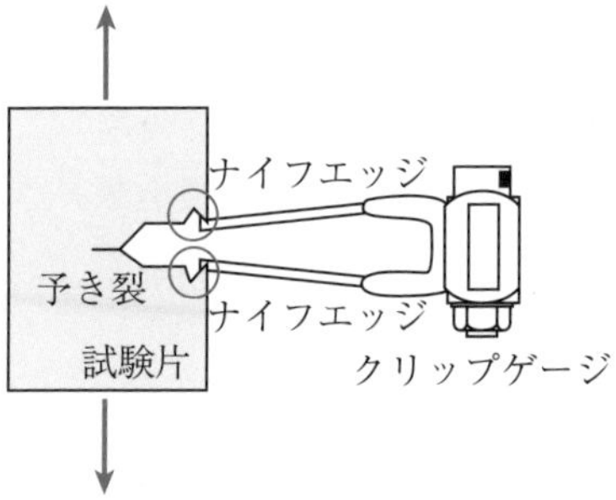

図6.12　破壊試験法を説明するための模式図

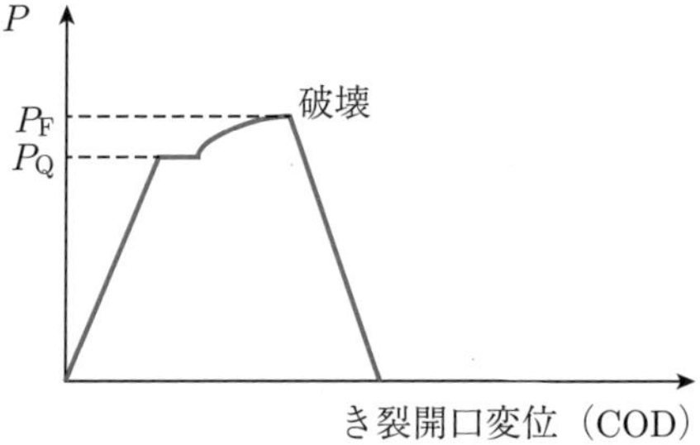

図6.13　き裂開口変位と荷重の関係

計算し，これを破壊靱性値とする．

図6.14にアルミニウム合金，チタン合金，鋼の破壊靱性値を示す．いずれの材料においても降伏応力 σ_{y} が増加するにつれて破壊靱性値 K_{IC} が低下している．この傾向は他の材料でもみられる一般的なものである．よって，機械構造物の安全裕度を保証するために降伏応力が高い材料を選択したとすると，き裂成長に対する感受性が高くなり，き裂が発生すると低い作用応力のもとでも不安定破壊を生じやすくなる．

塑性変形が有意となるような延性材料に対しては，き裂成長抵抗曲線と**弾塑性破壊靱性値** J_{C} が求められる．ただし，き裂長さによって弾塑性破壊靱性値が変化するため，これは材料定数ではないことに注意する．

三点曲げ試験片あるいはCT試験片に対して荷重を作用させると，塑性変形してき裂は大きく開口し，その先端は鈍化する．この様子を図6.15に示す．その後，き裂開口変位がある値に達すると鈍化したき裂先端からき裂が発生し，さらなる負荷とともにき裂が成長する．これ対応した J 値とき裂成長量 Δa の関係をプロットしたものがき裂成長抵抗曲線（R曲線）である．そして，き裂が安定成長を開始したときの J 値が弾塑性破壊靱性値 J_{C} である．

つぎに弾塑性破壊試験法について説明する[10]．変位制御により試験片を負荷する．これにより荷重–荷重点変位の関係を得る．複数の試験片に対して異なる変形段階で除荷し，加熱着色あるいは疲労負荷によりき裂長さを測定できるようマーキングする．そして，試験終了後に試験片を強制破断させ，破面からき裂成長量を測

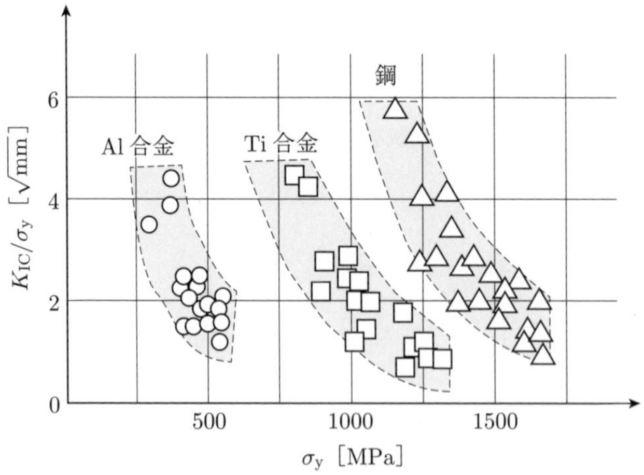

図6.14　アルミニウム合金，チタン合金，鋼の破壊靱性値[9]

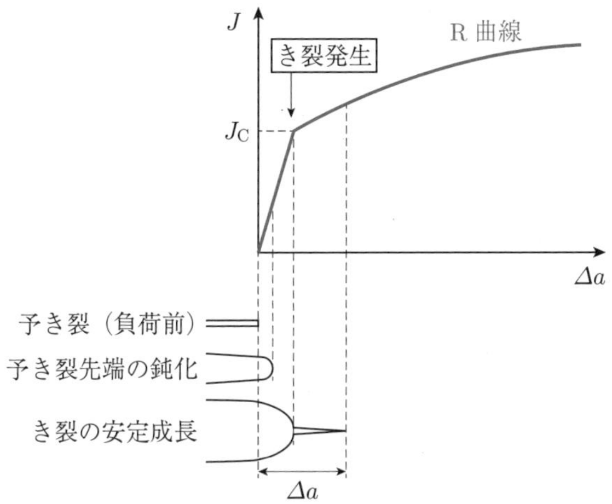

図6.15 延性材料のき裂成長抵抗曲線と弾塑性破壊靭性値[10]

定する．また，対応する荷重–荷重点変位の関係から面積 A を求める．そして，以下の式により J 値を求める．

$$J = \frac{A}{B(W-a)} f\left(\frac{a}{W}\right) \tag{6.13}$$

ここで，B は試験片厚さ，W は図6.11に示す長さ，a はき裂長さである．三点曲げ試験では $f = 2.0$，CT 試験片ではき裂長さによるが 2 よりやや大きい値をとる．なお，これらの詳細については ASTM 規格で確認して欲しい．

延性材料においてき裂が成長する様子からもわかるように，き裂先端が鈍化し，その開口量がある値に達したらき裂が成長する．このことから，J 値ではなく**き裂開口量**（COD: Crack Opening Displacement）や**き裂開口角度**（COA: Crack Opening Angle）がき裂成長抵抗値とみなされる場合もある．

6.5 破壊評価線図

き裂成長の駆動として，応力拡大係数，エネルギー解放率，J 積分，それらの抵抗値として破壊靭性値，臨界エネルギー解放率，き裂成長曲線（R 曲線）があることをこれまでに説明してきた．そして，応力拡大係数（エネルギー解放率）ならびに破壊靭性値（臨界エネルギー解放率）が適用可能な問題は，き裂先端近傍に形成される塑性領域が小さい場合に限られることを注意した．この適用制限は，**小規模降伏条件**（small-scale yield condition）と呼ばれる．これに対して，延性材料のようにき裂先端近傍で塑性領域の大きさが無視できない場合（**大規模降伏条件**（large-scale yield condition））には J 積分とき裂成長曲線を用いなければならない．実際の機械構造物では，き裂の大きさやその形状，荷重の大きさに応じて小規模降伏条件と大規模降伏条件の中間的な状態におかれるのが一般的である．ただし，機械設計の観点からは，応力拡大係数によりき裂を含む機械構造物の健全性を評価できるとよい．そのために提案された方法が破壊評価線図である[11]．

弾完全塑性体の無限平板中に長さ $2a$ のき裂が存在し，この平板が無限遠方で応力 σ を一様に受けている問題について考える．大規模降伏条件のもとでき裂開口変位 ϕ は，

$$\phi = \frac{8\sigma_{\mathrm{y}}a}{\pi E'} \ln\left\{\sec\left(\frac{\pi}{2}\frac{\sigma}{\sigma_{\mathrm{y}}}\right)\right\} \tag{6.14}$$

となることが知られている．ここで，ln は自然対数である．

小規模降伏条件（$\frac{\sigma}{\sigma_{\mathrm{y}}} \ll 1$）を満足するようなき裂開口変位は，式 (6.14) を級数展開し，微小項を無視すれば得られ，それは

$$\phi = \frac{K_{\mathrm{I}}^2}{E'\sigma_{\mathrm{y}}} \tag{6.15}$$

となる．ここで，応力拡大係数は，

$$K_{\mathrm{I}} = \sigma\sqrt{\pi a} \tag{6.16}$$

である．さらに以下のふたつのパラメータを導入する．

$$K_{\mathrm{r}} \equiv \frac{K_{\mathrm{I}}}{K_{\mathrm{IC}}}, \quad S_{\mathrm{r}} \equiv \frac{\sigma}{\sigma_{\mathrm{y}}} \tag{6.17}$$

式 (6.17) の K_{r} に式 (6.16) を代入して，

$$\begin{aligned} K_{\mathrm{r}} &= \frac{K_{\mathrm{I}}}{K_{\mathrm{IC}}} \\ &= \frac{\sigma\sqrt{\pi a}}{K_{\mathrm{IC}}} \end{aligned} \tag{6.18}$$

式 (6.15) の応力拡大係数 K_{I} に破壊靭性値 K_{IC} を代入して，き裂成長時のき裂開口変位が得られる．これが式 (6.14) に等しいとして K_{IC} を求め，これを式 (6.18) に代入して，

$$K_{\mathrm{r}} = \frac{\sigma}{\sigma_{\mathrm{y}}}\frac{\pi}{\sqrt{8}}\left[\ln\left\{\sec\left(\frac{\pi}{2}\frac{\sigma}{\sigma_{\mathrm{y}}}\right)\right\}\right]^{-\frac{1}{2}} \tag{6.19}$$

を得る．さらに，これに式 (6.17) の第二式を代入すると，

$$K_{\mathrm{r}} = S_{\mathrm{r}}\left[\frac{8}{\pi^2}\ln\left\{\sec\left(\frac{\pi}{2}S_{\mathrm{r}}\right)\right\}\right]^{-\frac{1}{2}} \tag{6.20}$$

が得られ，これを作図したものが**破壊評価線図**（FAD：Failure Assessment Diagram）と呼ばれる．この線図を図6.16に示す．図において，縦軸の $K_{\mathrm{r}} = 1$ では弾性状態で破壊し，横軸の $S_{\mathrm{r}} = 1$ で塑性崩壊することに対応する．そして，任意の降伏状態では FAD 上の実線で破壊する．

この線図は以下のように使用する．機械構造物中に存在しているき裂の負荷状態に対して，

$$S'_{\mathrm{r}} = \frac{\text{作用荷重}}{\text{欠陥を含む構造物の塑性崩壊荷重}}$$

$$K'_{\mathrm{r}} = \frac{\text{欠陥を含む構造物の応力拡大係数}}{\text{破壊靭性値}}$$

を計算する．そして，$(S'_{\mathrm{r}}, K'_{\mathrm{r}})$ を FAD 上にプロットする．この結果，線図の内側にあるとき構造物は破壊しない．もし線図を越えるときには構造物が不安定破壊するものとみなす．

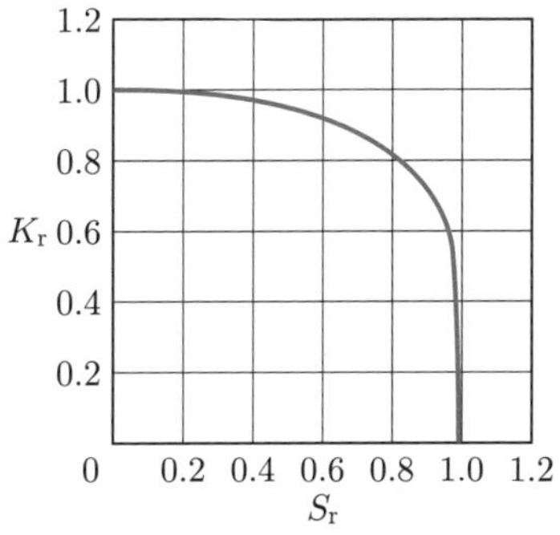

図6.16　破壊評価線図

■ 例題6.3 ■

き裂が存在している機械構造物に対する負荷状態が $K_{\mathrm{r}} = \beta S_{\mathrm{r}}$ に従って変化する．破壊評価線図（図6.16）において構造物が破壊するときの荷重を求めなさい．

【解答】 式 (6.20) により，

$$\beta S_{\mathrm{r}} = S_{\mathrm{r}} \left[\frac{8}{\pi^2} \ln \left\{ \sec \left(\frac{\pi}{2} S_{\mathrm{r}} \right) \right\} \right]^{-\frac{1}{2}}$$

となる．これにより S_{r} を求めると，

$$S_{\mathrm{r}} = \frac{2}{\pi} \cos^{-1} \left(\frac{1}{\exp \dfrac{\pi^2}{8\beta^2}} \right)$$

であるから，構造物が破壊するときの荷重は，

$$P = \frac{2}{\pi} \cos^{-1} \left(\frac{1}{\exp \dfrac{\pi^2}{8\beta^2}} \right) P_{\mathrm{U}}$$

である．ここで，P_{U} は塑性崩壊荷重である．★

コラムその 4 —破壊力学の創始者—

このコラムでは，破壊力学の創始者のひとりであるグリフィス（英国，1893 年 6 月 13 日生–1963 年 10 月 13 日没）を紹介しよう．リバプール大学で機械工学の学位を取得した．その直後に第一次世界大戦が勃発したため，研究者としてのキャリアは王立航空機工場からスタートした．彼が 28 歳のとき，この工場でひずみエネルギーの概念を利用してき裂を含む弾性体の破壊基準を導いた．今でも英国ではき裂を“グリフィスき裂”と呼んでいる．悲しいことであるが，戦争が破壊力学という革新的な学問を創始したといえるかもしれない．その 5 年後，彼は航空機エンジンの研究と開発を精力的に進めた．彼はアイデアマンであり，様々なエンジンの機構を考案し，多数の特許がある．垂直離着陸技術（VTOL）は彼が考えた．現在では考えられないが，昔の研究者はひとりで様々な分野を研究していたのである．そして，破壊力学は，彼が扱った膨大な研究分野のうちのほんの一部なのである．

演習問題

□**6.1** 発電プラントに代表されるインフラ設備は，現在，設計寿命を超えて運転されている．このとき，長期運転に伴って図6.1に示す作用応力と基準強度の分布と安全率の関係はどのような影響を受けるのか考えなさい．

□**6.2** 平面応力状態におかれた薄板の破断ひずみについて考える．主応力が σ_1, σ_2 のとき，式 (6.8) に従って破断ひずみ $\bar{\varepsilon}_{\mathrm{f}}$ を求めなさい．

□**6.3** 図6.9 (b)に基づいて，き裂が安定成長する条件，不安定成長する条件を示しなさい．

□**6.4** 図6.16の破壊評価線図を自ら作図しなさい．

□**6.5** 図6.17に示すように高さ W，長さ l，厚さ t の平板の左端が剛体壁に固定されている．また，平板上面の中央部に深さ a のき裂が存在しているとき，平板の右端に軸方向に表面力 σ^{∞} を作用させた．平板が破壊するときの表面力 $\sigma_{\mathrm{c}}^{\infty}$ を求めなさい．ここで，平板の寸法は $W = 100\,\mathrm{mm}$, $l = 500\,\mathrm{mm}$, $t = 5\,\mathrm{mm}$，き裂深さは $a = 20\,\mathrm{mm}$ とする．また，材質はアルミニウム合金とし，降伏応力は $\sigma_{\mathrm{y}} = 438\,\mathrm{MPa}$，破壊靭性値は $K_{\mathrm{IC}} = 19.5\,\mathrm{MPa}\sqrt{\mathrm{m}}$ とする．

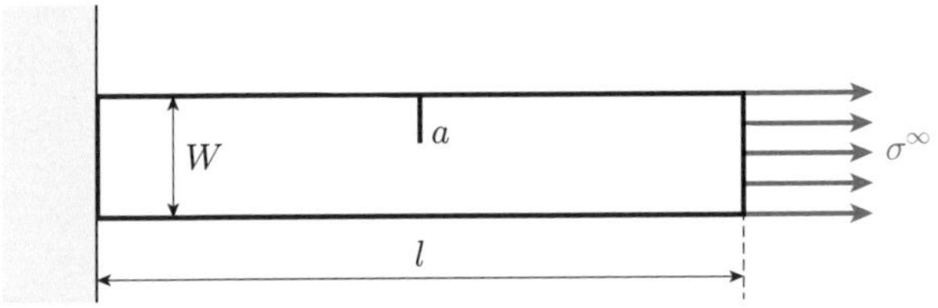

図6.17 き裂を有する平板の引張り

第7章

疲労強度

本章では，機械設計で重要な疲労強度について学ぶ．疲労試験方法については第5章で説明しているから，ここでは，疲労寿命データとこのデータに基づいて疲労寿命を予測する方法について学ぶ．

7.1　疲労破壊について

機械工学の発展とともに新しい機械が世に出現する．しかし，その裏では疲労による事故が常に問題となってきたことはあらゆる技術者が心に留めておかなければならない．1825年にイギリスのストクトンとダーリントンの間で鉄道の営業運転が開始され，同時に疲労による事故も登場するようになった．1842年にはフランスのヴェルサイユ近郊にて蒸気機関車と客車18両で編成された列車の先頭をけん引する機関車の車軸が折損した．これにより，車両脱線事故と大規模な火災が発生した．そのときの死者は50人以上にも上ったと伝えられている．1843年に物理学者，技術者であるイギリスのランキンが「車軸が長時間使用されると突然破断する」と報告したが，これが疲労によることまでは触れられなかった．現代的な意味の疲労は，1856年頃からドイツのヴェーラーに始まるとされている．彼は，鉄道車軸の破損原因を解明するために，繰返し荷重を車軸に作用する疲労試験機を開発した．これを契機に疲労に関する研究が系統的に進められたといわれている．

はじめに疲労き裂がどのようなメカニズムで発生するのかみていくことにしよう．図7.1に疲労き裂の断面図を示す．塑性変形は，すべり面上での転位の運動により生じることは6.2節に説明したが，疲労き裂が発生するメカニズムにおいてもすべり面上での転位の運動が重要となる．物体内部では，すべり面に沿って生じたすべり変形は，隣接した結晶粒により拘束されるため，大きなせん断応力を作用する必要があった．これに対して物体表面では，すべり面は面外に自由にすべることができる．このため，図に示すように自由表面近傍の結晶粒内ですべり面に沿って引張負荷によりすべり変形が生じ，表面には複数のすべり線がみられるようになる．

すべり変形により発生した自由表面は，酸素などの元素と結合して安定した皮膜が形成される．その後，圧縮負荷により先に移動したすべり面に隣接したすべり面がすべり変形する．これにより生成された自由表面に再び皮膜が形成され，引張負荷と圧縮負荷が繰り返されることで物体表面が凹凸形状で覆われるようになる．通常，凸部は**突出し**（extrusion），凹部は**入込み**（intrusion）と呼ばれる．突出し，入込みは応力集中源となり，ここから疲労き裂が発生することになる．つぎに表面で発生した疲労き裂がどのように内部に向けて成長し，機械部品が破損するのかみていく．図7.2に疲労き裂成長過程を説明するための模式図を示す．表面に生じた凹凸形状によりき裂が発生し，数結晶粒サイズまで単一のすべり面に沿って疲労き裂が成長するが，ある程度の大きさになると応力集中によりき裂先端近傍にある複数の結晶粒内において多数のすべり面がすべり始め，疲労き裂はこれらのすべり面に沿ってジグザグと成長する．このため，図7.3に示すような**ストライエーション**（striation）と呼ばれる疲労特有の縞模様が破面に形成されることになる．その後，疲労き裂が数 mm サイズまで成長すると，破壊力学が有効となるき裂サイズとなり，最終的には引張荷重を分担できなくなって即時破断する．疲労き裂発生，成長過程と疲労寿命をどのように関係付けるのかは非常に難しい問題である．一般には，疲労き裂の長さが数十 mm サイズに達するまでの繰返し数を疲労寿命と考えればよい．

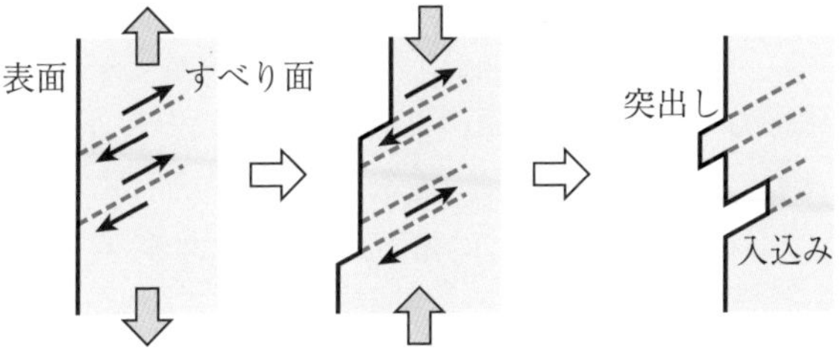

図7.1　疲労き裂発生メカニズム

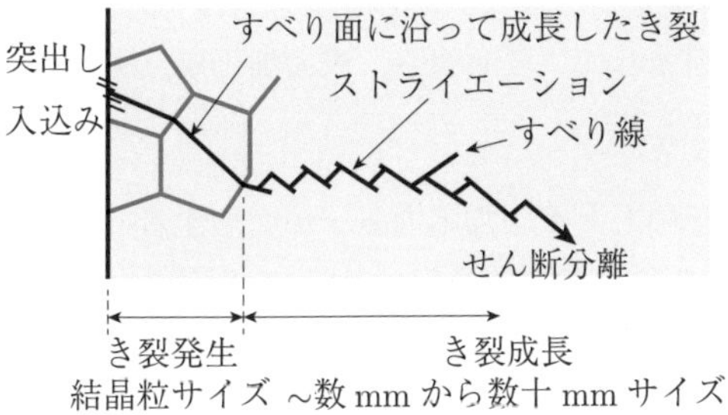

図7.2　疲労き裂成長過程

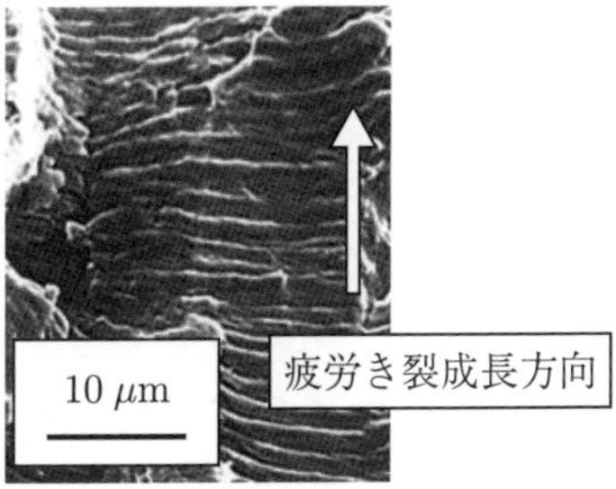

図7.3　破面に形成された
ストライエーション

7.2 疲労限度

疲労寿命が 1×10^4–1×10^5 サイクルを境に，これよりも短い繰返し数で疲労き裂が発生する場合には**低サイクル疲労**（low cycle fatigue），長い場合には**高サイクル疲労**（high cycle fatigue）と呼ばれる．機械設計においては高サイクル疲労が想定されるため，基準強度には疲労限度がとられる．そこで本節では，疲労限度について説明する．

(1) **引張強さと疲労限度の関係** 炭素鋼や合金鋼において，引張強さ（σ_B）あるいはビッカース硬さ（H_v）と回転曲げ疲労限度（σ_{wb}，応力比 $R=-1$）の間には以下のような比例関係があることが知られている．

$$\sigma_{wb} = 0.5\sigma_B, \quad \sigma_{wb} = 1.6H_v \tag{7.1}$$

(2) **表面欠陥サイズと疲労限度の関係** 材料表面に介在物や鋳造巣などの小さな欠陥が存在している場合，以下の式に従って疲労限度 σ_w（応力比 $R=-1$）が低下することが知られている．

$$\sigma_w = \beta\frac{H_v + 120}{(\sqrt{area})^{\frac{1}{6}}} \tag{7.2}$$

ここで，最大引張応力方向に垂直な面に欠陥の面積を投影し，その面積の平方根を $\sqrt{area}$ とする．また，$\beta = 1.43$ である．なお，欠陥が内部にある場合には $\beta = 1.56$ とする．ただし，σ_w の単位は MPa，$\sqrt{area}$ は μm である．

(3) **寸法効果** 機械部品が大きくなると，一般に疲労限度が低下する傾向にあることが知られる．これは**寸法効果**（size effect）と呼ばれる．寸法効果の原因として，表面積の影響がある．表面積が広くなると欠陥を含む確率が高くなり，式 (7.2) に従って疲労限度が低下する．他の原因として，表面粗さ，表面加工層，引張残留応力の影響も挙げられる．

(4) **平均応力の影響** ある応力振幅 σ_a のもとで平均応力 σ_m が増加すると疲労限度は低下する．このことを考慮するために，図7.4に示すような平均応力と応力振幅を軸にとった**疲労限度線図**（fatigue limit diagram）が用いられる．図中の破線は，

$$\sigma_m + \sigma_a = \sigma_y, \quad \sigma_m - \sigma_a = -\sigma_y \tag{7.3}$$

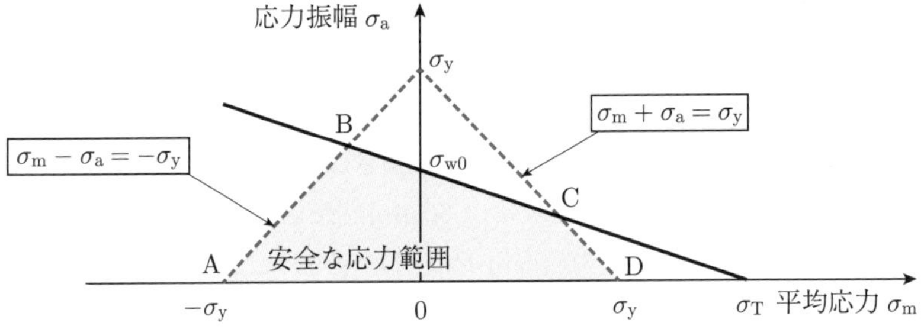

図7.4 疲労限度線図

であり，機械部品に生じる最大応力 σ_{max} $(= \sigma_m + \sigma_a)$ または最小応力 σ_{min} $(= \sigma_m - \sigma_a)$ が降伏応力に達して，塑性変形することと対応している．また，平均応力が増加していくと，最終的には真破断応力 σ_T に一致する．そして，平均応力 σ_m がゼロのときの疲労限度を σ_{w0} とすれば，平均応力に伴って疲労限度は，

$$\sigma_a = \sigma_{w0} \left(1 - \frac{\sigma_m}{\sigma_T} \right) \tag{7.4}$$

のように変化するものとする．これは図中の黒い実線で表されている．ここで，疲労限度 σ_{w0} には回転曲げ疲労限度 σ_{wb} も含まれる．以上により，図中の薄水色の領域（ABCD）内が安全な応力範囲となる．平均応力が引張りにおいて，式 (7.4) の代わりに以下の式が用いられるときがある．

(i) **ガバー線図**

$$\sigma_a = \sigma_{w0} \left\{ 1 - \left(\frac{\sigma_m}{\sigma_B} \right)^2 \right\} \tag{7.5}$$

(ii) **修正グッドマン線図**

$$\sigma_a = \sigma_{w0} \left(1 - \frac{\sigma_m}{\sigma_B} \right) \tag{7.6}$$

(iii) **ゾーデルベルク線図**

$$\sigma_a = \sigma_{w0} \left(1 - \frac{\sigma_m}{\sigma_y} \right) \tag{7.7}$$

これまでの経験によると，修正グッドマン線図あるいはガバー線図が良いとされており，修正グッドマン線図は安全側となることが知られる．

例題7.1

図7.5に示すような片側が固定された丸棒の先端に繰返し荷重 P が作用している．この丸棒が疲労破損するか検討しなさい．なお，材質は構造用炭素鋼S45Cとし，降伏応力は $343\,\mathrm{N/mm^2}$，引張強さは $569\,\mathrm{N/mm^2}$，ビッカース硬さ H_v は201とする．丸棒の直径 d は $50\,\mathrm{mm}$，長さ l は $250\,\mathrm{mm}$ である．また，作用している繰返し荷重の最大値 P_max は $10000\,\mathrm{kgf}$，最小値 P_min は $0\,\mathrm{kgf}$ であるものとし，修正グッドマン線図を利用しなさい．

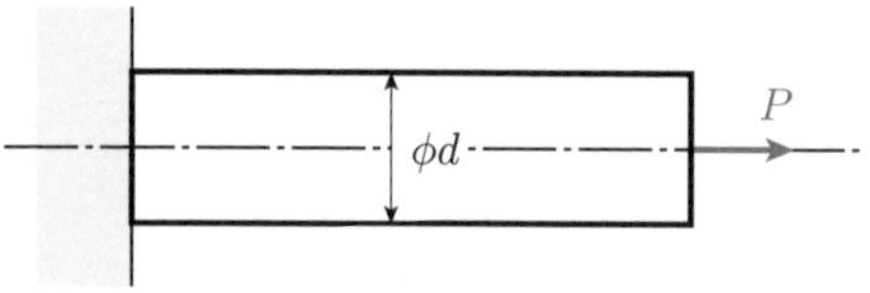

図7.5 片側が固定された丸棒

【解答】 最大応力は，

$$\sigma = \frac{4P}{\pi d^2} = 50\,\mathrm{MPa}$$

であり，最小応力はゼロである．よって，平均応力は，

$$\sigma_\mathrm{m} = \frac{50}{2} = 25\,\mathrm{MPa}$$

である．これはまた応力振幅 σ_a に等しい．つぎにこの平均応力に対する疲労限度を計算する．回転曲げ疲労限度 σ_wb と硬さ H_v，引張強さ σ_B の間には式(7.1)の関係がある．これに材料の硬さと引張強さを代入すると，疲労限度はそれぞれ321.6 MPa, 284.5 MPaと求まる．よって，疲労限度が低い

$$\sigma_\mathrm{wb} = 284.5\,\mathrm{MPa}$$

を採用する．つぎに平均応力 $\sigma_\mathrm{m} = 25\,\mathrm{MPa}$ に対する疲労限度 σ_w を求めるために疲労限度線図を利用する．修正グッドマン線図（式(7.6)）は，

$$\sigma_\mathrm{a} = \sigma_\mathrm{w0}\left(1 - \frac{\sigma_\mathrm{m}}{\sigma_\mathrm{B}}\right)$$

であり，式中の σ_w0 は回転曲げ疲労限度であるからこれは σ_wb に等しい．よって疲労限度は，

$$\sigma_\mathrm{a} = \sigma_\mathrm{wb}\left(1 - \frac{\sigma_\mathrm{m}}{\sigma_\mathrm{B}}\right) = 284.5 \times \left(1 - \frac{25}{569}\right) = 272\,\mathrm{MPa}$$

と求まる．簡単のために安全率を考慮しないものとすれば，この疲労限度に対して作用する応力振幅は十分に低いから，疲労により破損しないといえる．★

7.3　低サイクル疲労

低サイクル疲労においては，図7.6に示すように応力–ひずみ曲線においてヒステリシスループを描く．このヒステリシスループにおいて横軸での交点間の長さ $\Delta\varepsilon^{\mathrm{p}}$ は**塑性ひずみ範囲**（plastic strain range），最大ひずみと最小ひずみの差 $\Delta\varepsilon$ を**全ひずみ範囲**（total strain range），最大応力と最小応力の差 $\Delta\sigma$ を**応力範囲**（stress range）という．低サイクル疲労試験では，ある一定の全ひずみ範囲のもとでひずみを制御して疲労試験が行われる．このとき，繰返し数とともに応力範囲が増加するときは**繰返し硬化**（cyclic hardening），減少するときは**繰返し軟化**（cyclic softening）と呼ばれる．繰返し硬化あるいは軟化挙動は，疲労寿命の 20% 程度まで顕著に現れるが，それ以降はほぼ一定となる．そこで，低サイクル疲労試験において応力範囲が飽和したときの値とそのときの塑性ひずみ範囲を関係付けた**繰返し応力–ひずみ関係式**（cyclic stress-strain relation）が，低サイクル疲労下での材料の変形挙動を特徴付ける構成式とされ，それは以下のように表される．

$$\frac{\Delta\varepsilon^{\mathrm{p}}}{2} = \left(\frac{\Delta\sigma}{2k}\right)^{\frac{1}{n}} \tag{7.8}$$

ここで，k は繰返し強度係数，n は繰返し硬化指数と呼ばれる材料定数である．

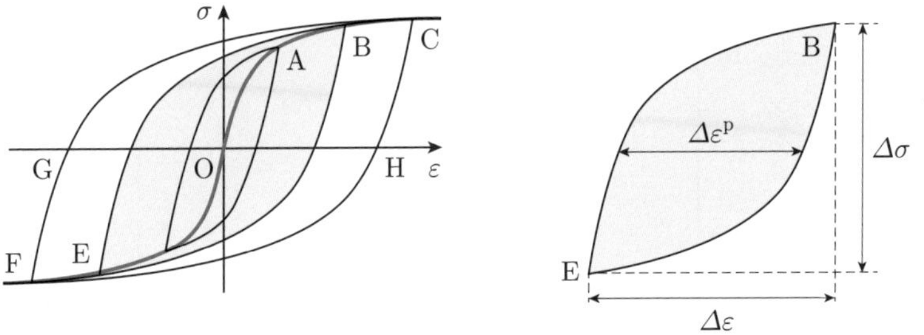

図7.6　低サイクル疲労におけるヒステリシスループ

7.4 疲労寿命評価法

7.4.1 マンソン–コフィン則

疲労寿命 N_f が塑性ひずみ範囲 $\Delta\varepsilon^\mathrm{p}$ と以下のような関係があることが，マンソンとコフィンによりそれぞれ独立に発見された．これは，**マンソン–コフィン則**（Manson-Coffin law）と呼ばれる．

$$\Delta\varepsilon^\mathrm{p} N_\mathrm{f}^{\alpha} = C \tag{7.9}$$

ここで，α, C は材料定数であり，多くの工業材料において $\alpha \approx 0.5, C \approx \frac{\varepsilon_\mathrm{f}}{2}$ となることが知られる．図7.7に S15C に対して行われた低サイクル疲労試験結果に基づいてプロットされた塑性ひずみ範囲と疲労寿命の関係を示す．図よりマンソン–コフィン則によく従っていることがわかる．これまでのところ，この法則を大きく逸脱するような低サイクル疲労試験結果は報告されていない．

ところで，マンソン–コフィン則に従って実機の疲労寿命を予測するために，ひずみゲージなどを部品表面に接着し，ひずみの変動が計測される．このため，塑性ひずみ範囲ではなく全ひずみ範囲の方が低サイクル疲労寿命を予測するのに都合が良い．そのため，マンソンはいくつかの方法を提案した．

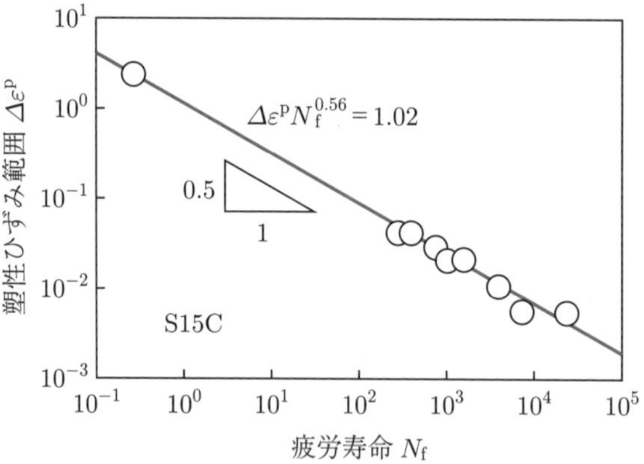

図7.7 塑性ひずみ範囲と疲労寿命の関係[1]

(1) **4点法** 引張試験結果により求められた引張強さ σ_B，真破断応力 σ_T，破断ひずみ ε_f から，塑性ひずみ範囲 $\varDelta\varepsilon^\mathrm{p}$，弾性ひずみ範囲 $\varDelta\varepsilon^\mathrm{e}$ と疲労寿命 N_f の関係を，図7.8に示す4点を直線で結んで求める．そして，これらの関係を単純に重ね合せることで $\varDelta\varepsilon$–N_f 関係を得るという方法である．

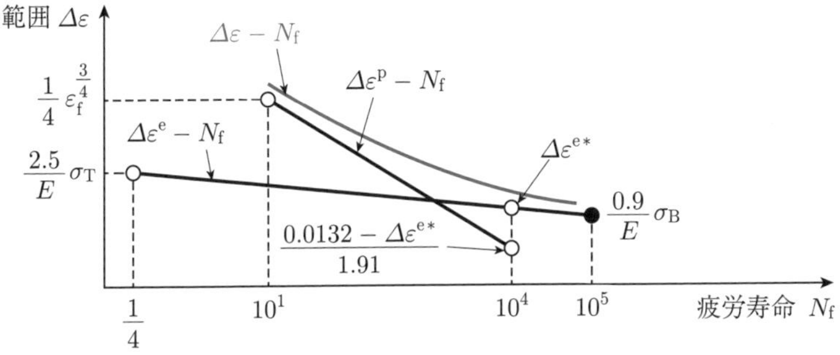

図7.8 4点法による疲労寿命の推定法

(2) **共通勾配法** 弾性ひずみ範囲 $\varDelta\varepsilon^\mathrm{e}$ と疲労寿命 N_f の両対数関係，塑性ひずみ範囲 $\varDelta\varepsilon^\mathrm{p}$ と疲労寿命 N_f の両対数関係において，これらの勾配は材料の種類によらず一定となることを仮定して，以下の式で疲労寿命を推定できるとした．

$$\varDelta\varepsilon = \varDelta\varepsilon^\mathrm{e} + \varDelta\varepsilon^\mathrm{p} = 3.5\frac{\sigma_\mathrm{B}}{E}N_\mathrm{f}^{-0.12} + \varepsilon_\mathrm{f}^{0.6}N_\mathrm{f}^{-0.6} \tag{7.10}$$

例題7.2

オーステナイト系ステンレス鋼 SUS304 が全ひずみ範囲 $\varDelta\varepsilon = 1.0\%$ を繰り返し受けるときの疲労寿命を，4点法ならびに共通勾配法により予測しなさい．なお，同材の機械的特性は付録 A.1 であるものとし，簡単のために真破断応力 σ_T は引張強さ σ_B とおいて計算しなさい．

【解答】 4点法により疲労寿命を予測する．そのため，弾性ひずみ範囲と疲労寿命の関係を以下のようにおく．

$$\varDelta\varepsilon^\mathrm{e} N_\mathrm{f}^{m_1} = C_1 \tag{7.11}$$

これに2点の値を代入すると以下のようになる．

$$2.5\frac{\sigma_\mathrm{B}}{E}\left(\frac{1}{4}\right)^{m_1} = C_1, \quad 0.9\frac{\sigma_\mathrm{B}}{E}(10^5)^{m_1} = C_1 \tag{7.12}$$

これにより，

$$m_1 = 0.0792, \quad C_1 = 7.577 \times 10^{-3} \tag{7.13}$$

つぎに，塑性ひずみ範囲と疲労寿命の関係を以下のようにおく．

$$\Delta\varepsilon^{\mathrm{p}} N_{\mathrm{f}}^{m_2} = C_2 \tag{7.14}$$

まず，式 (7.11) と式 (7.13) により 10^4 サイクルでの $\Delta\varepsilon^{\mathrm{e}*}$ を求めると 3.653×10^{-3} となる．よって，

$$\frac{1}{4}(0.35)^{\frac{3}{4}}10^{m_2} = C_2, \quad 5\times10^{-3}(10^4)^{m_2} = C_2 \tag{7.15}$$

これにより，

$$m_2 = 0.45, \quad C_2 = 0.32 \tag{7.16}$$

以上により，

$$\Delta\varepsilon^{\mathrm{e}} N_{\mathrm{f}}^{0.0792} = 7.577\times10^{-3}, \quad \Delta\varepsilon^{\mathrm{p}} N_{\mathrm{f}}^{0.45} = 0.32 \tag{7.17}$$

が得られ，これにより全ひずみ範囲と疲労寿命の関係式は以下のように求まる．

$$\Delta\varepsilon = \Delta\varepsilon^{\mathrm{e}} + \Delta\varepsilon^{\mathrm{p}} = \frac{7.577\times10^{-3}}{N_{\mathrm{f}}^{0.0792}} + \frac{0.32}{N_{\mathrm{f}}^{0.45}} \tag{7.18}$$

全ひずみ範囲 $\Delta\varepsilon = 1.0\%$ を式 (7.18) に代入すると疲労寿命は 6368 サイクルとなる．

つぎに共通勾配法では，

$$\Delta\varepsilon = \frac{0.0118}{N_{\mathrm{f}}^{0.12}} + \frac{0.5326}{N_{\mathrm{f}}^{0.6}} \tag{7.19}$$

であり，疲労寿命は 2168 サイクルとなる．よって，4 点法の方が危険側の予測を与える．図7.9にふたつの方法により計算された疲労寿命の比較を示す．

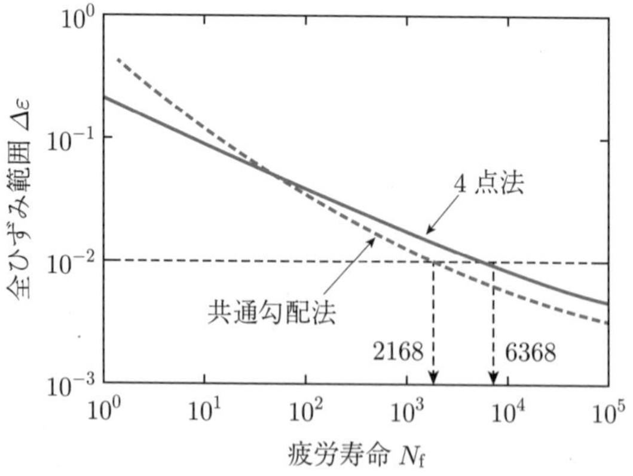

図7.9　4 点法と共通勾配法による疲労寿命の推定結果　★

7.4.2　高温疲労寿命評価法

マンソン–コフィン則は，室温下での低サイクル疲労試験を前提に考案されたものであるが，その後，高温においてもこの法則が適用できることがわかった．ただし，高温では周波数の影響が疲労寿命に影響を及ぼす．そのため，この効果を考慮するために，

$$\Delta\varepsilon^{\mathrm{p}}\left(N_{\mathrm{f}}\nu^{k-1}\right)^{\beta}=C \tag{7.20}$$

のように修正した**周波数修正疲労寿命則**が提案されている．ここで，ν は試験周波数，k, β, C は材料定数である．これまでの研究成果によれば，ひずみ速度が遅く，1 サイクル当たりの時間が長くなる（周波数が短くなる）と，疲労寿命が著しく低下することが知られている．これは，純粋な疲労損傷に加えて，時間依存性変形に起因した損傷も重畳するようになったことによる．

7.4.3　荷重変動下での疲労寿命評価法

実機に生じる応力やひずみは大きく変動する．そこで，このような荷重変動下での疲労寿命評価法について説明する．

ある応力範囲あるいは全ひずみ範囲に対する疲労寿命が N_m（$m=1,2,\ldots$）であったとする．このとき，1 サイクル当たりの**損傷率** D_m をつぎのように定義する．

$$D_m=\frac{1}{N_m} \tag{7.21}$$

そして，変動する応力範囲や全ひずみ範囲に対するそれぞれの損傷率を計算し，その和が 1 となるときの繰返し数 N を疲労寿命 N_{f} とする．

$$\sum_{m=1}^{N} D_m \Rightarrow 1 \tag{7.22}$$

これは**線形損傷則**（linear damage rule）と呼ばれる．

つぎに応力振幅や全ひずみ範囲を計数する方法について説明する．これは**波形計数法**と呼ばれ，図 7.10 に示すようないくつかの方法が提案されている．

(1)　**ピーク法**　変動する応力やひずみ波形におけるピーク値（P_i（$i=1,2,\ldots$））を計数する．

(2)　**レンジ法**　r_i（$i=1,2,\ldots$）のような，相隣り合うピーク間の応力幅（レンジ）を順次カウントする．

その他の方法として，**レベルクロッシング法，レンジペア法，レインフロー法**などがある．これらについては巻末に記載した参考文献を参照して欲しい．

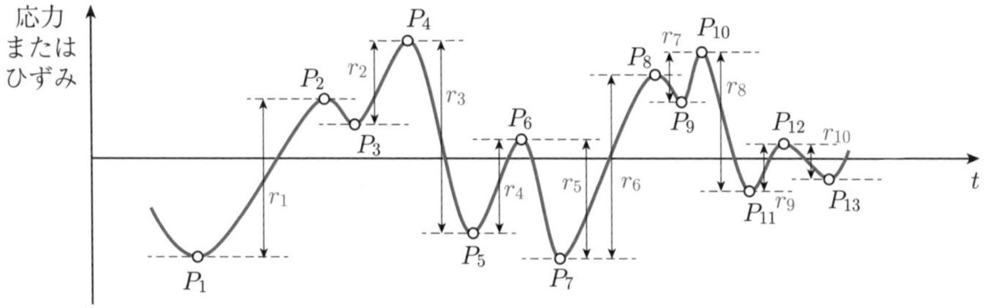

図7.10　時間に伴って変動する応力またはひずみの波形

例題7.3

ある合金鋼の繰返し応力–ひずみ関係式が，

$$\frac{\Delta\sigma}{2} = 1940\left(\frac{\Delta\varepsilon^{\mathrm{p}}}{2}\right)^{0.351}$$

ならびにマンソン–コフィン則が，

$$\Delta\varepsilon^{\mathrm{p}} N_{\mathrm{f}}^{0.48} = 0.71$$

であるとき，機械部品に応力範囲 $\Delta\sigma_1 = 600\,\mathrm{MPa}$ が $N_1 = 1000$ サイクル，その後，$\Delta\sigma_2 = 550\,\mathrm{MPa}$ が $N_2 = 2000$ サイクルだけ作用した．最後に $\Delta\sigma_3 = 800\,\mathrm{MPa}$ の応力範囲が作用し続けたとき，何サイクルで疲労寿命に達するか予測しなさい．ここで，繰返し応力–ひずみ関係式における $\Delta\sigma$ の単位は MPa とする．

【解答】 繰返し応力–ひずみ関係式から各応力範囲に対する塑性ひずみ範囲を計算すると，$\Delta\sigma_1 = 600\,\mathrm{MPa}$ に対しては $\Delta\varepsilon^{\mathrm{p}} = 0.0098$，$\Delta\sigma_2 = 550\,\mathrm{MPa}$ に対しては $\Delta\varepsilon^{\mathrm{p}} = 0.00765$，$\Delta\sigma_3 = 800\,\mathrm{MPa}$ に対しては $\Delta\varepsilon^{\mathrm{p}} = 0.022$ となる．よって，マンソン–コフィン則からそれぞれの疲労寿命を求めると，$\Delta\sigma_1 = 600\,\mathrm{MPa}$ に対しては $N_{\mathrm{f}} = 7500$ サイクル，$\Delta\sigma_2 = 550\,\mathrm{MPa}$ に対しては $N_{\mathrm{f}} = 12565$ サイクル，$\Delta\sigma_3 = 800\,\mathrm{MPa}$ に対しては $N_{\mathrm{f}} = 1391$ サイクルとなる．よって，疲労損傷を計算すると，

$$D = \frac{1000}{7500} + \frac{2000}{12565} + \frac{N}{1391} = 1$$

となり，残りの疲労寿命 N は 984 サイクルとなる．★

7.5　疲労き裂成長

図7.2に示しているように疲労寿命に至る過程において，表面で発生した疲労き裂は内部に向けて繰返し数とともに成長する．その際，き裂成長の初期段階ではき裂の大きさが結晶粒サイズであるから，その成長過程は金属組織の影響を強く受けることになる．その後，すべり面に沿って成長したき裂は，き裂先端前方に形成された局所的な結晶粒内での複数のすべり面に沿って，疲労き裂がジグザグと成長していく．このような過程のなかで，結晶粒サイズを超えて成長したき裂に対して破壊力学を適用できることがパリスによって示された．彼は，疲労き裂においては負荷応力レベルが低いためにき裂先端で小規模降伏条件を満足しているものとみなせ，疲労き裂は応力拡大係数に従って成長すると考えてよい，とした．いま，1サイクルにおける応力値の最大値を $\sigma_{\max}$，最小値を $\sigma_{\min}$ とすれば，それぞれに対する応力拡大係数は，

$$K_{\max} = \alpha\sigma_{\max}\sqrt{\pi a}, \quad K_{\min} = \alpha\sigma_{\min}\sqrt{\pi a} \tag{7.23}$$

ここで，α はき裂の形状に依存した形状係数，a はき裂長さであり，無限体平板にあるき裂の問題では，き裂全長の半分の長さであることに注意する．よって，1サイクルにおける応力拡大係数の変動幅

$$\Delta K = K_{\max} - K_{\min} = \alpha\Delta\sigma\sqrt{\pi a} \tag{7.24}$$

が定義され，これは**応力拡大係数範囲**（stress intensity factor range）と呼ばれる．ここで，$\Delta\sigma = \sigma_{\max} - \sigma_{\min}$ である．パリスは，以下の関係を見出した．

$$\frac{da}{dN} = C(\Delta K)^m \tag{7.25}$$

この関係式は**パリス則**（Paris law）と呼ばれる．ここで，C, m は材料定数である．

図7.11に疲労き裂成長速度 $\frac{da}{dN}$ と応力拡大係数範囲 ΔK の両対数関係を示す．図に示すように疲労き裂成長速度は3領域に分けられる．図の第IIb段階は**連続進展機構**と呼ばれ，パリス則が適用可能な範囲となる．この範囲に対して，第IIa段階は**不連続進展機構**であり，き裂の大きさが結晶粒サイズとほぼ同程度であることから，結晶構造や結晶粒界の影響を強く受ける．さらに応力拡大係数範囲が小さくなり，ΔK_{th} に達するとき裂が成長しなくなる．この値は**下限界応力拡大係数範囲**（threshold stress intensity factor range）と呼ばれ，これはS–N曲線における疲労限度に対応する．一方，き裂長さが長い第IIc段階は**静的破壊機構**であり，応力

拡大係数範囲が大きくなると破壊靭性値に一致するようになる．

図7.12 (a)に構造用炭素鋼 S35C を対象に行われた疲労き裂成長の試験結果を示す．図には，**応力比**

$$R = \frac{\sigma_{\min}}{\sigma_{\max}} = \frac{K_{\min}}{K_{\max}} \tag{7.26}$$

の異なる結果が示されている．応力比が大きくなると，ΔK_{th} が低下する．このことを考慮するために，応力拡大係数範囲の代わりに**有効応力拡大係数範囲**（effective

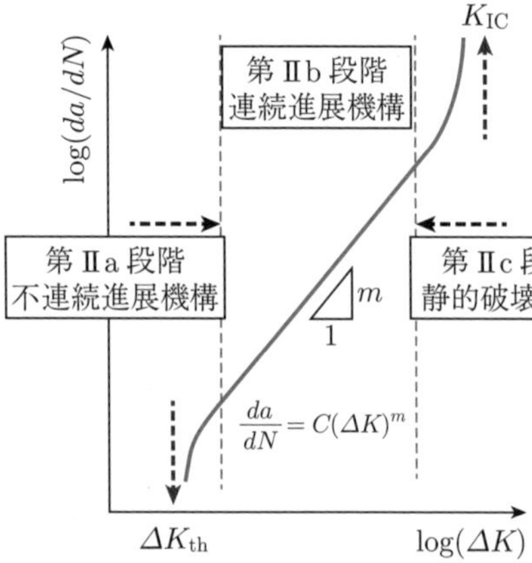

図7.11 疲労き裂成長速度と応力拡大係数範囲の関係

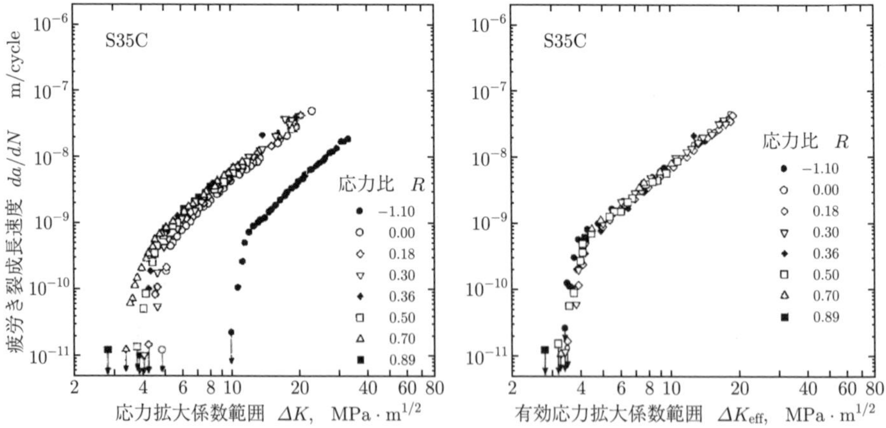

（a） 応力拡大係数範囲による整理　（b） 有効応力拡大係数範囲による整理

図7.12 構造用炭素鋼 **S35C** の疲労き裂成長試験結果[2]

（日本材料学会　疲労部門委員会（編），初心者のための疲労設計法，日本材料学会（2007）より転載）

stress intensity factor range)

$$\Delta K_{\mathrm{eff}} = K_{\max} - K_{\mathrm{op}} \tag{7.27}$$

を用いるとよいとされている．ここで，K_{op} はき裂開口時の応力拡大係数であり，

$$K_{\mathrm{op}} = (0.5 + 0.1R + 0.4R^2)K_{\max} \quad (-0.1 < R < 0.7) \tag{7.28}$$

で表される．図7.12 (b)の横軸は図7.12 (a)の ΔK を ΔK_{eff} で再整理したものであり，応力比 R によらず疲労き裂成長速度が一本の線でまとめられていることがわかる．

演習問題

□**7.1** ビッカース硬さ H_{v} が 170 の SC45 焼きなまし材の表面に直径 100 μm，深さ 50 μm の半球形状の欠陥があるとき，疲労限度を予測しなさい．

□**7.2** 降伏応力 200 MPa，引張強さ 300 MPa の材料において，両振りの疲労限度が 150 MPa であった．平均応力として 60 MPa，120 MPa が作用しているとき，長時間使用可能な最大応力振幅を求めなさい．なお，平均応力の影響は修正グッドマン線図に従うものとする．

□**7.3** 縦弾性係数が 200 GPa の材料に対して，低サイクル疲労試験を実施した．試験片は，平行部での直径が 10 mm，標点間距離が 20 mm であった．標点間での全ひずみ範囲が 1.0% となるようひずみ制御にて低サイクル疲労試験を実施したとき，疲労試験機において制御すべき変位の最大値と最小値をいくらに設定すればよいか．

□**7.4** 初期き裂長さ a_0 から限界き裂長さ a_{f} までの繰返し数 N_{f} を式 (7.24) と式 (7.25) を利用して求めなさい．

□**7.5** ある合金鋼のパリス則が，

$$\frac{da}{dN} = 4.8 \times 10^{-13} \Delta K^4 \tag{7.29}$$

で表される．ここで，$\frac{da}{dN}$ の単位は m/cycle，ΔK のそれは MPa·m$^{0.5}$ である．この合金製平板に最小値がゼロ，最大値が 300 MPa の応力が繰り返し作用している．この平板を検査したところ，0.2 mm のき裂が検出された．限界き裂長さ 2.0 mm になるまでの繰返し数を求めなさい．なお，平板は無限に広いものとする．

第8章

クリープ強度

エンジン，ジェットエンジン，発電プラントなどのように高温にさらされる機械構造物では，クリープ変形とそれによる破壊が問題となる．そこで本章では，クリープの様々な問題について学ぶ．

8.1　クリープ変形とその破壊機構

塑性変形は結晶粒内でのすべり面に沿った転位の運動，疲労寿命は部品表面近傍でのすべり面のすべり変形に起因して発生したき裂により決まることを説明してきた．これに対してクリープ変形は，温度や応力レベルに応じて，

(a)　結晶粒内でのすべり面に沿った転位の運動に加えて近隣のすべり面への転位の移動（上昇運動）による変形（**粒内すべり変形**（transgranular slip deformation））

(b)　原子拡散により生じた結晶粒形状の変形（**拡散変形**（diffusion deformation））

に分けられる．さらに後者については，

(b-1)　引張負荷方向に沿って結晶粒内で原子が拡散することで変形する**格子拡散変形**（lattice diffusion deformation）

(b-2)　結晶粒界に沿って原子が拡散して変形する**粒界拡散変形**（intergranular diffusion deformation）

に分けられる．そして，応力レベルが低くなるにつれて変形メカニズム (a) から (b) へ，温度が高くなるにつれて変形メカニズム (b-1) から (b-2) へと変化する．これに従って，クリープ変形機構に応じてクリープ破壊も変化する．粒内すべり変形によりクリープ変形が進行する場合，**粒内破壊**（transgranular rupture）が生じる．拡散変形では，結晶粒内ならびに粒界に沿って原子が拡散した結果，空孔（**キャビティ**（cavity））が粒界に形成され，キャビティ数が時間とともに増加し，さら

にその大きさも時間とともに成長していく．この結果，結晶粒界でき裂（**粒界き裂**（intergranular cracking））が発生し，**粒界破壊**（intergranular rupture）が生じる．図8.1にオーステナイト系ステンレス鋼SUS316材の**クリープ破壊機構領域図**（creep rupture mechanism map）を示す．また，図8.2にクリープ変形とその破壊の様相を模式的に示す．図8.1の縦軸は横弾性係数により無次元化された負荷応力，横軸は融解温度 T_{m} と試験温度 T の比をとっている．図より，応力が高い領域では粒内破壊，応力が低下するとキャビティによる粒界破壊が支配的となる．粒内破壊と粒界破壊の遷移領域では，結晶粒同士が会合する点（粒界三重点）でき裂が発生し，クリープ破壊する．これは，粒内変形により粒界三重点で集中した応力によりき裂が発生したことによる．

粒内破壊は，粒内のすべり変形を伴うために破断ひずみは大きい．一方，粒界破壊では，図8.3に示すように粒界でキャビティが発生，成長してクリープ破壊するため，破断ひずみは小さいことが特徴的である．

さらにクリープ破壊の特徴は材料内部でき裂が発生することにある．このため，高温機器の設計や設備管理に際してはこの点に留意しなければならない．

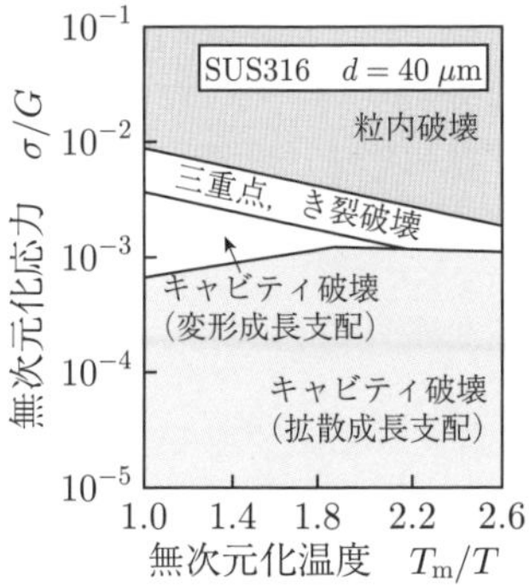

図8.1　**SUS316材のクリープ破壊機構領域図**[1]

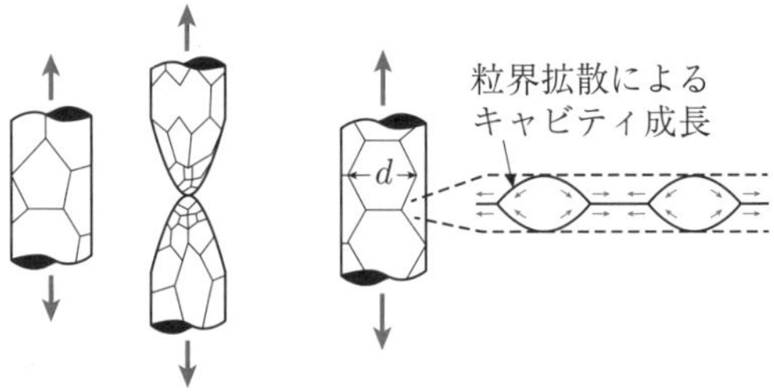

（a）粒内すべり変形と粒内破壊　（b）粒界拡散変形と粒界破壊

図8.2　クリープ変形と破壊の様相[1]

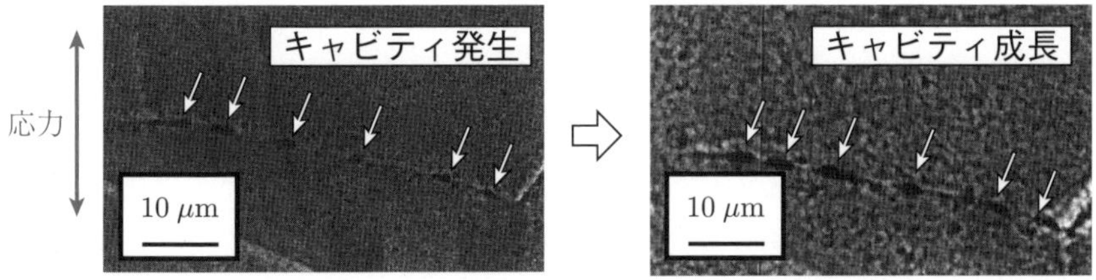

（a）23 hr　（b）215 hr

図8.3　**SUS304鋼の873 K，146 MPa**においてキャビティが発生，成長する様子[2]

8.2　クリープ破断について

8.2.1　ラーソン–ミラーパラメータ

クリープ試験結果におけるクリープ破断寿命は，図8.4に示すような**クリープ破断曲線**（creep rupture curve）のようにまとめられる．クリープ破断曲線は，ある温度のもとで試験片に一定応力を作用させたときのクリープ破断寿命を横軸に，縦軸には試験条件としての応力をとって試験結果をプロットしたものである．図はSUS316 鋼のクリープ破断曲線である．図より，ある温度条件のもとで応力条件が低下するにつれてクリープ破断寿命は長くなる．また，ある応力条件のもとで温度条件が高くなるにつれてクリープ破断寿命は短くなっていく．このような傾向は他の材料でも同様である．

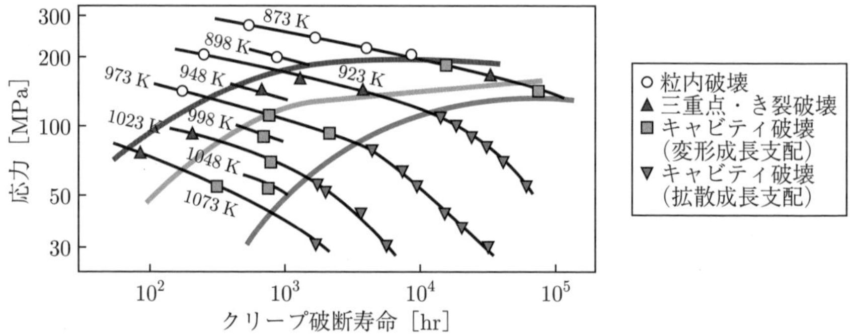

図8.4　**SUS316 鋼のクリープ破断曲線**[1]

図8.4には，先に説明したクリープ破壊機構も示されている．クリープ破断寿命が短く，応力条件が比較的高い領域では，粒内破壊が支配的となっている．そして，クリープ破断寿命が長くなるにつれて，三重点・き裂破壊，キャビティ成長に起因した粒界破壊へと変化していく．このように温度，応力条件とクリープ破断寿命に応じてクリープ破壊機構が変化する．これは他の材料でも一般に認められる．このようなクリープ破断曲線に対して，**ラーソン–ミラーパラメータ**（P）（Larson–Miller parameter）

$$P = T(C + \log t_{\mathrm{r}}) \tag{8.1}$$

を導入することで，温度条件とクリープ破断寿命を 1 つのパラメータでまとめられる．ここで，T は絶対温度 [K]，t_{r} はクリープ破断寿命 [hr]，C は材料定数である．多くの場合，この定数には 20 がとられる．また，log は常用対数である．

例題8.1

ある耐熱材料をクリープ試験したところ表8.1のような結果を得た．以下の問に答えなさい．

(1)　クリープ破断曲線を作図しなさい．

(2)　ラーソン–ミラーパラメータを用いて，クリープ破断曲線を作図し直しなさい．なお，定数 C は 20 とおくこと．

表8.1　ある材料のクリープ試験結果

T [°C]	応力 [kgf/mm^2]	t_{r} [hr]	$\dot{\varepsilon}^{\mathrm{c}}$ [1/hr]
500	28	9200	8.5×10^{-6}
500	30	4500	1.3×10^{-5}
500	32	3400	2.1×10^{-5}
550	21	14000	8.5×10^{-6}
550	23	3700	2.5×10^{-5}
550	30	200	8.0×10^{-4}
600	14	16200	3.5×10^{-6}
600	17	2150	1.5×10^{-4}
600	21	220	1.1×10^{-3}

【解答】 (1)　表に従って横軸にクリープ破断寿命，縦軸に MPa に換算した応力をプロットすると図8.5のようになる．ここで，図中に記載した温度は °C から K（ケルビン）へ換算している．

(2)　表に従って横軸にラーソン–ミラーパラメータ，縦軸に応力をプロットすると図8.6のようになる．

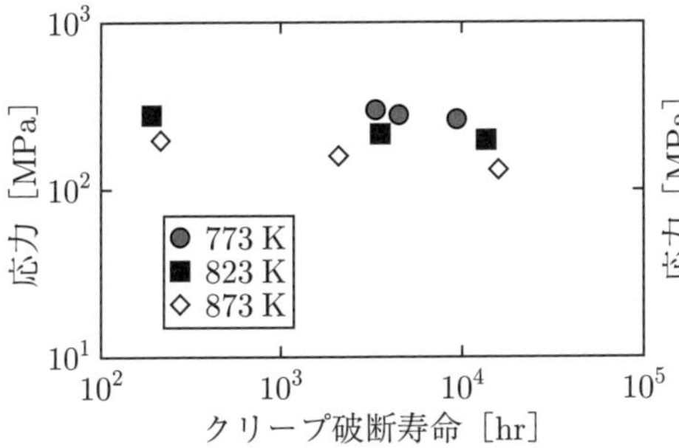

図8.5　クリープ破断曲線

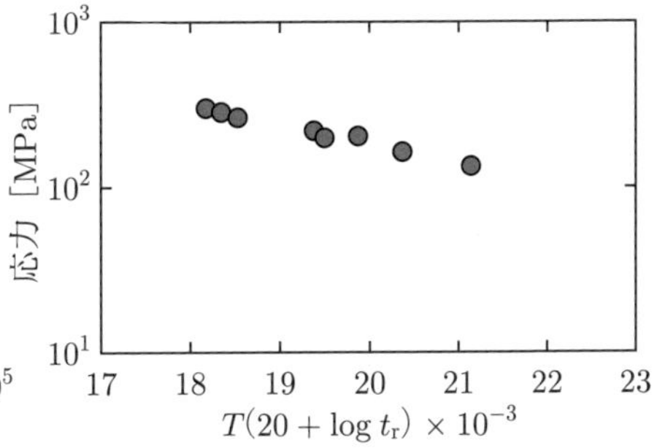

図8.6　ラーソン–ミラーパラメータに整理されたクリープ破断寿命 ★

ラーソン–ミラーパラメータによりクリープ破断曲線を整理することで，実機で必要となる温度，応力レベルに対して同関係図からクリープ破断寿命を外挿して推定できる．ただし，実機で問題となる温度レベルは，クリープ試験で設定した温度と応力条件に比べて低い．このことから，クリープ試験は**温度加速試験**（temperature acceleration test）とも呼ばれることがある．ただし，図8.4からもわかるように温度，応力条件によってクリープ変形とクリープ破壊機構が大きく異なるために，温度加速試験の結果を利用して長寿命側のクリープ破断寿命を推定する際には注意を要する．

8.2.2　モンクマン–グラント則

以下の**モンクマン–グラント則**（Monkman–Grant law）

$$\dot{\varepsilon}^{\mathrm{c}} \times t_{\mathrm{r}} = C_{\mathrm{r}} \tag{8.2}$$

により定常クリープ速度からクリープ破断寿命を予測できる．ここで，C_{r} は材料定数である．

■ 例題8.2 ■

表8.1に示すクリープデータに対して，以下に答えなさい．

(1)　定常クリープ速度 $\dot{\varepsilon}^{\mathrm{c}}$ [1/hr] とクリープ破断寿命 t_{r} [hr] の関係を作図しなさい．

(2)　モンクマン–グラント則における定数 C_{r} を求めなさい．

【解答】　(1)　表に従って横軸に定常クリープ速度，縦軸にクリープ破断寿命をプロットすると図8.7のようになる．

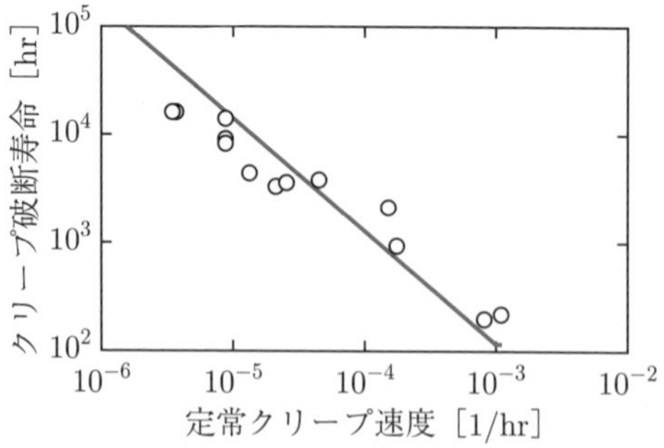

図8.7　定常クリープ速度とクリープ破断寿命の関係

(2)　(1) のプロットに最小二乗法を用いて $C_{\mathrm{r}} = 0.1336$ となる．★

8.2.3　高温設計の許容応力[3]

クリープ変形とクリープ破壊の学びのまとめてとして，機械設計における許容応力にこれらの知識がいかに反映されるのか説明しておく．機械構造物の代表的な例であるボイラや高温圧力容器の設計に際しては高温での降伏応力の低下とクリープ変形・寿命を考慮して，米国機械学会ではつぎの値のうち最小値を許容応力とすることを推奨している．

(1)　室温における規格引張強さの最小値の $\frac{1}{4}$

(2)　各温度における引張強さの $\frac{1}{4}$

(3)　各温度における降伏応力の $\frac{5}{8}$

(4)　クリープ破断寿命が 10^5 時間のときの応力（これは**クリープ破断強さ**と呼ばれる）の平均値の 67%，または最小値の 80%

(5)　クリープ破断寿命が 10^5 時間のときにクリープひずみ 1% を生じる応力の平均値の 100%

図8.8は，ボイラ材としてよく使用される 2.25Cr–1Mo 鋼の高温における許容応力の設定方法が示されている．図において，青い網かけ部分が米国機械学会で定められた許容応力であり，約 550 °C までは室温における規格引張強さの最小値（(1)）がとられ，この温度以上になるとクリープ破壊強さ（(4), (5)）を許容応力としてとる．

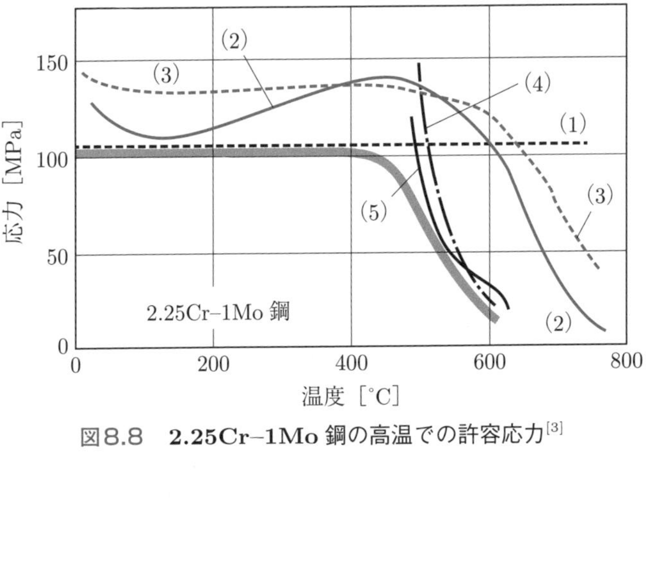

図8.8　**2.25Cr–1Mo 鋼の高温での許容応力**[3]

8.2.4 クリープ破断寿命評価法

8.2.2 項にて，一定温度，応力下に機械部品がおかれるとき，ラーソン–ミラーパラメータあるいはモンクマン–グラント則からクリープ破断寿命を推定できることを説明した．実際には温度や応力が時間とともに変動する．このため，このような状態におかれたときのクリープ破断寿命を推定する方法について説明する．

図8.9に示すように高温機器に温度 T_1，応力 σ_1 が t_1 時間にわたって作用し，その後に温度 T_2，応力 σ_2 が t_2 時間にわたって作用したとする．引き続き，異なった温度 T_i，応力 σ_i が t_i 時間（$i = 1, 2, \ldots$）にわたって作用したものとする．このとき，i 番目の温度，応力，時間については，クリープ破断曲線から応力 σ_i に対するラーソン–ミラーパラメータを求める．つぎにこの値に温度 T_i を代入してクリープ破断寿命 $t_{\mathrm{r}i}$ を得る．これにより損傷率 D_i がつぎのように定義される．

$$D_i = \frac{1}{t_{\mathrm{r}i}} \tag{8.3}$$

そして，応力 σ_i が時間 t_i だけ作用していることを考慮して式 (8.3) は，

$$D_i = \frac{t_i}{t_{\mathrm{r}i}} \tag{8.4}$$

となる．結局，様々な応力レベルがある時間にわたって作用したときの損傷率は以下のようになり，これが 1 になったときにクリープ破断寿命に達したとする．

$$D = \sum_{i=1}^{n} \frac{t_i}{t_{\mathrm{r}i}} = \frac{t_1}{t_{\mathrm{r}1}} + \frac{t_2}{t_{\mathrm{r}2}} + \frac{t_3}{t_{\mathrm{r}3}} + \cdots \Rightarrow 1 \tag{8.5}$$

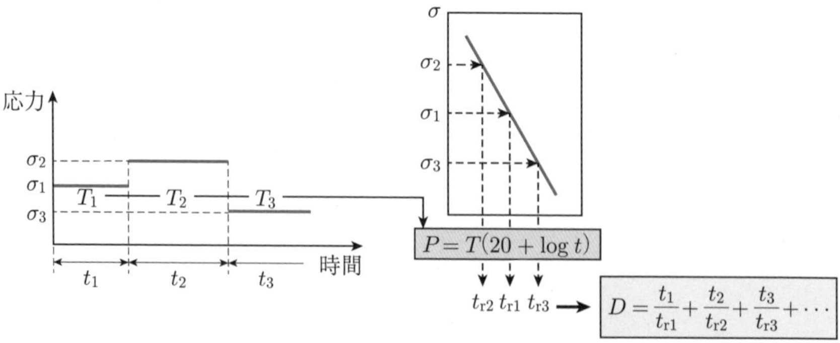

図8.9　変動する温度と応力に対するクリープ破断寿命の推定方法

例題8.3

表8.1に示す耐熱合金で作製した耐圧容器の壁面につぎのように変動した応力が作用した．はじめに 500 °C にて 38 kgf/mm^2 の応力が 200 時間にわたり作用し，引き続き 600 °C にて 20 kgf/mm^2 の応力が 210 時間作用した．最後に 650 °C にて 20 kgf/mm^2 の応力が作用したとすれば，あと何時間でクリープにより耐圧容器の壁面にき裂が発生するか予測しなさい．

【解答】 図8.6によりラーソン–ミラーパラメータとクリープ破断寿命の関係式を最小二乗法により求めるとつぎのようになる．

$$P = (25.063 - 0.03404\sigma + 3.8058 \times 10^{-5}\sigma^2) \times 10^3$$

これに応力値を代入する．ラーソン–ミラーパラメータは，38 kgf/mm^2 (372.4 MPa) に対して $P = 17.664 \times 10^3$，20 kgf/mm^2（196 MPa）に対して $P = 19.85 \times 10^3$ と求まる．よって，温度値をラーソン–ミラーパラメータに代入することで，クリープ破断寿命は，それぞれ 710 時間，547 時間，32 時間となる．これにより，

$$\frac{200}{710} + \frac{210}{547} + \frac{t}{32} = 1$$

このことから $t = 10.7$ 時間と求まり，約 11 時間後にき裂が発生すると予測される．★

コラムその 5 —新材料の完成に至るまで—

現在，世界中で活発に新しい材料が開発されている．その材料の良し悪しは，引張試験により判定される．この関門を突破すると，回転曲げ疲労試験により疲労限度が調べられる．ここまでに数年が経つ．しかし，これで新材料が完成したとはいえない．その材料が高温環境で使用されるのであればクリープ試験が行われる．多数のクリープ試験機により試験片が破断するまで試験が続けられる．なんとその試験時間は 10–20 年にもなる．つまり，新聞などの報道機関で公表される新材料は，すでに 20 年以上も前に開発されていたのである．物質材料研究機構（NIMS）で行われているクリープ試験の最長時間は 40 年となった．これはギネス記録として認定されている．材料の完成には長い時間が必要なのである．

8.3　クリープと疲労の重畳とクリープ疲労寿命評価法

これまでに疲労に対しては疲労寿命，クリープに対してはクリープ破断寿命を推定するための方法について説明してきた．実際の高温機器においては，設備の起動，運転，停止に伴って温度分布により生じた熱応力と，運転中に生じたクリープ変形が生じ，これが繰り返し作用することになる．よって，クリープと疲労が重畳した状態におかれる．これは**クリープ疲労**（creep-fatigue）と呼ばれる．クリープ疲労の大きな問題は，クリープ損傷の累積により疲労寿命が短くなることである．そこで本節では，クリープ疲労とその寿命評価法について説明する．

図8.10によりクリープ疲労とその寿命評価法の手順を説明する．低サイクル疲労においては，全ひずみ範囲を制御しながら疲労試験を行い，疲労寿命を求めた．クリープ疲労では，ひずみ入力波形において，最大ひずみあるいは最小ひずみをある時間（t_h）の間保持する．図には，最大引張ひずみを一定に保持したときのひずみ入力波形を示している．このときの応答値は応力となり，1 サイクル当たりの応力–ひずみ曲線は図のようなヒステリシスループを描く．引張ひずみ保持中では，全ひずみに占めるクリープひずみ成分が時間とともに増加し，応力は時間とともに低下する．これは**応力緩和**（stress relaxation）と呼ばれる．その結果，引張ひずみ保持中にクリープ損傷が蓄積する．

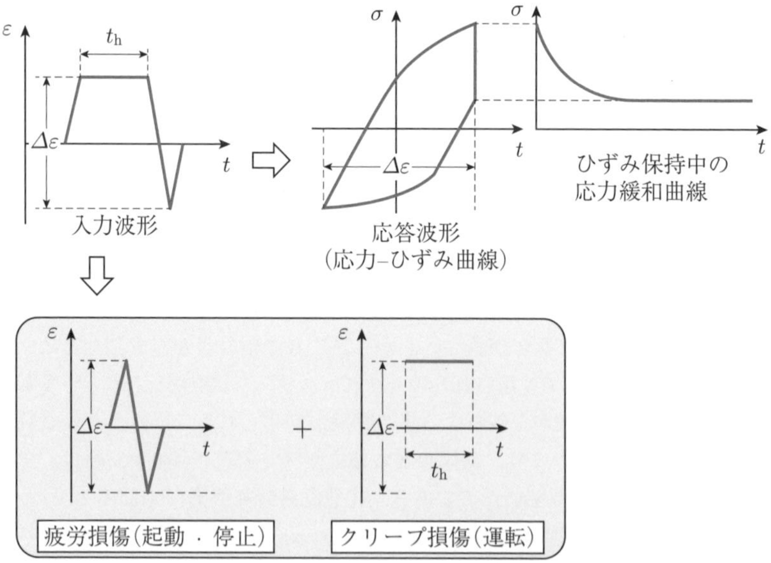

図8.10　クリープ疲労とその寿命評価法手順

図8.11にクリープ損傷の蓄積が疲労寿命に及ぼす影響を示す．図は，SUS304鋼に対する全ひずみ範囲と疲労寿命の関係である．図より，引張ひずみ保持がない条件（$t_{\rm h} = 0\,{\rm hr}$），すなわち低サイクル疲労寿命に比べて，引張ひずみ保持が導入されることで疲労寿命が低下している．高温機器においては設備の起動，停止回数が寿命とみなされるから，運転時間が長くなるとクリープ損傷が蓄積しやすくなり，設備の起動，停止回数が制限されることになる．

クリープ疲労寿命評価法について図8.10を利用して説明する．まず，1サイクルの波形パターンを疲労とクリープ（ひずみ保持）のふたつに分離する．そして，疲労に対しては，7.4節で説明している以下の損傷率 $D_{\rm f}$ を計算する．

$$D_{\rm f} = \frac{1}{N_{\rm f}} \tag{8.6}$$

ここで，$N_{\rm f}$ はある全ひずみ範囲に対する疲労寿命である．

つぎにクリープ損傷 $D_{\rm c}$ は，図8.12に示すように1サイクルにおけるひずみ保持中での応力緩和曲線から以下のように求める．まず，応力緩和曲線におけるある応力 σ に対するクリープ破断寿命 $t_{\rm r}(\sigma)$ をクリープ破断曲線から求める．これによ

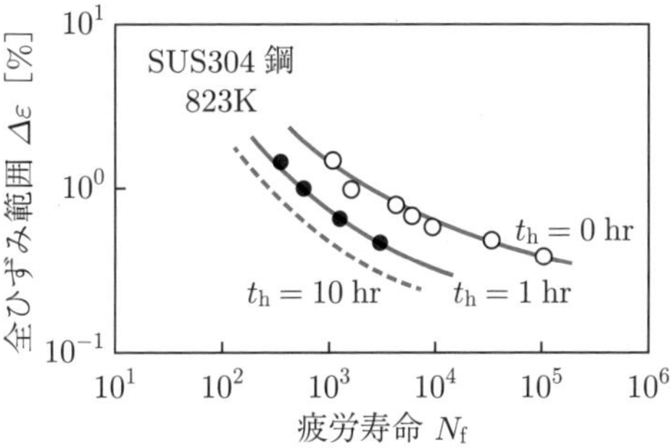

図8.11　引張ひずみ保持が疲労寿命に及ぼす影響[4]

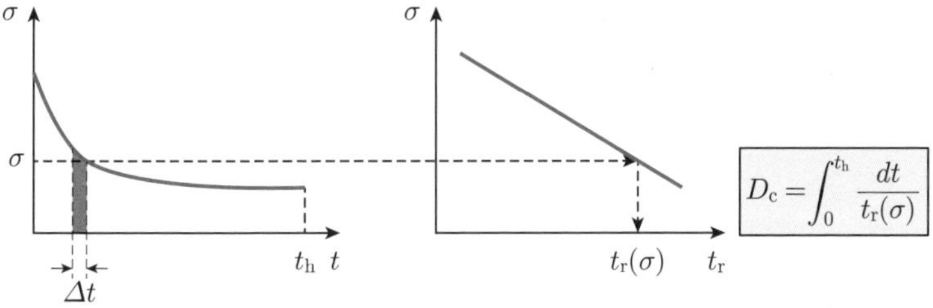

図8.12　ひずみ保持中でのクリープ損傷の計算方法

り，クリープ損傷率は，

$$D_c = \frac{dt}{t_r(\sigma)} \tag{8.7}$$

となる．これを保持時間にわたって積分して，

$$D_c = \int_0^{t_h} \frac{dt}{t_r(\sigma)} \tag{8.8}$$

となる．結局，式 (8.6) と式 (8.8) の和をとって，このひずみ波形が N サイクル繰り返された後にクリープ疲労寿命に達したとすれば，

$$N = \frac{1}{D_f + D_c} \tag{8.9}$$

となり，これによりクリープ疲労寿命を予測する．

例題8.4

引張ひずみ保持中に時間とともにクリープにより応力が低下していくことを説明した．時間とともに応力が低下する理由を時間に伴うひずみ成分の変化に基づいて考察しなさい．

【解答】　ひずみ保持開始時の全ひずみを ε とする．全ひずみは，熱ひずみ ε^{th}，弾性ひずみ ε^e，クリープひずみ ε^c からなるものとする．なお，簡単のために塑性ひずみは無視する．すると全ひずみは，

$$\varepsilon = \varepsilon^e + \varepsilon^{th} + \varepsilon^c \tag{8.10}$$

である．ひずみ保持中に全ひずみの値が一定であることから，両辺を時間微分すると，

$$\dot{\varepsilon}^e + \dot{\varepsilon}^{th} + \dot{\varepsilon}^c = 0 \tag{8.11}$$

ここで，左辺第二項の熱ひずみの時間微分はゼロであるから，

$$\dot{\varepsilon}^e + \dot{\varepsilon}^c = 0 \tag{8.12}$$

さらに左辺第一項にフックの法則を代入してクリープひずみ速度について求めると以下のようになる．

$$\dot{\varepsilon}^c = -\frac{\dot{\sigma}}{E} \tag{8.13}$$

また，左辺のクリープひずみ速度にノートン則を代入して，

$$k\sigma^n = -\frac{\dot{\sigma}}{E} \tag{8.14}$$

これは応力に関する微分方程式である.

$$\frac{d\sigma}{dt} = -Ek\sigma^n \tag{8.15}$$

初期条件として $t=0$ のとき $\sigma=\sigma_0$ より，式 (8.15) の解は以下のようになる.

$$\sigma = \frac{1}{\left\{\sigma_0^{1-n} + (n-1)Ekt\right\}^{\frac{1}{n-1}}} \tag{8.16}$$

この式から，$t \to \infty$ とすれば $\sigma \to 0$ となってひずみ保持中に応力が時間とともに低下していくことが予測される. この結果は引張ひずみ保持されたクリープ疲労試験における応力緩和挙動と一致している. ★

■ 例題8.5 ■

(1)　**表8.1**に示すクリープデータに基づいて，ノートン則におけるクリープ係数 k とクリープ指数 n を求めなさい. なお，温度は 550 °C とする.

(2)　クリープ疲労試験により得られたあるサイクルにおける塑性ひずみ範囲が $\Delta\varepsilon^{\mathrm{p}} = 0.5\,\%$ であった. この材料の繰返し応力–ひずみ関係式は,

$$\frac{\Delta\sigma}{2} = 1940\left(\frac{\Delta\varepsilon^{\mathrm{p}}}{2}\right)^{0.351}$$

とする. また，縦弾性係数は 210 GPa とし，ノートン則のクリープ係数とクリープ指数が問 (1) で求めた値であるものとする. 最大引張ひずみで 10 時間保持したときの応力緩和曲線を，式 (8.16) を利用して作図しなさい.

【解答】 (1)　ノートン則

$$\dot{\varepsilon}^{\mathrm{c}} = k\sigma^n \tag{8.17}$$

の両辺に対して常用対数をとり,

$$\log \dot{\varepsilon}^{\mathrm{c}} = \log k + n \log \sigma \tag{8.18}$$

表8.1に示すクリープデータに基づいて式 (8.18) の $\log k$ と n を求めると,

$$\log k = -34.721, \quad n = 12.81$$

となる. なお，$\dot{\varepsilon}^{\mathrm{c}}$ の単位は 1/hr，σ の単位は MPa とした. よって，クリープ係数とクリープ指数は以下のように求まる.

$$k = 1.9 \times 10^{-35}, \quad n = 12.81$$

(2)　繰返し応力–ひずみ関係式に塑性ひずみ範囲を代入して応力振幅を求めると，

$$\frac{\Delta\sigma}{2} = 1940\left(\frac{\Delta\varepsilon^{\mathrm{p}}}{2}\right)^{0.351}$$

$$= 1940 \times \left(\frac{0.005}{2}\right)^{0.351} \tag{8.19}$$

となり，これを計算すると

$$\frac{\Delta\sigma}{2} = 236.85\,\mathrm{MPa}$$

と求まる．これと問 (1) の結果を式 (8.16) に代入して，

$$\sigma = \frac{1}{(236.85^{-11.81} + 11.81 \times 210000 \times 1.9 \times 10^{-35} \times t)^{1/11.81}} \tag{8.20}$$

を得る．ここで，時間の単位は hr であることに注意する．これをグラフにすると図8.13のようになる．

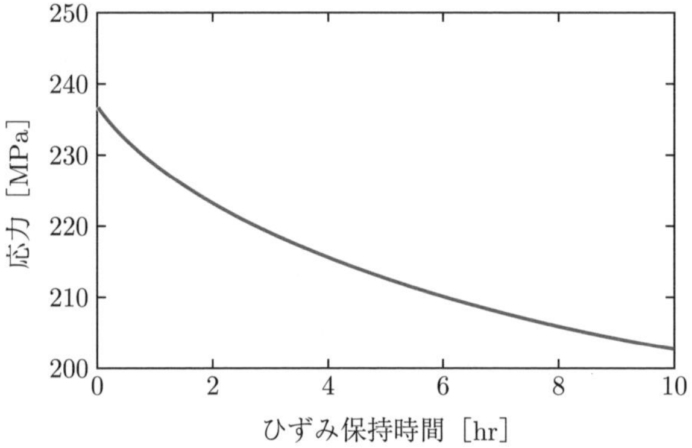

図8.13　引張ひずみ保持中の応力緩和曲線　★

演習問題

□**8.1** 厚さ 2 mm，半径 500 mm の薄肉球殻に内圧 20 kgf/cm^2 が作用している．薄肉球殻内の液体の温度を 500 °C とする．材質は表8.1に従うものとすれば，この薄肉球殻のクリープ破断寿命を求めなさい．

□**8.2** 高温下で内圧を受ける円筒容器の問題は，発電用大型ボイラの蒸発管，高温圧力容器などの設計に際して重要である．このため，様々な設計公式が提案されている．管外径を D，管内径を d，肉厚を t，内圧を p とすれば，肉厚が薄く，肉厚に対して応力が分布しないものと仮定すれば，材料力学では以下の公式が示されている．

$$\sigma = p\frac{d}{2t} \tag{8.21}$$

これは**外径公式**とも呼ばれる．このほかに以下の公式が提案されている．

(1) **ラメの公式**

$$\sigma = p\frac{\frac{1}{2}\left(\frac{D}{t}\right)^2 - \frac{D}{t} + 1}{\frac{D}{t} - 1} \tag{8.22}$$

(2) **ラメの修正公式**

$$\sigma = p\left\{\frac{1}{2}\left(\frac{D}{t}\right) - 0.4\right\} \tag{8.23}$$

(3) **平均径の公式**

$$\sigma = p\left\{\frac{1}{2}\left(\frac{D}{t}\right) - 0.5\right\} \tag{8.24}$$

(4) **ゾーデルベルクの公式**

$$\sigma = \frac{\sqrt{3}}{2}p\left\{\frac{1}{2}\left(\frac{D}{t}\right) - 0.5\right\} \tag{8.25}$$

以上の公式を比較し，考察しなさい．

□**8.3** ガスタービンの動翼材料は，高い温度のもとで回転による遠心力のほかクリープ変形とその破壊が問題となっている．このため，動翼材料として単結晶材料が用いられている．その理由をクリープ変形と破壊のメカニズムに基づいて考察しなさい．

第9章

応力集中問題

本章では，機械構造物の設計に際して重要な応力集中問題について説明する．ここでは，ノイバーによって提案された応力集中問題の解法を中心に，弾性問題，弾塑性問題，疲労における疲労限度，そしてクリープ問題についてそれぞれ総括的に説明する．

9.1　弾性応力集中

機械構造物を構成している機械要素，部品の形状は複雑である．例えば，部品と部品をボルトナットにより締結するために**円孔**（hole）が機械加工される．ボルトもネジ山が機械加工されており，この形状は**切《きり》欠《か》き**（notch）と呼ばれる．シャフトに加工されたキー溝も切欠きである．また，直径が異なるシャフト形状を滑らかに変化させるために**フィレット**（filet）が設けられる．これらの箇所では力線が集中して**応力集中**（stress concentration）が生じる．このため，応力集中により応力が増加した比率（応力集中係数）を計算する必要がある．

応力集中係数（あるいは**形状係数**）（stress concentration factor）は以下のように定義される．

$$K_{\mathrm{t}} = \frac{\sigma_{\max}}{\sigma_0} \tag{9.1}$$

ここで，$\sigma_{\max}$ は最大応力値，σ_0 は平均的な応力値であり，これは**基準応力**（nominal stress）と呼ばれる．基準応力は，応力集中源と物体の形状に応じて断面積のとり方が異なるから注意する．

9.1.1　引張りを受ける無限平板中の円孔問題

図9.1に示す一様引張応力 σ_0 を受ける無限平板中の円孔縁での応力集中係数を求める．円孔中心を原点に引張応力が作用する方向を x_1 軸，これと直角方向に x_2 軸をとる．また，x_1 軸から反時計方向の角度 θ に r 軸をとる．この問題の解は弾性力学により得られており，それはつぎのように与えられる．

$$\begin{aligned}
\sigma_{rr} &= \frac{1}{2}\sigma_0\left\{1-\left(\frac{a}{r}\right)^2\right\}\left[1+\left\{1-3\left(\frac{a}{r}\right)^2\right\}\cos 2\theta\right] \\
\sigma_{\theta\theta} &= \frac{1}{2}\sigma_0\left[\left\{1+\left(\frac{a}{r}\right)^2\right\}-\left\{1+3\left(\frac{a}{r}\right)^4\right\}\cos 2\theta\right] \\
\sigma_{r\theta} &= -\frac{1}{2}\sigma_0\left\{1-\left(\frac{a}{r}\right)^2\right\}\left\{1+3\left(\frac{a}{r}\right)^2\right\}\sin 2\theta
\end{aligned} \tag{9.2}$$

式 (9.2) より円孔縁での応力値は，$r=a$ を代入すれば求まり，

$$\sigma_{rr}=0, \quad \sigma_{\theta\theta}=\sigma_0(1-2\cos 2\theta), \quad \sigma_{r\theta}=0 \tag{9.3}$$

このうち，$\theta=\frac{\pi}{2}$ ならびに $\theta=\frac{3\pi}{2}$ で応力値が最大値をとり，その大きさは，

$$\begin{aligned}
\sigma_{\max} &= \sigma_{\theta\theta}\big|_{\theta=\frac{\pi}{2},\,\frac{3\pi}{2}} \\
&= 3\sigma_0
\end{aligned} \tag{9.4}$$

基準応力を遠方応力 σ_0 とすれば，応力集中係数は以下のようになる．

$$K_{\mathrm{t}}=\frac{\sigma_{\max}}{\sigma_0}=3 \tag{9.5}$$

これにより，遠方引張応力の 3 倍の大きさの応力が円孔縁で発生する．

つぎに図9.2 (a)に示すように一様引張応力が直交して作用する無限平板中の円孔縁での応力集中係数を求めてみる．このため，図9.2 (b)に示すように図9.1の引張応力の方向を角度 $\frac{\pi}{2}$ だけ反時計回りに回転させたときの解を求めることから

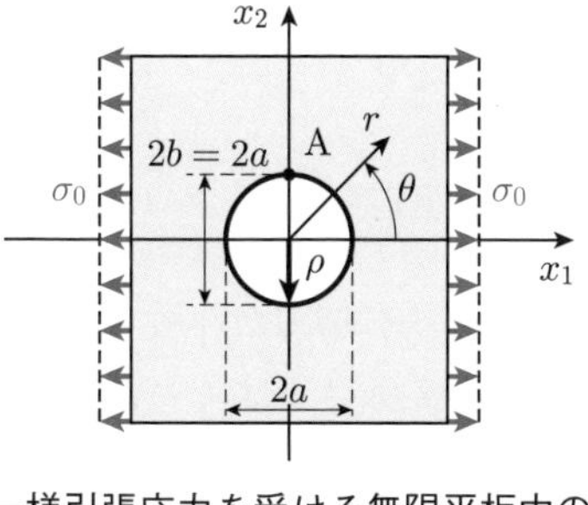

図9.1　一様引張応力を受ける無限平板中の円孔問題

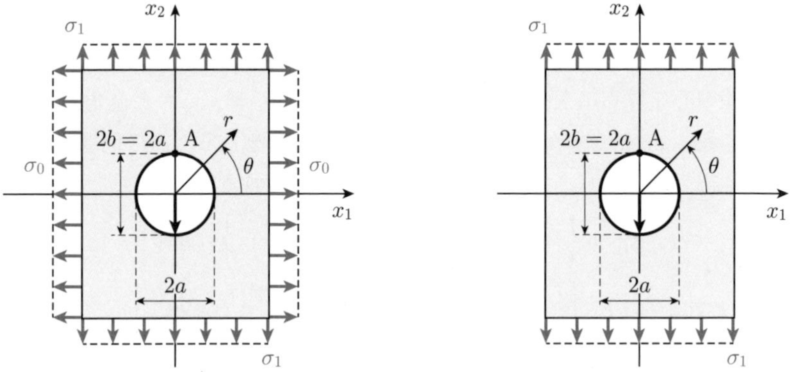

(a)　直交した引張応力を受ける場合　　(b)　x_2 軸方向に引張応力を受ける場合

図9.2　二軸引張応力を受ける無限平板中の円孔問題

はじめる．

この解は，式 (9.3) において $\sigma_0 \Rightarrow \sigma_1, \theta \Rightarrow \theta - \frac{\pi}{2}$ とおけばよく，

$$\sigma_{rr} = 0, \quad \sigma_{\theta\theta} = \sigma_1(1 + 2\cos 2\theta), \quad \sigma_{r\theta} = 0 \tag{9.6}$$

よって，式 (9.3) と式 (9.6) を重ね合わせることで円孔縁での応力解が得られる．

$$\sigma_{rr} = 0, \quad \sigma_{\theta\theta} = (\sigma_0 + \sigma_1) - 2(\sigma_0 - \sigma_1)\cos 2\theta, \quad \sigma_{r\theta} = 0 \tag{9.7}$$

基準応力を σ_0（$> \sigma_1$）とすれば，応力集中係数は以下のようになる．

$$\begin{aligned} K_{\mathrm{t}} &= \frac{\sigma_{\max}}{\sigma_0} \\ &= (1 + \alpha) - 2(1 - \alpha)\cos 2\theta \end{aligned} \tag{9.8}$$

ここで，$\alpha = \frac{\sigma_1}{\sigma_0}$（$\leq 1$）とおいた．

特別な場合として，この無限平板の周辺に等二軸応力（$\sigma_0 = \sigma_1 = \sigma$）が作用するときの円孔縁での応力集中係数を求めてみる．これは式 (9.7) ならびに基準応力を σ とおいて，

$$K_{\mathrm{t}} = \frac{\sigma_{\max}}{\sigma} = 2 \tag{9.9}$$

と求まる．これにより一軸方向に引張応力が作用するときの結果に対して等二軸方向に引張応力が作用するとき，その大きさは $\frac{2}{3}$ と減じられる．このことから，多軸応力状態になると応力集中係数は緩和されることがわかる．

例題9.1

図9.3に示す薄肉円筒に半径 a の冷却孔が取り付けられている．この円筒内面に圧力 p が一様に作用するとき，冷却孔縁での応力集中係数を求めなさい．ここで，基準応力を p とする．

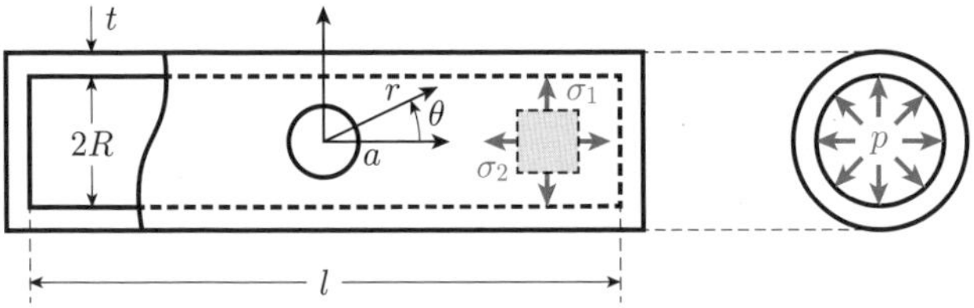

図9.3　内圧を受ける薄肉円筒

【解答】 冷却孔がないときの薄肉円筒の壁面に生じる応力は，

$$\sigma_1 = p\frac{R}{t},\quad \sigma_2 = p\frac{R}{2t} \tag{9.10}$$

である．ここで，σ_1 は周方向応力成分，σ_2 は軸方向応力成分である．従って，冷却孔縁での応力は，

$$\sigma_{rr} = 0,\quad \sigma_{\theta\theta} = (\sigma_2 + \sigma_1) - 2(\sigma_2 - \sigma_1)\cos 2\theta,\quad \sigma_{r\theta} = 0 \tag{9.11}$$

により，式 (9.11) の第二式に式 (9.10) を代入して，

$$\sigma_{\theta\theta} = p\frac{3R}{2t} + p\frac{R}{t}\cos 2\theta \tag{9.12}$$

$\theta = 0$ ならびに $\theta = \pi$ で応力値が最大値をとり，その大きさは，

$$\begin{aligned}\sigma_{\max} &= \sigma_{\theta\theta}\big|_{\theta=0,\pi}\\ &= p\frac{5R}{2t}\end{aligned} \tag{9.13}$$

となる．よって，応力集中係数は，

$$K_{\mathrm{t}} = \frac{\sigma_{\max}}{p} = \frac{5R}{2t} \tag{9.14}$$

となる．

つぎに図9.4に示す無限平板の周辺でせん断応力 τ が作用するときの円孔縁での応力集中係数を求める．

第1章の主応力，主せん断応力で説明しているように，図9.4 (a)の純せん断応力状態は，その座標系を角度 $\frac{\pi}{4}$ だけ回転させることで，図9.4 (b)に示すように大きさが等しい引張応力と圧縮応力が，互いに直交した方向から作用した状態と等価であることがわかる．図9.4 (b)の円孔縁での応力解と応力集中係数はすでに求め

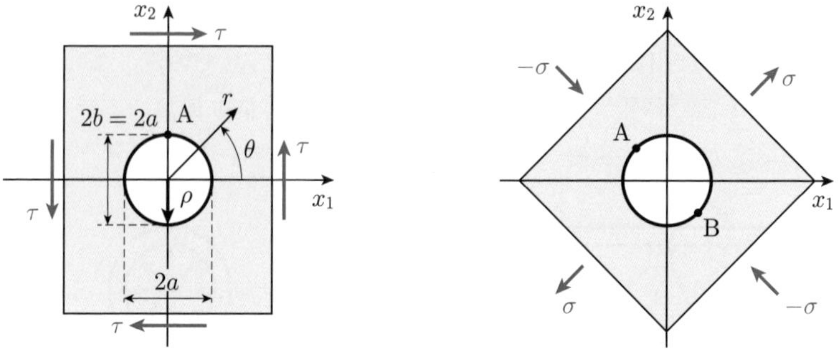

(a) 純せん断応力を受ける場合　　(b) 等二軸引張・圧縮応力を受ける場合

図9.4　純せん断応力を受ける無限平板中の円孔問題

られているから，その解を利用する．

まず，**図9.4 (a)**と**(b)**の関係は以下のようになる．

$$\tau = \frac{1}{2}\{\sigma - (-\sigma)\} = \sigma \tag{9.15}$$

よって，式 (9.7) において $\theta \Rightarrow \theta - \frac{\pi}{4}$ とおいて，

$$\sigma_0 = \sigma, \quad \sigma_1 = -\sigma$$

を代入すれば，

$$\sigma_{\theta\theta} = -4\sigma \sin 2\theta \tag{9.16}$$

$\theta = \frac{3\pi}{4}$（図中の A 点）ならびに $\theta = -\frac{\pi}{4}$（図中の B 点）で応力値は最大となり，その大きさは，

$$\begin{aligned} \sigma_{\max} &= \sigma_{\theta\theta}\big|_{\theta=\frac{3\pi}{4},-\frac{\pi}{4}} \\ &= 4\sigma = 4\tau \end{aligned} \tag{9.17}$$

であるから，応力集中係数は，

$$\begin{aligned} K_{\mathrm{t}} &= \frac{\sigma_{\max}}{\tau} \\ &= 4 \end{aligned} \tag{9.18}$$

となる．よって，純せん断応力を受ける円孔縁では，遠方で作用しているせん断応力の大きさの 4 倍のせん断応力が発生することになる．★

例題9.2

図9.5に示す外径 $2R$，肉厚 t の薄肉円筒に半径 a の円孔が開けられている．この円筒の両端でねじりモーメント T が作用するとき，円孔縁での最大応力とその発生位置を示しなさい．

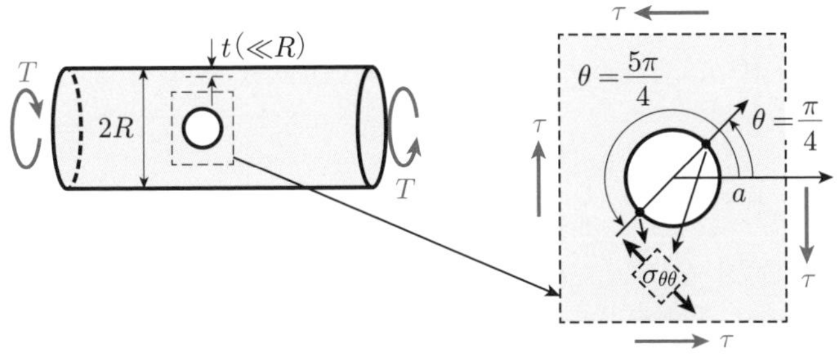

図9.5　ねじりモーメントを受ける薄肉円筒

【解答】 第 2 章で求めている式 (2.25) の第四式において b を R と置き換え，円孔がないときの薄肉円筒壁面に生じるせん断応力は，

$$\tau = -\frac{T}{2\pi R^2 t}$$

となる．せん断応力にマイナスの記号が付いているのは，せん断応力の方向が正の方向とは逆であるためである．これを式 (9.15) ならびに式 (9.16) に代入して，

$$\sigma_{\theta\theta} = \frac{2T}{\pi R^2 t}\sin 2\theta \tag{9.19}$$

よって円孔縁での最大応力は，

$$\sigma_{\max} = \frac{2T}{\pi R^2 t} \tag{9.20}$$

ならびにその位置は $\theta = \frac{\pi}{4}$ と $\theta = \frac{5\pi}{4}$ である．★

9.1.2 円孔以外の形状の問題

これまでに円孔に対する応力集中係数の解を利用して様々な問題を考えてきた．ここでは，円孔以外の形状の応力集中問題の解法について学ぶ．

図9.6に一様引張応力 σ_0 を受ける無限平板中の楕円孔を示す．楕円孔の形状は，x_1 軸方向の軸長を $2a$，x_2 軸方向の軸長を $2b$ とする．楕円形状においては，図の点 A での曲率半径 ρ が，

$$\rho = \frac{a^2}{b} \tag{9.21}$$

で表されることが知られる．このとき，点 A での応力集中係数は，弾性力学により以下のように厳密に求められている．

$$\begin{aligned} K_{\mathrm{t}} &= \frac{(\sigma_{11})_{\mathrm{A}}}{\sigma_0} \\ &= 1 + 2\sqrt{\frac{b}{\rho}} \end{aligned} \tag{9.22}$$

ここで，基準応力は引張応力 σ_0 である．以下では曲率半径 ρ と応力集中係数 K_{t} の関係式 (9.22) を利用して，様々な形状の応力集中問題を解いていく．

はじめに図9.1に示す一様引張応力 σ_0 を受ける無限平板中の円孔について考える．この問題では $a = b$ であるから曲率半径は，

$$\rho = b \tag{9.23}$$

となり，これを式 (9.22) に代入すれば円孔縁での応力集中係数が以下のように求まる．

$$\begin{aligned} K_{\mathrm{t}} &= \frac{(\sigma_{11})_{\mathrm{A}}}{\sigma_0} \\ &= 3 \end{aligned} \tag{9.24}$$

この結果は式 (9.5) に一致している．

つぎに図9.7に示す一様引張応力を受ける無限平板中の両端を丸めた溝問題について考える．溝先端での曲率半径を ρ とし，この溝に外接するような楕円形を破線のように描く．すると，破線で示された楕円形の長軸長さは溝の長さ $2b$ であり，短軸のそれは式 (9.21) から溝先端での曲率半径から楕円形状の短軸長さ $2a$ を決めることができる．この結果，曲率半径 ρ で両端が丸められた溝問題の応力集中係数は，この溝に外接した楕円形を楕円孔とみなすことで求められる．

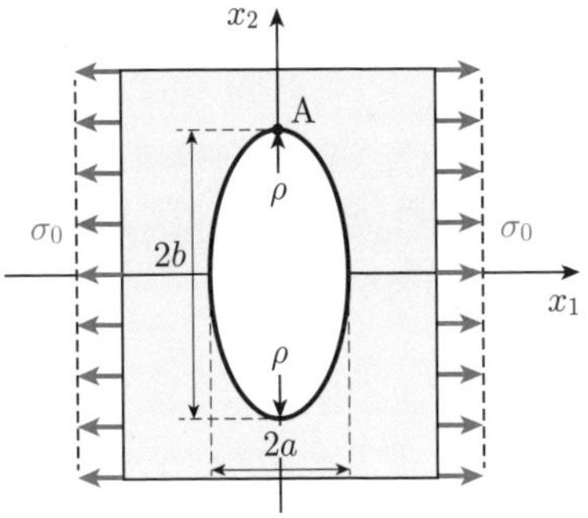

図9.6 一様引張応力を受ける無限平板中の楕円孔問題

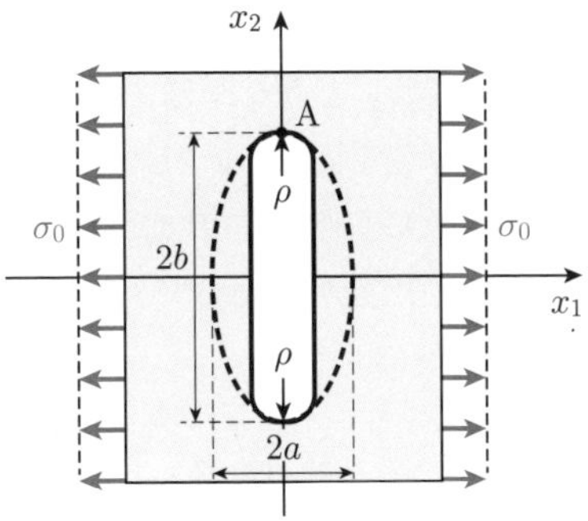

図9.7 一様引張応力を受ける無限平板中の両端を丸めた溝

例題9.3

図9.8，図9.9に示す無限平板中の孔縁での応力集中係数を求めなさい．

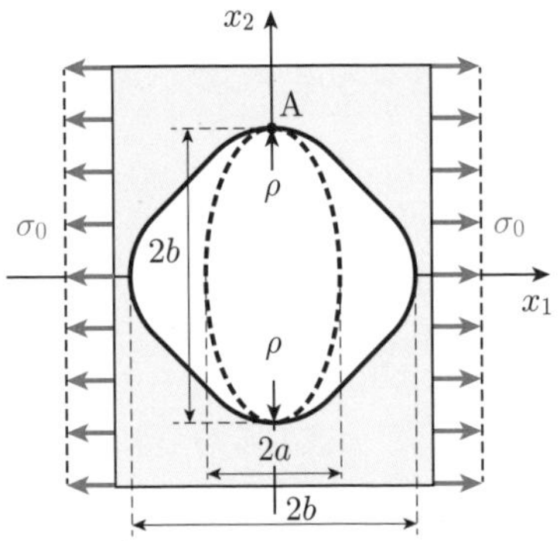

図9.8 一様引張応力を受ける隅に丸みがある正四角形孔の平板問題

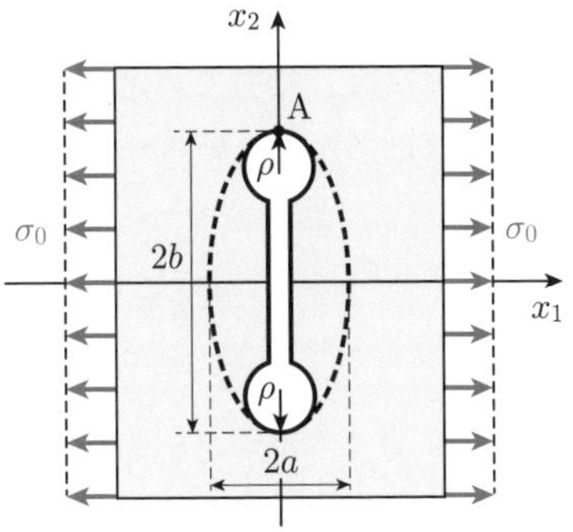

図9.9 一様引張応力を受ける両側にふたつの円孔がある平板問題

【解答】 図9.8に示す隅に丸みがある正四角形孔の応力集中問題について考える．この問題にも楕円孔の結果が利用できる．まず，隅の丸みの曲率半径 ρ に内接するように楕円形（図中の破線）を描く．すると，破線の楕円形状から式 (9.22) により応力集中係数が求まる．

つぎに図9.9に示す溝の両側にふたつの円孔があるときの応力集中係数について考える．まず，ふたつの円孔に内接するような楕円形状（図中の破線）を描く．すると，破線の楕円形状から式 (9.22) により応力集中係数が求まる．★

9.1.3 切欠きの問題

図9.10に示すような両側に切欠きが存在する平板の一様引張問題について考える．平板の厚さを t，幅を $2B$ とし，切欠き深さ b，切欠き先端の曲率半径を ρ とする．この平板に引張荷重 P が作用するとき，この問題に対する基準応力 σ_0 は応力集中源を除いた最小断面積で引張荷重を除した以下の式で定義する．

$$\sigma_0 = \frac{P}{2ct} \tag{9.25}$$

ここで，$2c$ は最小幅（$2(B-b)$）である．このとき，様々な切欠き深さに対する応力集中係数は以下のようにして求められる．はじめに切欠き深さが浅い場合には，これまでに扱ってきた方法を適用して，無限平板中の楕円孔に対する応力集中係数 K_{t} を利用でき，その結果は，

$$K_{\mathrm{t}} = 1 + 2\sqrt{\frac{b}{\rho}} \tag{9.26}$$

である．これに対して切欠き先端が近接するほどに切欠き深さが深い場合，応力集中係数 K_{d} は以下から求められる．

$$K_{\mathrm{d}} = \frac{2\left(\frac{c}{\rho}+1\right)\sqrt{\frac{c}{\rho}}}{\left(\frac{c}{\rho}+1\right)\tan^{-1}\sqrt{\frac{c}{\rho}}+\sqrt{\frac{c}{\rho}}} \tag{9.27}$$

任意の切欠き深さに対する応力集中係数 K は，以下の公式で求められることがノイバーにより提案された．

$$K = 1 + \frac{(K_{\mathrm{t}}-1)(K_{\mathrm{d}}-1)}{\sqrt{(K_{\mathrm{t}}-1)^2+(K_{\mathrm{d}}-1)^2}} \tag{9.28}$$

この公式を利用することで任意の切欠き深さの応力集中係数が求まる．

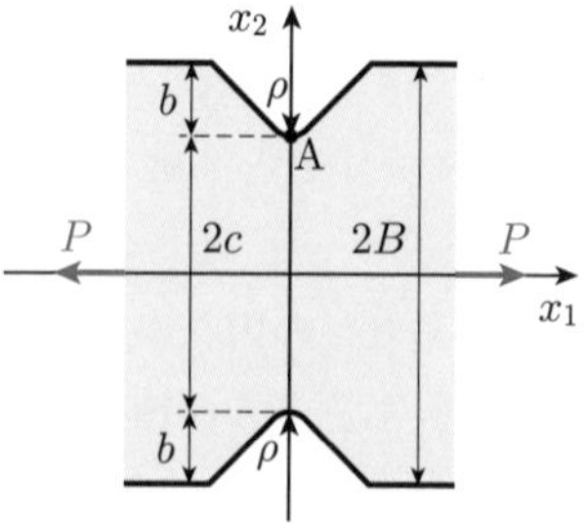

図9.10　一様引張応力を受ける両側に切欠きをもつ平板

■ 例題9.4 ■

式 (9.26)，式 (9.27) と式 (9.28) を利用して応力集中係数 K と切欠き部の最小半幅と切欠き底での曲率半径の比 $\frac{c}{\rho}$ の関係を図示しなさい．なお，$B = 30$, $\rho = 1$ とおくこと．

【解答】 図9.11に応力集中係数 K と曲率半径の比 $\frac{c}{\rho}$ の関係を示す．

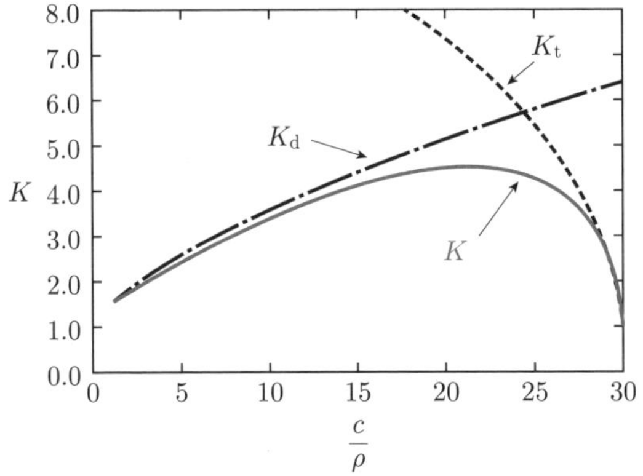

図9.11 平板の両側に存在する切欠きの応力集中係数 ★

■ 例題9.5 ■

図9.12に示すような切欠きをもつ半無限平板の応力集中係数を低減する方法について考案しなさい．また，なぜ低減するのか力線を使って説明しなさい．

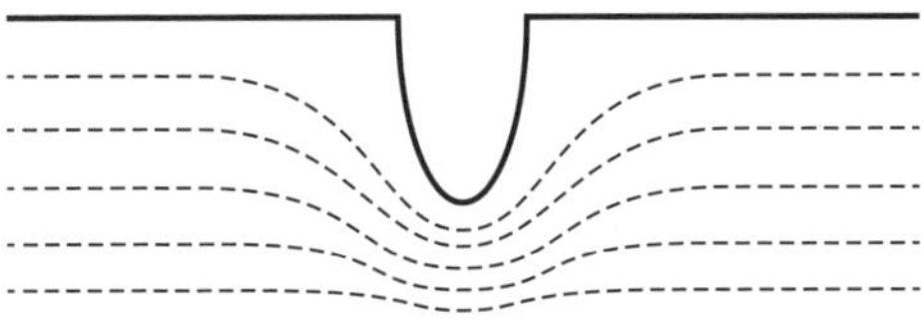

図9.12 半無限平板の表面に存在する切欠き

【解答】 図9.12において力線を破線で示す．図より，切欠き底で力線の密度が高いことがわかる．これは応力集中が切欠き底で生じていることを意味している．この力線の密度を低減する最良の方法は，複数の切欠きを図9.13に示すように並列に並べることである．これにより，切欠き底での力線の急激な変化がなくなり，切欠き底に集中していた力線の密度を低減できる．

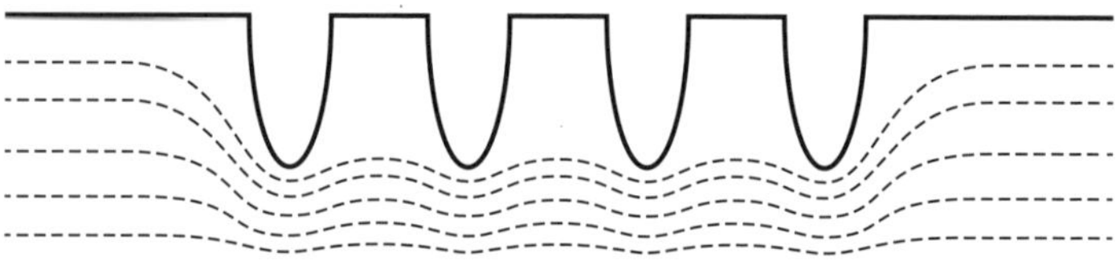

図9.13　複数の切欠きによる応力集中係数の低減　★

9.1.4　フィレットの問題

図9.14に示すような両側にフィレットをもつ平板の応力集中について考える．この平板に引張荷重 P が作用するとき，基準応力 σ_0 を，

$$\sigma_0 = \frac{P}{2bt} \tag{9.29}$$

のようにとる．ここで，t は平板の厚さである．フィレットの肩が直角（$\theta = \frac{\pi}{2}$）のとき，応力集中係数は以下で与えられる．

$$K_{\mathrm{t}} = 1 + \left(\frac{1}{2.8\frac{B}{b} - 2} \frac{h}{\rho} \right)^{0.65} \tag{9.30}$$

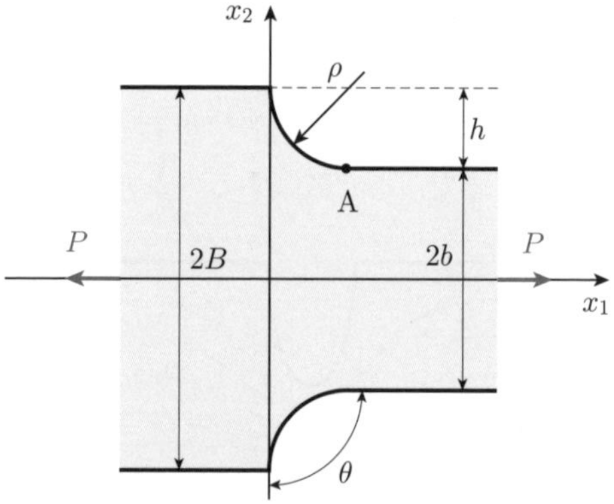

図9.14　両側にフィレットをもつ平板

例題9.6

図9.15に示すような両側に突出部をもつ平板の引張問題において，図中の点 A での応力集中係数を求めなさい．図中の諸量は以下の通りである．$2B = 200\,\mathrm{mm}$, $2b = 100\,\mathrm{mm}$, $\rho = 15\,\mathrm{mm}$, $l = 150\,\mathrm{mm}$.

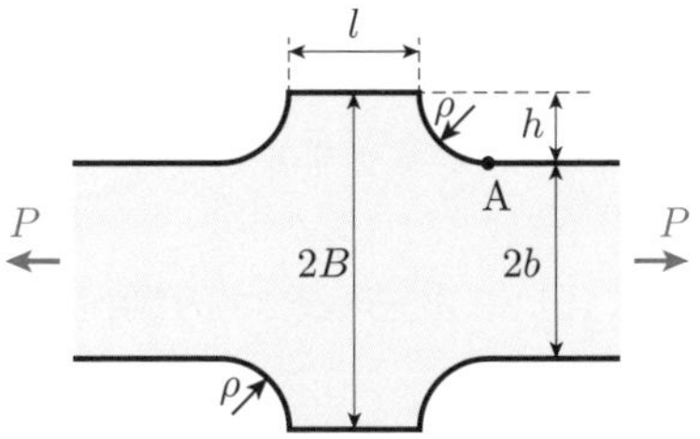

図9.15　両側に突出部をもつ平板

【解答】 諸量を式 (9.30) に代入し，計算すると，応力集中係数 K_{t} は 1.95 となる．なお，ペターソンの応力集中係数ハンドブック[1] によると，本問題の応力集中係数は 1.8 であることが示されている．よって，本結果はやや過大な評価結果を与えているが，$2B$ の厚さが厚く，突起部の長さ l が長くなるにつれて応力集中係数はフィレットの応力集中係数の結果に近づいていく．★

9.1.5　三次元問題の応力集中係数

通常，機械部品は三次元形状であるから，三次元形状に対する応力集中係数の解が必要である．しかし，問題によっては以下に説明するように二次元問題に対する解をそのまま利用できる場合がある．

図9.16 (a)は両側に切欠きが存在する二次元平板を示す．これに対して(b)は環状切欠きが存在する丸棒を示している．このような形状は，三次元応力集中係数の問題でよくみられる．切欠き底に発生する応力成分を，$\sigma_1, \sigma_2, \sigma_3$ とする．ここで，σ_1 は軸方向の垂直応力，σ_2 は周方向応力成分，σ_3 は切欠き表面に垂直方向の応力成分である．ただし，切欠き底表面では $\sigma_3 = 0$ であるから，結局，ふたつの応力成分 σ_1, σ_2 のみ考えればよい．

ところで，二次元応力集中問題における応力集中係数 K_{t} は

$$K_{\mathrm{t}} = \frac{\sigma_1}{\sigma_0}$$

のように最大応力を基準応力で除した．一方，三次元応力集中問題においては，相当応力を基準応力で除すことで定義した**三次元応力集中係数**（あるいは**組み合わせ係数**と呼ばれる）が用いられ，それは

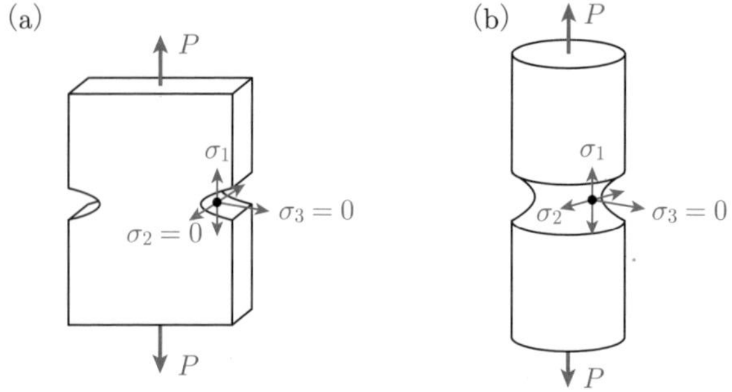

図9.16　三次元形状の応力集中問題

$$\alpha = \frac{\overline{\sigma}}{\sigma_0} \tag{9.31}$$

である．ここで，相当応力は，

$$\overline{\sigma} = \sqrt{\sigma_1^2 + \sigma_2^2 - \sigma_1\sigma_2}$$

である．これにより，切欠き底での三次元応力集中係数 α はつぎのようになる．

$$\alpha = \frac{\overline{\sigma}}{\sigma_0} = \frac{1}{\sigma_0}\sqrt{\sigma_1^2 + \sigma_2^2 - \sigma_1\sigma_2} \tag{9.32}$$

この式はさらにつぎのように変形できる．

$$\alpha = \frac{\sigma_1}{\sigma_0}\sqrt{1 - \frac{\sigma_2}{\sigma_1} + \left(\frac{\sigma_2}{\sigma_1}\right)^2} \tag{9.33}$$

よって，

$$\alpha = K_{\mathrm{t}}\sqrt{1 - \frac{\sigma_2}{\sigma_1} + \left(\frac{\sigma_2}{\sigma_1}\right)^2} \tag{9.34}$$

となり，二次元応力集中問題の応力集中係数 K_{t} を利用すれば，式 (9.34) から三次元応力集中問題に対する α を求めることができる．ここで，

$$0 < \frac{\sigma_2}{\sigma_1} < 1$$

である．さらに $\frac{\sigma_2}{\sigma_1} \ll 1$ としてよい場合には，式 (9.34) は，

$$\alpha \approx K_{\mathrm{t}} \tag{9.35}$$

のように近似でき，三次元問題における軸方向への切断面を二次元問題に置き換えれば応力集中係数が求められることになる．ただし，一般には三次元応力集中係数は二次元応力集中係数に比べて小さい．

例題9.7

図9.17に示すような無限体中に存在している半径 a の球孔が遠方で引張応力 σ を受けている．このとき，球孔縁での三次元応力集中係数 α を求めなさい．

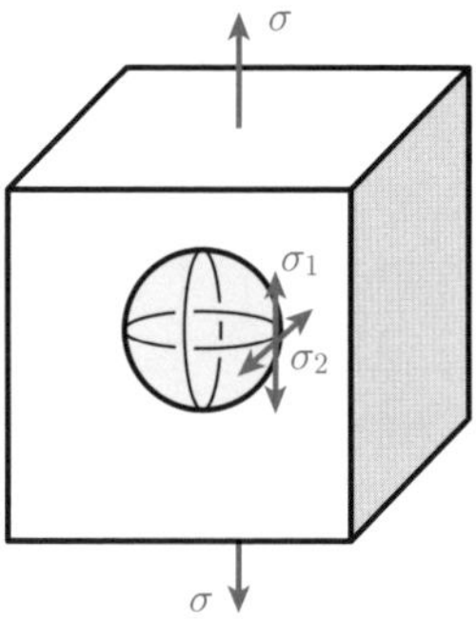

図9.17　無限体中に存在している半径 a の球孔

【解答】 無限体中にある球孔を軸方向の切断面上に投影したものは，無限板中に存在する半径 a の円孔と一致する．この応力集中係数は式 (9.5) である．一方，弾性力学により図9.17の球孔縁の応力成分は以下のように与えられる．

$$\sigma_1 = \frac{3(9-5\nu)}{2(7-5\nu)}\sigma$$
$$\sigma_2 = \frac{3(5\nu-1)}{2(7-5\nu)}\sigma \tag{9.36}$$

よって，$\frac{\sigma_2}{\sigma_1}$ は，

$$\frac{\sigma_2}{\sigma_1} = \frac{5\nu-1}{9-5\nu} \tag{9.37}$$

である．ここで，ポアソン比 $\nu = 0.3$ とおくと，この比は 0.067 となり，式 (9.34) より三次元応力集中係数は，

$$\alpha = 2.9 \tag{9.38}$$

であり，これは無限平板中の円孔縁での二次元応力集中係数

$$K_{\mathrm{t}} = 3.0$$

にほぼ一致する．★

例題9.8

図9.18に示すような円柱に存在している環状切欠きの応力集中係数を求めなさい．なお，切欠き深さは深いものとする．

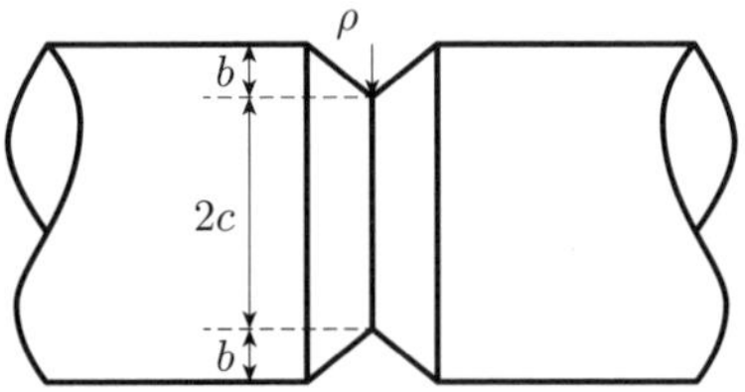

図9.18　円柱に存在している環状切欠き

【解答】　環状切欠きを軸方向への切断面上に投影すると，その応力集中係数 K_{d} は式 (9.27) である．一方，弾性力学により図9.18の切欠き底での三次元応力集中係数 α は以下のように与えられる．

$$\alpha = \frac{1}{\frac{c}{\rho} + 2\nu\sqrt{\frac{c}{\rho}+1} + 2} \times \left\{ \frac{c}{\rho}\sqrt{\frac{c}{\rho}+1} + (0.5+\nu)\frac{c}{\rho} + 1 + (1+\nu)\left(\sqrt{\frac{c}{\rho}+1}+1\right) \right\} \tag{9.39}$$

ここで，基準応力は切欠き底での断面積 πc^2 で引張荷重 P を除したものである．式 (9.39) と式 (9.27) による結果を比較したものを図9.19に示す．$\frac{c}{\rho}$ が小さい場合には二次元応力集中係数と三次元応力集中係数は一致するが，$\frac{c}{\rho}$ が大きくなると三次元応力集中係数が小さくなっていく．

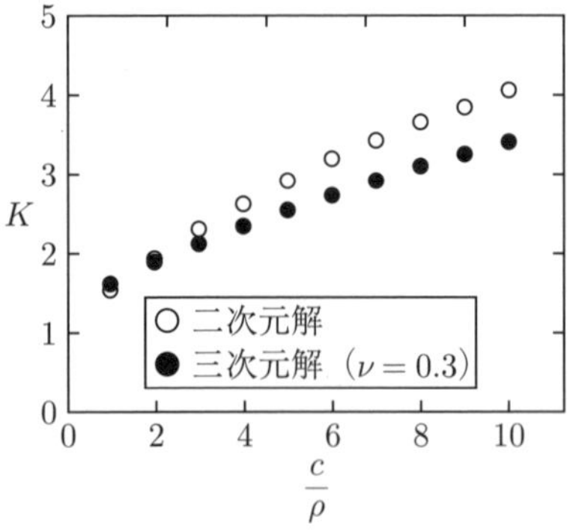

図9.19　二次元解と三次元解の応力集中係数の比較　★

なお，付録 A.4 に機械設計で必要な応力集中係数を表としてまとめておく[1]．

9.2　弾塑性応力集中

弾性体の応力集中係数 K_{t} は，切欠き深さと曲率半径により決まることを説明してきた．一方，切欠き底での最大応力が降伏応力に達すると，切欠き底周りに塑性領域が形成され，これは**弾塑性応力集中**（elastic-plastic stress concentration）といわれる．そこで本節では，弾塑性応力集中について説明する[2]．

弾塑性応力集中に対しては，**塑性応力集中係数**（plastic stress concentration factor）

$$K_\sigma = \frac{\sigma_{\mathrm{max}}}{\sigma_0} \tag{9.40}$$

あるいは，**塑性ひずみ集中係数**（plastic strain concentration factor）

$$K_\varepsilon = \frac{\varepsilon_{\mathrm{max}}}{\varepsilon_0} \tag{9.41}$$

が定義される．ここで，σ_0 は基準応力，ε_0 は基準ひずみである．切欠き底での応力が降伏応力に達していないときには，

$$K_{\mathrm{t}} = K_\sigma = \frac{\sigma_{\mathrm{max}}}{\sigma_0} = \frac{E\varepsilon_{\mathrm{max}}}{E\varepsilon_0} = K_\varepsilon \tag{9.42}$$

となって，応力集中係数，塑性応力集中係数，塑性ひずみ集中係数は一致する．

図9.20に切欠き底での最大応力と降伏応力の比に対する塑性応力集中係数と塑性ひずみ集中係数の関係を示す．図に示すように，最大応力が降伏応力を超えると，応力の増加とともに塑性応力集中係数は低下，塑性ひずみ集中係数は増加していく．

ノイバーは，応力集中係数 K_{t}，塑性応力集中係数 K_σ，そして塑性ひずみ集中係数 K_ε の間には以下の関係があることを見出した．

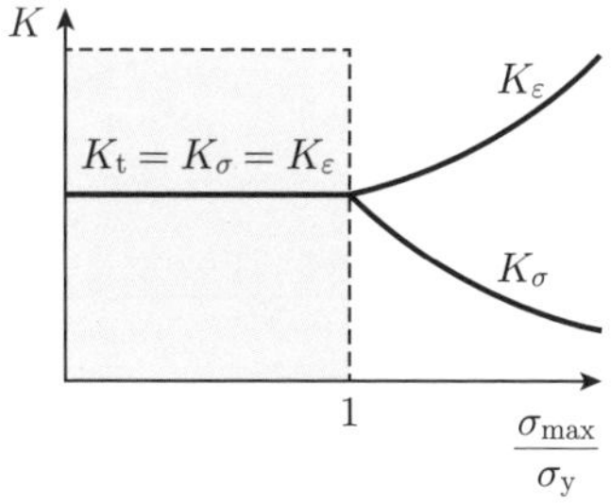

図9.20　最大応力と塑性応力集中係数・塑性ひずみ集中係数の関係

$$K_\sigma K_\varepsilon = K_\mathrm{t}^2 \tag{9.43}$$

この関係式は**ノイバー則**（Neuber's rule）と呼ばれる．なお，これまでの研究により式 (9.43) は以下のように修正されている．

$$K_\sigma K_\varepsilon = mK_\mathrm{t}^2 \tag{9.44}$$

ここで，修正係数 m（< 1）はひずみ硬化率によって異なった値をとることが報告されているが，本書では簡単のために式 (9.43) を用いて説明する．

切欠き底での応力とひずみを予測するために式 (9.43) をつぎのように変形する．

$$\left(\frac{\sigma_\mathrm{max}}{\sigma_0}\right)\left(\frac{\varepsilon_\mathrm{max}}{\varepsilon_0}\right) = K_\mathrm{t}^2 \tag{9.45}$$

これにより，

$$\sigma_\mathrm{max}\varepsilon_\mathrm{max} = K_\mathrm{t}^2\sigma_0\varepsilon_0 \tag{9.46}$$

さらにフックの法則により，

$$\sigma_\mathrm{max}\varepsilon_\mathrm{max} = \frac{(K_\mathrm{t}\sigma_0)^2}{E} \tag{9.47}$$

を得る．この関係式における左辺は切欠き底での応力とひずみの積，右辺は同一切欠き形状に対する応力集中係数と基準応力からなる項である．よって，図9.21に示すように，この関係式と応力–ひずみ曲線の交点から切欠き底での応力 σ_max とひずみ ε_max を求めることができる．

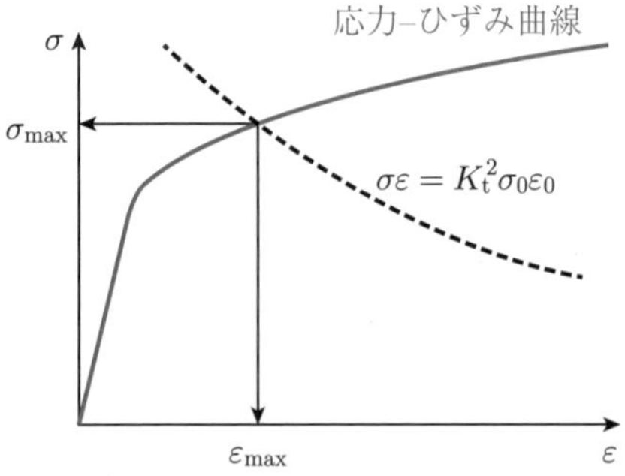

図9.21　ノイバー則と応力–ひずみ曲線

9.3　疲労応力集中

本節では，応力集中と疲労限度との関係を説明する． このために以下のような**切欠き係数**（fatigue notch factor）

$$K_{\mathrm{f}} = \frac{\sigma_{\mathrm{w0}}}{\sigma_{\mathrm{w}}} \tag{9.48}$$

を定義する．ここで，σ_{w0} は平滑材の疲労限度，σ_{w} は切欠き材の疲労限度である．切欠き係数には，以下の関係がある．

$$1 < K_{\mathrm{f}} < K_{\mathrm{t}} \tag{9.49}$$

切欠き係数と応力集中係数を結び付けるため，以下の**切欠き感度係数**（notch sensitivity factor）を定義する．

$$q = \frac{K_{\mathrm{f}} - 1}{K_{\mathrm{t}} - 1} \tag{9.50}$$

あるいはこの式から切欠き係数が以下のように求まる．

$$K_{\mathrm{f}} = q(K_{\mathrm{t}} - 1) + 1 \tag{9.51}$$

ここで，$q = 0$ とおくと $K_{\mathrm{f}} = 1$ となり，これは応力集中が強度低下を引き起こさないことを意味する．一方，$q = 1$ とおくと $K_{\mathrm{f}} = K_{\mathrm{t}}$ となり，応力集中が強度低下に強く影響を及ぼすことを意味する．なお，切欠き感度係数として以下の式は有効である．

$$q = \frac{1}{1 + \dfrac{1}{\rho}\left(\dfrac{325}{\sigma_{\mathrm{B}}}\right)^{1.54}} \tag{9.52}$$

ここで，ρ の単位は mm，σ_{B} の単位は MPa である．以上により，式 (9.52) から切欠き感度係数が定められ，式 (9.51) にこれを代入することで切欠き係数が求まる．そして，切欠き係数を式 (9.48) に代入すれば切欠き材の疲労限度が予測できる．

例題9.9

図9.10に示す両側に切欠きをもつ平板が繰返し応力を受けているものとする．この材料のビッカース硬さ H_{v} は 201 とする．切欠き深さは平板の幅に対して浅く，その深さを $b = 5\,\mathrm{mm}$，切欠き底での曲率半径を $\rho = 2\,\mathrm{mm}$ とすると，この部材の疲労限度を予測しなさい．

【解答】 ビッカース硬さより平滑材の疲労限度は，

$$\begin{aligned}\sigma_{\mathrm{w0}} &= 1.6H_{\mathrm{v}}\\ &= 321.6\,\mathrm{MPa}\end{aligned}$$

一方，応力集中係数は，式 (9.26) により，

$$\begin{aligned}K_{\mathrm{t}} &= 1 + 2\sqrt{\frac{b}{\rho}}\\ &= 4.16\end{aligned}$$

また，式 (5.6) より引張強さは，

$$\begin{aligned}\sigma_{\mathrm{B}} &= \frac{H_{\mathrm{v}}}{0.3} = \frac{201}{0.3}\\ &= 670\,\mathrm{MPa}\end{aligned}$$

よって，式 (9.52) より切欠き感度係数は，

$$\begin{aligned}q &= \frac{1}{1 + \frac{1}{2}\left(\frac{325}{670}\right)^{1.54}}\\ &= 0.86\end{aligned}$$

これらを式 (9.51) に代入して切欠き係数は，

$$\begin{aligned}K_{\mathrm{f}} &= q(K_{\mathrm{t}} - 1) + 1\\ &= 3.72\end{aligned}$$

よって，切欠き材の疲労限度は，

$$\begin{aligned}\sigma_{\mathrm{w}} &= \frac{\sigma_{\mathrm{w0}}}{K_{\mathrm{f}}}\\ &= 86.5\,\mathrm{MPa}\end{aligned}$$

と予測される．★

例題9.10

図9.22に示すような片側が固定された丸棒の先端に繰返し荷重 P が作用している．この丸棒が疲労破損するか検討しなさい．なお，材質は構造用炭素鋼 S45C とし，降伏応力は $343\,\mathrm{N/mm^2}$，引張強さは $569\,\mathrm{N/mm^2}$，ビッカース硬さ H_v は 201 とする．丸棒の寸法は，$D = 100\,\mathrm{mm}$, $d = 80\,\mathrm{mm}$, $r = 5\,\mathrm{mm}$, $l = 250\,\mathrm{mm}$ である．また，作用している繰返し荷重の最大値は $P_\mathrm{max} = 2000\,\mathrm{kgf}$，最小値は $P_\mathrm{min} = 0\,\mathrm{kgf}$ であるものとし，修正グッドマン線図を利用しなさい．

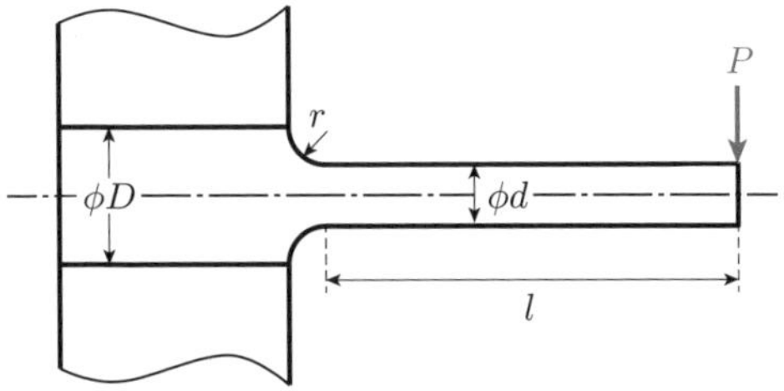

図9.22　片側が固定された丸棒

【解答】　この問題に対して，曲げモーメント線図を作図すると丸棒の固定支持部で曲げモーメントが最も高いことがわかる．ただし，断面形状を考慮すれば，評価点は荷重の作用点から l の位置とすべきである．これにより最大応力は，

$$\sigma = 32\frac{Pl}{\pi d^3}$$
$$= 97.5\,\mathrm{MPa}$$

であり，最小応力はゼロである．よって，平均応力は，

$$\sigma_\mathrm{m}\,(=\sigma_\mathrm{a}) = \frac{97.5}{2}$$
$$= 48.8\,\mathrm{MPa}$$

である．

つぎにこの平均応力に対する疲労限度を計算する．回転曲げ疲労限度 σ_wb とビッカース硬さ H_v，引張強さ σ_B の間には式 (7.1) の関係がある．これに材料の硬さと引張強さを代入すると，疲労限度はそれぞれ 321.6 MPa, 284.5 MPa と求まる．よって，疲労限度が低い

$$\sigma_\mathrm{wb} = 284.5\,\mathrm{MPa}$$

を採用する．

さらに平均応力 $\sigma_\mathrm{m} = 48.8\,\mathrm{MPa}$ のもとでの疲労限度 σ_w を求めるために疲労限度線図を利用する．式 (7.6) は,

$$\sigma_\mathrm{a} = \sigma_\mathrm{w0}\left(1 - \frac{\sigma_\mathrm{m}}{\sigma_\mathrm{B}}\right)$$

なお，σ_w0 は回転曲げ疲労限度であるから σ_w0 は σ_wb に等しい．よって，疲労限度は,

$$\sigma_\mathrm{a} = \sigma_\mathrm{wb}\left(1 - \frac{\sigma_\mathrm{m}}{\sigma_\mathrm{B}}\right) = 284.5 \times \left(1 - \frac{48.7}{569}\right)$$
$$= 260\,\mathrm{MPa}$$

と求まる．この疲労限度に対して応力集中の効果を考慮する．曲げモーメントを受ける段付き丸棒の応力集中係数は，付録 A.4 の “曲げを受ける段付き丸棒” より,

$$K_\mathrm{t} = 1.9$$

である．一方，式 (9.52) から切欠き感度係数 q を求めると,

$$q = \frac{1}{1 + \frac{1}{r}\left(\frac{325}{\sigma_\mathrm{B}}\right)^{1.54}} = \frac{1}{1 + \frac{1}{5}\left(\frac{325}{569}\right)^{1.54}}$$
$$= 0.92$$

となる．これらを式 (9.51) に代入して切欠き係数 K_f は,

$$K_\mathrm{f} = q\,(K_\mathrm{t} - 1) + 1 = 0.92 \times (1.9 - 1) + 1$$
$$= 1.83$$

と求まる．式 (9.48) より先の疲労限度は,

$$\sigma_\mathrm{w} = \frac{260}{1.83}$$
$$= 142\,\mathrm{MPa}$$

となる．安全率は考慮しないとすれば，この疲労限度に対して作用する応力振幅（$\sigma_\mathrm{a} = 48.8\,\mathrm{MPa}$）は十分に低いから，疲労破損しないといえる．なお，寸法効果，表面効果，安全係数を考慮することで設計の信頼性はさらに向上する．★

9.4　クリープ応力集中

最後に，クリープ変形する切欠き材の応力集中について説明する[3]．定常クリープ変形する物体の構成式は，すでに説明しているようにノートン則で表されるものとする．多軸応力状態でのノートン則を，相当応力，相当クリープひずみ速度で表せば，

$$\dot{\bar{\varepsilon}}^{\mathrm{c}} = k\bar{\sigma}^{n} \tag{9.53}$$

よって単軸応力状態でのノートン則と式 (9.53) とから，以下の関係式が得られる．

$$\frac{\dot{\bar{\varepsilon}}^{\mathrm{c}}}{k\sigma^{n}} = \left(\frac{\bar{\sigma}}{\sigma}\right)^{n} \tag{9.54}$$

ここで塑性応力集中係数，塑性ひずみ集中係数と同様に，**クリープ応力集中係数** $K_{\sigma\mathrm{c}}$ (creep stress concentration factor)，**クリープひずみ速度集中係数** $K_{\dot{\varepsilon}\mathrm{c}}$ (creep strain rate concentration factor) を以下のように定義する．

$$\begin{aligned} K_{\sigma\mathrm{c}} &= \frac{\bar{\sigma}_{\mathrm{max}}}{\sigma} \\ K_{\dot{\varepsilon}\mathrm{c}} &= \frac{\dot{\bar{\varepsilon}}^{\mathrm{c}}_{\mathrm{max}}}{k\sigma^{n}} \end{aligned} \tag{9.55}$$

これにより，

$$K_{\dot{\varepsilon}\mathrm{c}} = (K_{\sigma\mathrm{c}})^{n} \tag{9.56}$$

の関係が得られる．ここでもノイバー則が成り立つものとすれば，

$$K_{\sigma\mathrm{c}}K_{\dot{\varepsilon}\mathrm{c}} = K_{\mathrm{t}}^{2} \tag{9.57}$$

これに，式 (9.56) を代入すれば，

$$K_{\sigma\mathrm{c}} = K_{\mathrm{t}}^{\frac{2}{n+1}} \tag{9.58}$$

ならびに

$$K_{\dot{\varepsilon}\mathrm{c}} = K_{\mathrm{t}}^{\frac{2n}{n+1}} \tag{9.59}$$

が得られる．弾性応力集中係数からクリープ応力集中係数とクリープひずみ速度集中係数を求めることができる．なお，さらに詳しくは文献 [3] を参照してもらいたい．

演習問題

□**9.1** 図9.9に示す一様引張応力を受ける無限平板に存在する両端を丸めた溝の応力集中について考える．$2b = 100\,\mathrm{mm}$, $\rho = 10\,\mathrm{mm}$ としたとき，この問題の応力集中係数を求めなさい．

□**9.2** 図9.14に示す両側にフィレットをもつ平板において，応力集中係数を低減するためにどのようにしたらよいか考えなさい．

□**9.3** 無限平板に存在する円孔縁での弾性応力集中係数が K であった．また，応力–ひずみ曲線が $\sigma = k\varepsilon^n$ に従うものとすれば，ノイバー則によりこの問題の塑性応力集中係数 K_σ を求めなさい．なお，基準応力は σ_0 と基準ひずみは ε_0 とする．

コラムその6 —ローラーコースターで起こった恐怖—

2012年，某所に設置されていたローラーコースターで恐怖の事故が発生した．乗客を座席に固定するための器具（ハーネス）のロックが走行中に突然解除したのである．らせん状に360°回転する地点があるコースターであったため，乗客が放り出される心配があったが，事故時にはその地点を通過していたため助かった．事故後，国土交通省の調査部会が現地を調査した．この結果，ハーネスをロックする機構である油圧シリンダー（図9.23）におけるロッドとピストンが接触するOリング溝で発生していた疲労き裂によることが判明した．溝形状には応力集中を緩和するための配慮がなされておらず，さらには定期検査においてもこの部品のチェックを見逃していた．この部品は26年間，安全に稼働していたと思われたが，事故は突然起こったのである．

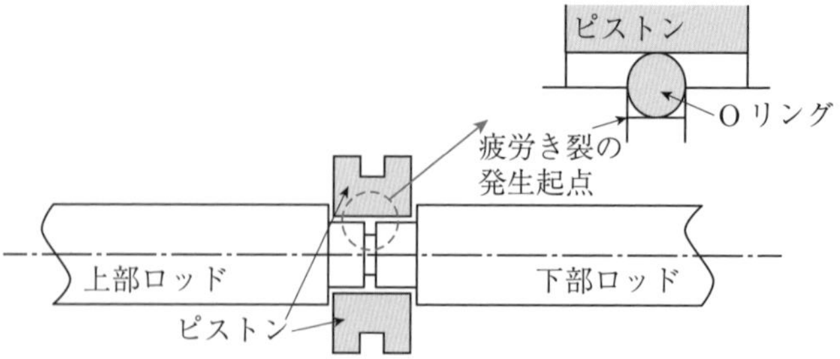

図9.23 ピストンロッドの構造

第10章

ボルト締結問題

本章では，機械部品同士を締結する技術のひとつとしてボルト締結とその強度について説明する．材料力学に従ってボルト，ナットと部材を棒と剛体ブロックに置き換え，力の釣合いと伸びの釣合いを考えることでボルトに生じる応力や伸びを求める．

10.1　ボルト締結の力学

図 10.1 にふたつの重ね合された平板がボルトとナットで締結されている様子を示す．各部の寸法は図に示す通りである．ボルトのピッチを p とし，ナットを n 回転させたときにボルトに生じる締付け力を求めてみよう．

ボルトの締付け力を求めるために，図 10.2 に示すように剛体壁に並列に連結された長さが等しい棒について考える．このとき，剛体壁は，図 10.1 におけるボルトの頭部と平板の接触面に相当し，ボルトの縦弾性係数を E_{B}，ボルトの断面積を A_{B} とする．また，平板の縦弾性係数を E_{C}，断面積を A_{C}，厚さを l_{f} とする．ここで，ボルトに関する記号には下添え字 B，平板には C を付ける．一方，ふたつの並列棒の右端を剛体ブロックで固定する．これは平板とナットの接触面に相当する．

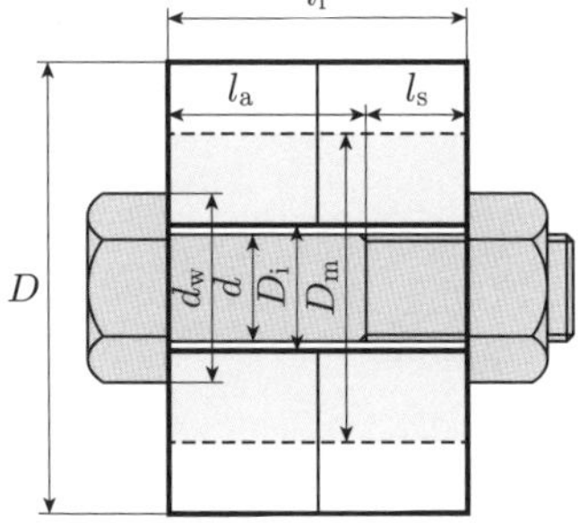

図 10.1　重ね合された平板がボルトとナットで締結されている様子

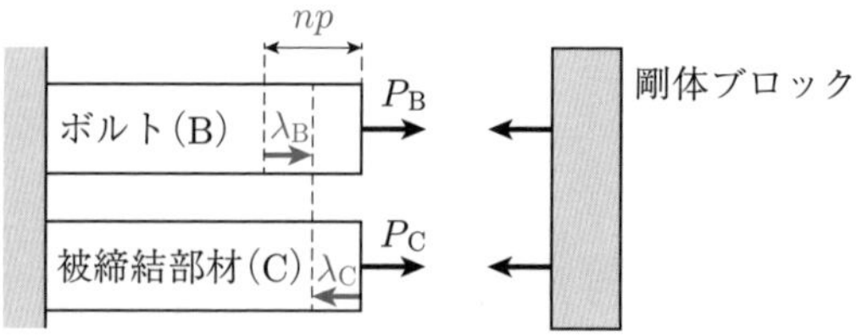

図 10.2　ボルト締結に対する並列棒モデル

図 10.2 により剛体ブロックに対する力の釣合いの式は，

$$P_{\mathrm{B}} + P_{\mathrm{C}} = 0 \tag{10.1}$$

つぎにボルトと平板に相当した棒の伸びは，

$$\lambda_{\mathrm{B}} = \frac{P_{\mathrm{B}} l_{\mathrm{f}}}{E_{\mathrm{B}} A_{\mathrm{B}}}, \quad \lambda_{\mathrm{C}} = \frac{P_{\mathrm{C}} l_{\mathrm{f}}}{E_{\mathrm{C}} A_{\mathrm{C}}} \tag{10.2}$$

であるから，伸びの釣合いの式は，

$$l_{\mathrm{f}} - np + \lambda_{\mathrm{B}} = l_{\mathrm{f}} + \lambda_{\mathrm{C}} \tag{10.3}$$

となる．ここで，左辺の第二項（np）は，ナットを n 回転させたことでみかけ上ボルトの長さが短くなったことを表している．また，図 10.2 では λ_{C} は棒が縮まる方向（–）に示されているが，内力 P_{C} は引張方向とおいているためそれに一致するよう式 (10.3) の右辺において正方向（+）としていることに注意する．

式 (10.3) に式 (10.2) を代入して，

$$\frac{P_{\mathrm{B}} l_{\mathrm{f}}}{E_{\mathrm{B}} A_{\mathrm{B}}} - \frac{P_{\mathrm{C}} l_{\mathrm{f}}}{E_{\mathrm{C}} A_{\mathrm{C}}} = np \tag{10.4}$$

よって，式 (10.1) と式 (10.4) を連立させて，

$$\begin{aligned} P_{\mathrm{B}} &= \frac{np}{\frac{l_{\mathrm{f}}}{E_{\mathrm{B}} A_{\mathrm{B}}} + \frac{l_{\mathrm{f}}}{E_{\mathrm{C}} A_{\mathrm{C}}}} \\ P_{\mathrm{C}} &= \frac{-np}{\frac{l_{\mathrm{f}}}{E_{\mathrm{B}} A_{\mathrm{B}}} + \frac{l_{\mathrm{f}}}{E_{\mathrm{C}} A_{\mathrm{C}}}} \end{aligned} \tag{10.5}$$

ここで，以下のように置き換えておく．

$$\frac{l_{\mathrm{f}}}{E_{\mathrm{B}} A_{\mathrm{B}}} \Rightarrow C_{\mathrm{B}}, \quad \frac{l_{\mathrm{f}}}{E_{\mathrm{C}} A_{\mathrm{C}}} \Rightarrow C_{\mathrm{C}} \tag{10.6}$$

これは**コンプライアンス**（compliance）と呼ばれる．これにより式 (10.5) は，

$$\begin{aligned} P_{\mathrm{B}} &= \frac{np}{C_{\mathrm{B}} + C_{\mathrm{C}}} \quad (\equiv P_{\mathrm{B0}}) \\ P_{\mathrm{C}} &= \frac{-np}{C_{\mathrm{B}} + C_{\mathrm{C}}} \quad (\equiv P_{\mathrm{C0}}) \end{aligned} \tag{10.7}$$

のように書き換えられる．式 (10.7) の第一式がボルトの締付け力であり，この大きさを P_{B0} とおいた．また，ボルトの締付け力に対する反力を P_{C0} とおいた．式 (10.7) を式 (10.2) に代入すれば，各部の伸びが求められ，それらは，

$$
\begin{aligned}
\lambda_{\mathrm{B}} &= \frac{C_{\mathrm{B}}}{C_{\mathrm{B}}+C_{\mathrm{C}}}np \\
\lambda_{\mathrm{C}} &= \frac{-C_{\mathrm{C}}}{C_{\mathrm{B}}+C_{\mathrm{C}}}np
\end{aligned}
\tag{10.8}
$$

となる．これらボルトの締付け力と伸び，平板に生じた反力と縮みの関係を作図すると図 10.3 のようになる．

なお，この分野の専門書では図 10.3 のように力と伸びの関係を作図することはあまりなく，図 10.4 のように作図するのが一般的である．よって，本書においても，以降では図 10.4 のような関係図を利用することにする．この関係図は**ボルト締結線図**（bolted joint diagram）と呼ばれる．

ボルトのコンプライアンス C_{B} は，ボルト円筒部の外径 d，ねじ谷部の外径 d_1 に対して，

$$
C_{\mathrm{B}} = \frac{1}{E_{\mathrm{B}}}\left\{\frac{4\times(0.4d)}{\pi d^2}+\frac{4l_{\mathrm{a}}}{\pi d^2}+\frac{4l_{\mathrm{s}}}{\pi d_1^2}+\frac{4\times(0.4d)}{\pi d^2}\right\}
\tag{10.9}
$$

で計算される．ここで，右辺第一項はボルト頭部，第二項は円筒部，第三項は遊びネジ部，第四項ははめ合い部のコンプライアンスである．

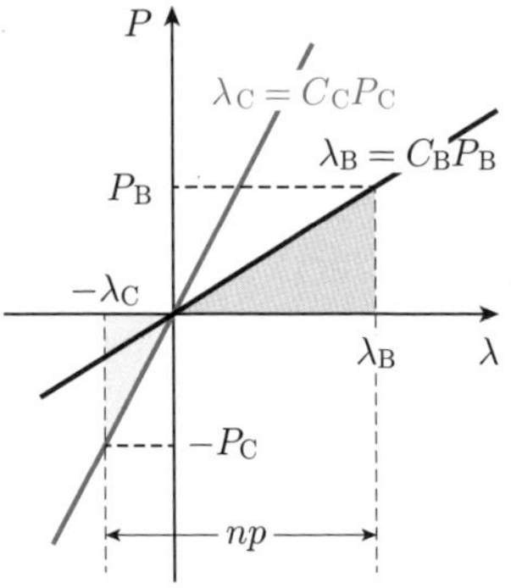

図 10.3　ボルトと被締結体における力と伸びの関係

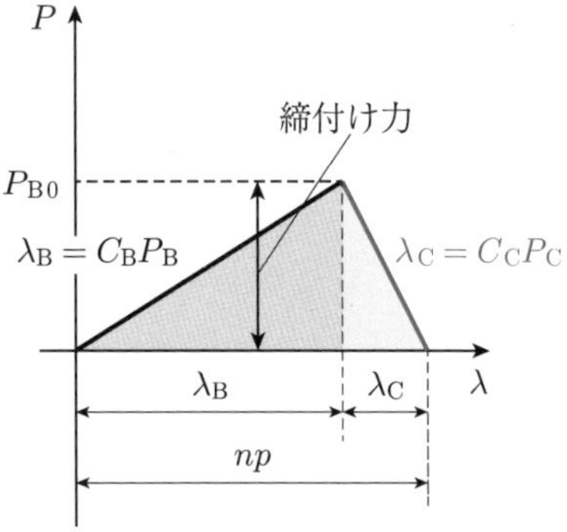

図 10.4　ボルト締結線図

一方，平板のコンプライアンスは，平板の大きさをそれと等価な円板と置き換え，その外径 D とする．そして，この外径がボルト頭部の外径 d_w に比べて小さい場合には被締結体の断面積 A_C を $\frac{\pi}{4}D^2$ とすればよい．しかし，大きい場合にはその断面積をどのようにすればよいか難しい．そこで，

$$A_\mathrm{C} = \frac{\pi}{4}(D^2 - D_\mathrm{i}^2) \tag{10.10}$$

とし，D_m をつぎのように仮定する．

(1)　$D \leq d_\mathrm{w}$ のとき，$D_\mathrm{m} = D$ とおく．

(2)　$d_\mathrm{w} \leq D \leq 3d_\mathrm{w}$ のとき，

$$D_\mathrm{m} = d_\mathrm{w}^2 + \frac{l_\mathrm{f}}{10}\left(\frac{D}{d_\mathrm{w}} - 1\right)\left(d_\mathrm{w} + \frac{l_\mathrm{f}}{20}\right)$$

(3)　$D > 3d_\mathrm{w}$ のとき，

$$D_\mathrm{m} = d_\mathrm{w} + \frac{l_\mathrm{f}}{10}$$

よって，

$$C_\mathrm{C} = \frac{l_\mathrm{f}}{E_\mathrm{C}A_\mathrm{C}}$$

に式(10.10)を代入すれば平板のコンプライアンスが計算できる．

例題 10.1

図10.1において，ボルトに外力 W が作用したときのボルト締結線図を作図しなさい．

【解答】　図10.5にこの問題を並列棒モデルに置き換えたものを示す．

図10.5において剛体ブロックに対する力の釣合いの式は，

$$P_\mathrm{B} + P_\mathrm{C} = W \tag{10.11}$$

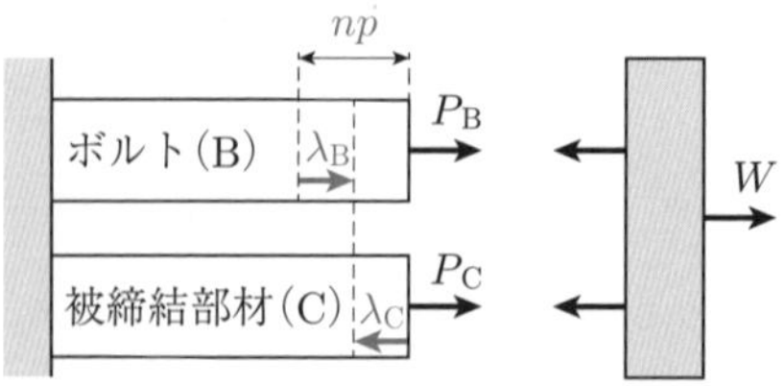

図10.5　外力を受けるねじ締結に対する並列棒モデル

ボルトと被締結体に相当した棒の伸びは式 (10.2) であり，伸びの釣合いの式は式 (10.3) である．よって，これらを連立させて次式を得る．

$$\begin{aligned} P_{\mathrm{B}} &= \frac{C_{\mathrm{C}}}{C_{\mathrm{B}}+C_{\mathrm{C}}}W + P_{\mathrm{B0}} \\ P_{\mathrm{C}} &= \frac{C_{\mathrm{B}}}{C_{\mathrm{B}}+C_{\mathrm{C}}}W + P_{\mathrm{C0}} \end{aligned} \tag{10.12}$$

また，各部の伸びは，

$$\begin{aligned} \lambda_{\mathrm{B}} &= \frac{C_{\mathrm{B}}C_{\mathrm{C}}}{C_{\mathrm{B}}+C_{\mathrm{C}}}W + C_{\mathrm{B}}P_{\mathrm{B0}} \\ \lambda_{\mathrm{C}} &= \frac{C_{\mathrm{B}}C_{\mathrm{C}}}{C_{\mathrm{B}}+C_{\mathrm{C}}}W + C_{\mathrm{C}}P_{\mathrm{C0}} \end{aligned} \tag{10.13}$$

図 10.6 に本問題のねじ締結線図を示す．以上により，ボルトに生じる内力は，

$$P_{\mathrm{B}} = P_{\mathrm{B0}} + \phi W \tag{10.14}$$

である．ここで，

$$\phi \equiv \frac{C_{\mathrm{C}}}{C_{\mathrm{B}}+C_{\mathrm{C}}} \tag{10.15}$$

は**内力係数** (internal force coefficient) と呼ばれ，外力のうちボルトが分担する力の割合を表す．

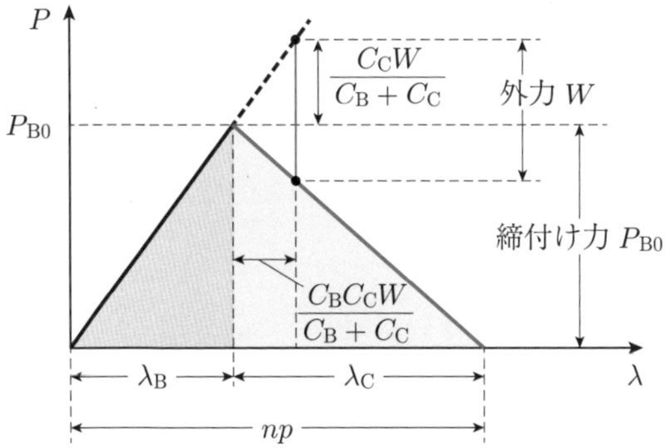

図 10.6　ボルト締結線図　★

10.2　ボルト締結の疲労強度

ボルト締結体の疲労強度を理解しておくことは重要である．それは，ボルトのねじ谷部で応力集中が生じ，外力を繰り返し受けることによりねじ谷部でき裂が発生し，最終的にボルトが破断するためである．すでに学んでいるように，ボルト締結体においてはボルトと被締結体（10.1 節の問題における平板に相当する）に発生する締付け力と外力は，ボルト締結線図から理解できることがわかった．そこで，ボルト締結体の疲労強度を理解するためにこの線図を利用することにしよう．

ボルト締結線図において，ボルトに外力が繰り返し作用するとき，ボルトに作用する最大荷重は，図 10.7 から，

$$P_{\mathrm{max}} = P_{\mathrm{B0}} + \phi W \tag{10.16}$$

であり，これをねじ谷の断面積で割ることでボルトに作用している最大応力 σ_{max} が求められる．一方，最小荷重は，

$$P_{\mathrm{min}} = P_{\mathrm{B0}} \tag{10.17}$$

であり，これにより最大応力と同様にして最小応力 σ_{min} が求まる．よって，ボルトに作用する応力振幅は，

$$\sigma_{\mathrm{a}} = \frac{1}{2}\left(\sigma_{\mathrm{max}} - \sigma_{\mathrm{min}}\right) \tag{10.18}$$

であり，ボルト材の S–N 曲線と式 (10.18) により求められた応力振幅からねじ締結体の疲労寿命が予測できる．

つぎにボルトの疲労限度について考える．そのためにねじ谷部に生じた応力集中を考慮する．ボルト材と同一材質の平滑材の疲労限度を σ_{w0}，真破壊応力を σ_{T} とする．ボルトの疲労限度は，

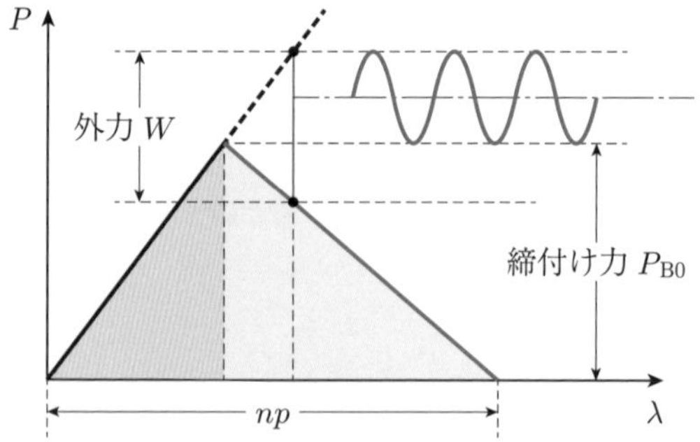

図 10.7　ボルト締結線図においてボルトに繰り返し作用する外力

$$\sigma_{\mathrm{w}} = \frac{\sigma_{\mathrm{w0}}}{K_{\mathrm{f}}} \tag{10.19}$$

で求まる．ここで，K_{f} はねじ谷部の切欠き係数である．通常，K_{f} を 4.0 とおいてよいとされる．これと平均応力の影響を考慮した疲労限度線図を図 **10.8** に示す．図において縦軸が応力振幅，横軸が平均応力である．平滑材の疲労限度線図は，図の A_0–B_0 である．この線図に対して，ボルトの疲労限度線図では，式 (10.19) から A–B のように下側に平行移動する．この線図において，ボルト締結体の疲労限度 σ_{wk} は青い太線（S_1–S_2–S_3）となる．平均応力が低い場合には，ボルトそのものの疲労限度に一致する（S_1–S_2）が，平均応力が高くなると，ボルト締結体の疲労限度はやや増加して，ボルト材のそれに近づくようになる（S_2–S_3）．また，平均応力が疲労限度に及ぼす影響も小さくなる．よって，この疲労限度線図とボルト締結線図を組み合わせてボルト締結体の安全性を確認できる．

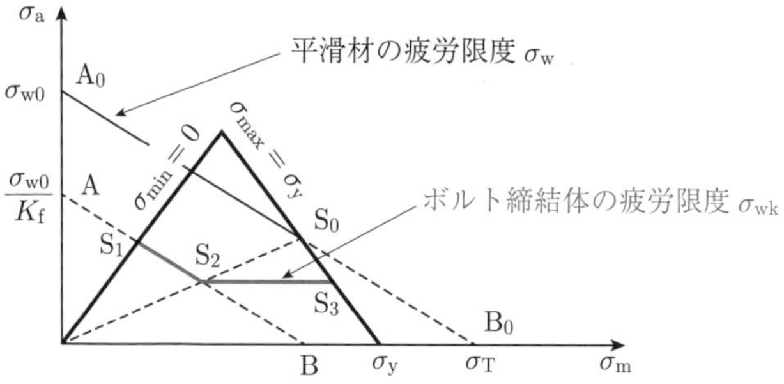

図 10.8　ボルト締結体の疲労限度線図

コラムその 7 —ねじ形状の産業規格について—

ボルトとナットは最も共通性が高い部品である．そのため，日本産業規格（JIS）でそのねじ形状が定められている．日本ではメートルねじが一般的であるが，アメリカ，カナダ，イギリスではインチ長さで規定されたユニファイねじが用いられている．このほか，配管を接続するための JIS 管用ねじ，自転車では自転車ねじが規格化されている．管用ねじは，配管内を流れる流体の密閉性を高めるために特殊な形状となっている．このようにほとんどの製品に用いられているねじ形状は規格化されている．しかし，例外がひとつある．それはペットボトルのキャップねじである．ペットボトルの飲み口の外径はどの製品でもほとんど同じであるが，キャップねじの形状は様々である．ご自宅でキャップねじの形状を確認してみては如何?

10.3　ボルト締結のゆるみ

ボルト締結体のゆるみの原因として，ナットの回転やボルトの締付け力の低下が挙げられる．前者は**回転ゆるみ**，後者は**非回転ゆるみ**と呼ばれる．回転ゆるみはナットを締め付け直せばよいが，非回転ゆるみはナットの締付け直しによる塑性変形の蓄積や高温下でのボルトのクリープ変形により生じるため厄介である．以下にそれぞれのゆるみのメカニズムについて説明する．

回転ゆるみの発生メカニズムとして，ボルトの軸に垂直な方向に繰返し負荷が作用する，あるいは繰返しねじりが作用する場合が挙げられる．具体的な例として，平板同士をボルト締結したときに平板の面内に引張・圧縮荷重や回転するようなねじりが作用するとナットのゆるみにつながることになる．作用する荷重の大きさが小さくても，振動によりナットは簡単にゆるむ．あまり多くはないが，ボルトの軸方向に沿って引張荷重と圧縮荷重が繰り返し作用する場合にもナットがゆるむときがある．回転ゆるみを防止する方法として，ねじ面やナット座面での摩擦作用を高めることは効果的である．また，ねじ山の形状を変化させることもよいとされる．前者には，図10.9に示すような歯付き座金，ばね座金，皿ばね座金などを利用するとよい．後者には，ピッチが異なる特殊ボルトがある．

非回転ゆるみの発生メカニズムとして，回転ゆるみによりゆるんだナットを繰り返し締め付けることが挙げられる．これによりボルトが塑性変形し，引き延ばされることでナットがゆるんでいく．別のメカニズムとして高温下にボルト締結体がおかれると，ボルトにクリープひずみが時間とともに累積していく．この結果，ボルトの締付け力が低下し，ナットがゆるむことになる．非回転ゆるみを防止する有効な方法はない．このため，定期的に検査をしてナットのゆるみを確認することで対処する．

図10.9　代表的な特殊座金

演習問題

□**10.1** 図10.1に示すように外径 $D = 120\,\mathrm{mm}$，内径 $D_\mathrm{i} = 14\,\mathrm{mm}$，長さ $l_\mathrm{f} = 50\,\mathrm{mm}$ の中空円筒体を締め付けているボルトがある．ボルトはM12とする．メートルねじの基準寸法によれば，ピッチ p は1.75 mm，外径 d は12.0 mm，谷の径 d_1 は10.106 mm，d_w は21.9 mm，l_a は20.0 mmであった．ナットを0.1回転させたとき，ボルトに生じる締付け力を求めなさい．なお，ボルトならびに中空円筒体の縦弾性係数は等しく $21000\,\mathrm{kgf/mm^2}$ とする．

□**10.2** 演習問題10.1においてボルトが降伏するまでの最大荷重 W [kN] を求めなさい．なお，ボルトの降伏応力 σ_y は520 MPaとする．また，ボルトの有効断面積は外径 d で計算してよいものとする．

□**10.3** 図10.8に示すボルト締結体の疲労限度線図において，$\mathrm{S_1}$ 点と $\mathrm{S_3}$ 点での疲労限度をそれぞれ導き出しなさい．ここで，$K_\mathrm{f} = \beta$ とする．

第11章

異種接合問題

様々な部品が組み合わされて機械構造物は構成されている．部品同士を組み合せるために，前章で学んだボルトとナットのみならず，溶接や接着などが用いられる．これらは，異種接合と呼ばれる．一般に接合部が最も破損しやすいことが知られる．そこで本章では，異種接合の代表的な例として，接着，溶接，さらには機能付与のために部品表面に施されている皮膜を取り上げ，これらに生じる応力分布やその強度について説明する．

11.1　継手の代表的な様式

継手（joint）とは，部品と部品を結合した構造を総称したものである．また，**異種接合**（dissimilar joint）とは，部品同士を接合する方法である．この節では，継手の代表的な様式とその接合界面に生じる応力分布の特徴について説明する．

図11.1 (a)は**突合せ継手**（butt joint）と呼ばれ，部品の界面同士を突合せて接合したものである．この継手に対して軸方向に引張荷重が作用すると，界面では垂直応力とせん断応力が発生する．そして，いずれの応力成分においても界面端部で応力集中が生じる．

図11.1 (b)は**重ね合せ継手**（lap joint）と呼ばれ，部品と部品を重ね合わせて接合したものである．この継手に対して軸方向に引張荷重が作用すると，界面上にはせん断応力が発生するとともに，界面端部で応力集中が生じる．また，引張荷重が作用する軸線が同一線上にないため，曲げモーメントも発生し，界面では垂直応力が発生する．

図11.1 (c)は**T字継手**（T-joint）と呼ばれ，せん断力が作用することで界面ではせん断応力が発生するとともに，界面端部で応力集中が生じる．これに加えて，せん断力は曲げモーメントも発生し，界面では垂直応力も発生する．

すべての継手においては，界面端部で応力集中が生じることが特徴的である．ただし，応力集中の大きさは異種接合の方法や界面端部の形状によって異なる．

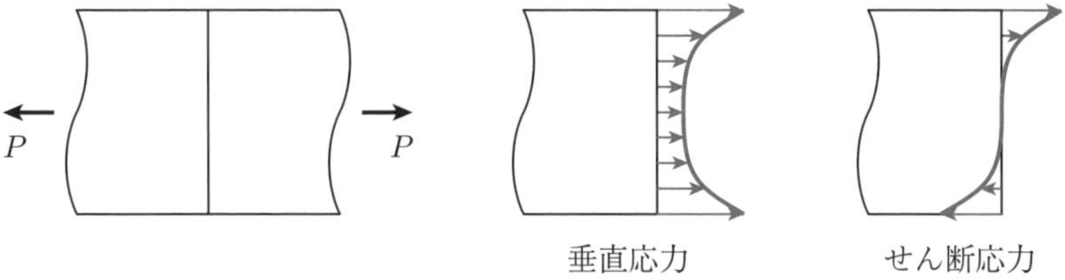

(a)　突合せ継手

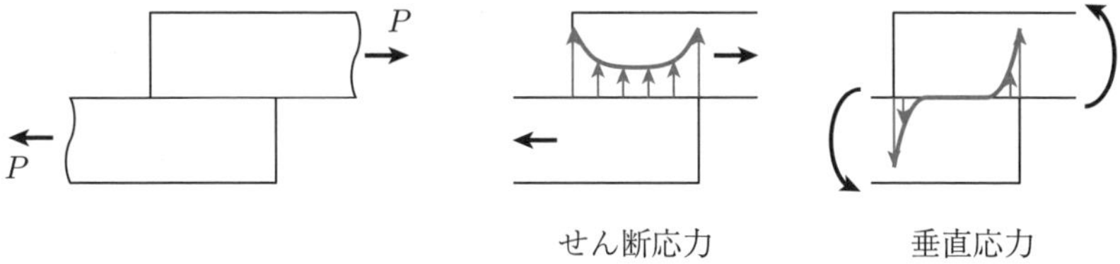

(b)　重ね合せ継手

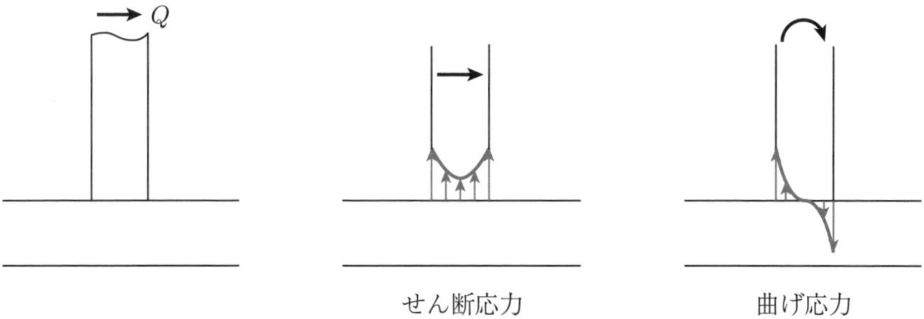

(c)　T 字継手

図 11.1　継手の代表的な様式と界面での応力分布の特徴

11.2 接着接合

接着剤は被着材に塗布される前には液状である．そして，これが固化および硬化することで接着力が発生する．接着力の発生機構の違いにより，接着剤の種類には，**非反応型接着剤**と**反応型接着剤**の二種類がある．前者は，接着剤を溶解している水分あるいは溶剤を揮発することにより固化させ，接着力を発生する．後者は，空気中の水分や酸素によって化学反応させて固化するもの，主剤に硬化剤や触媒を添加することで硬化するものがある．接着のしやすさ，接着剤の種類，使用環境などに応じて，用いられる接着剤の種類が使い分けられる．

接着剤の接着機構については未だによく理解されていない．現状では以下の仮説がある．よく知られた仮説は**機械的結合説**である．被着材の表面をよく観察するとその表面には凹凸がある．液状の接着剤は凹部に深く入り込み，固化，硬化後に“くさび” のような役割を果たして接着する．これは**アンカー効果**（anchor effect）と呼ばれる．つぎに**化学的結合説**がある．これは，接着剤と被着材とが化学反応を起こして接着する．そのほかに分子間力説，静電気説などがある．

接着接合においては，接着剤の硬化により接着層が収縮して残留応力が発生する．ただし，接着剤の縦弾性係数は被着材のそれに比べて小さいから，接着剤の硬化により生じる残留応力は無視してよい．一方，11.1 節でも述べたようにその界面端部では応力集中が発生し，接着層の内部では静水圧成分が高い状態となる．よって，これらの効果が界面強度に影響を及ぼすことになる．

コラムその 8 —アンカー効果と昆虫の足—

接着力を高めるために，あらかじめ接合面は粗面処理される．粗面処理にはサンドペーパーによる方法，ショットピーニングによる方法などがある．サンドペーパーでは番目を変える．また，ショットピーニングでは衝突粉末の材質，サイズ，噴射圧力・時間を変えることで接合面の粗さが調整される．しかし，これらの方法では接合面の粗さにばらつきが生じ，これが接着力に影響する．このため，ここ数十年の間にレーザーを接合面に照射し，ある形状の溝を規則的に加工するテクスチャリング技術が発達した．最近では，昆虫の足の裏をヒントに溝形状を決めることが試みられている．このように生物の持つユニークな特徴を工学分野に応用する技術はバイオミメティクスという．接着剤は今でも進化している．

11.3 溶接接合

溶接接合とは，部品同士を溶融，一体化させる方法である．この方法では，金属組織レベルで強固に界面を結合するため，先の接着剤に比べて界面強度が高い．溶融方法には，抵抗溶接（スポット溶接），アーク溶接などがある．

溶接接合では，母材から溶接金属へ連続的に金属組織が変化する．さらに母材と溶接金属の界面には溶接熱影響部（HAZ）と呼ばれる幅の狭い領域が形成される．この領域での結晶粒の大きさは，母材や溶接金属のそれとは異なっている．また，図11.2に示すように溶接金属の余盛の止端部（余盛と母材の界面）では応力集中が生じる．このため，図11.1 (a)に示した継手に生じる応力集中にこの効果が重畳し，応力分布はより一層複雑なものとなる．溶接金属や溶接熱影響部では溶融加熱後の凝固過程で様々な欠陥を含むことになる．このため，これらの欠陥が二次的な応力集中源となる．最後に，図11.2に示すような変形が残留することになり，継手全体に残留応力が生じる．

溶接継手の設計に際しては以下のふたつが仮定される．i) 作用する応力は“のど断面”に対して一様に分布するものとし，止端部で生じる応力集中については考えない．ii) 残留応力の影響についてはひとまず無視する．

ここで，“のど断面積”は“理論のど厚”（a）× 有効溶接長さ（L）で計算し，垂直応力やせん断応力は，継手に作用する荷重（P）をこの“のど断面積”で除すことで求める．図11.3に理論のど厚 a の定義を示す．

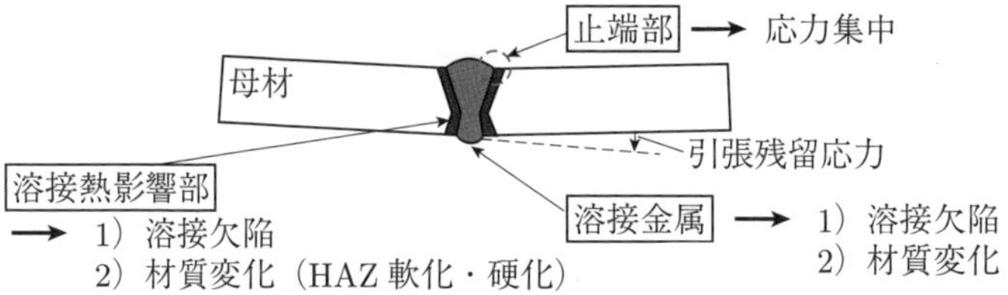

図11.2 溶接接合の問題点

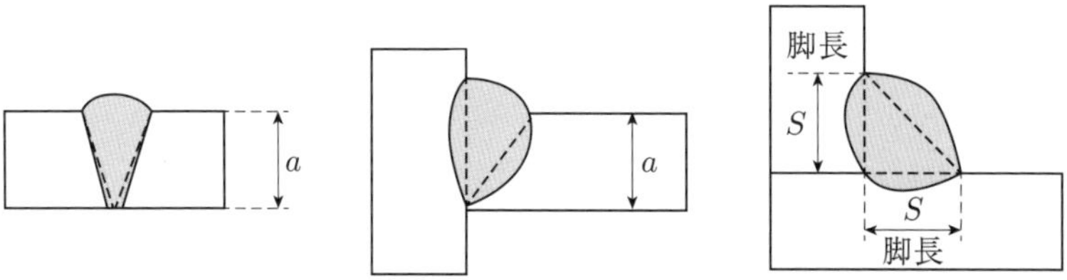

図11.3 理論のど厚の定義

例題 11.1

図 11.4に示すそれぞれの溶接継手ののど断面積に作用する応力を求めなさい．

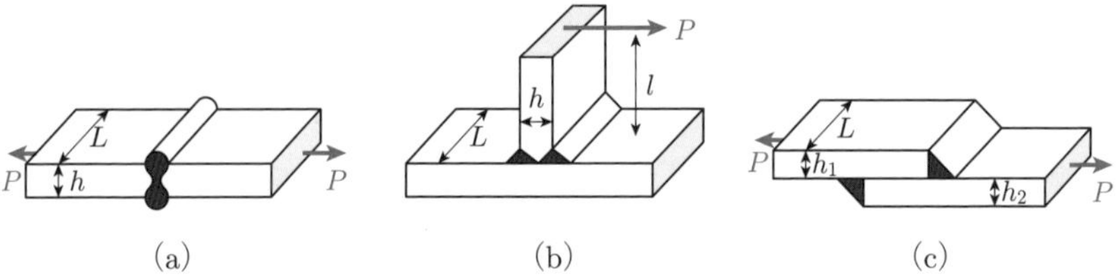

図 11.4　溶接継手の形状

【解答】 (a)　本例題の理論のど厚は h であるからのど断面積は hL である．よって，のど断面に作用する応力は以下のようになる．

$$\sigma = \frac{P}{hL}$$

(b)　本例題の理論のど厚は h であるからのど断面積は hL である．よって，のど断面に作用するせん断応力は以下のようになる．

$$\tau = \frac{P}{hL}$$

また，最大曲げ応力は以下のようになる．

$$\sigma = \frac{6Pl}{h^2 L}$$

(c)　母材の縦弾性係数を E，重ね合せ部での上側の母材に生じる内力を P_1，下側のそれを P_2 とする．また，重ね合せ部の長さを m とすれば，重ね合せ部を切り出した自由体図において，それぞれの部分の伸びは，

$$\lambda_1 = \frac{P_1 m}{E h_1 L}, \quad \lambda_2 = \frac{P_2 m}{E h_2 L}$$

である．伸びの条件 $\lambda_1 = \lambda_2$ により，

$$\frac{P_1}{P_2} = \frac{h_1}{h_2}$$

であり，系全体の力の釣合いの式は，

$$P_1 + P_2 = P$$

であるから，それぞれの部分に作用する内力は，

$$P_1 = \frac{h_1}{h_1 + h_2} P, \quad P_2 = \frac{h_2}{h_1 + h_2} P$$

となる．上側の理論のど厚は $\frac{h_1}{\sqrt{2}}$ であるから，のど断面に作用する応力は，

$$\sigma_1 = \sqrt{2}\frac{P_1}{Lh_1} = \frac{\sqrt{2}\,P}{L(h_1+h_2)}$$

であり，下側ののど断面に作用する応力 σ_2 もこの応力の大きさに等しい．★

以上のようにして定められた“理論のど厚”により求められた引張強さは，かならずしも母材のそれとは同程度とはならない．そこで，**継手効率** (η) (joint efficiency) により母材の引張強さに対してどの程度溶接継手のそれが低下するのかが表される．

$$\eta = \frac{\sigma_{\mathrm{B}}^{\mathrm{J}}}{\sigma_{\mathrm{B}}^{\mathrm{B}}} \tag{11.1}$$

ここで，$\sigma_{\mathrm{B}}^{\mathrm{J}}$ は溶接継手の引張強さ，$\sigma_{\mathrm{B}}^{\mathrm{B}}$ は母材のそれである．$\eta = 1$ のときは継手効率が 100% であり，母材と溶接継手の引張強さが等しいことを意味する．通常は 1 よりも小さく，継手効率の低下は止端部での応力集中や残留応力などの影響を無視したことによる．

溶接継手の疲労寿命については，余盛の止端部に生じる応力集中が重要であり，前章で学んだ応力集中問題における以下のフィレットに関する応力集中係数の公式を利用する[1],[2]．溶接金属の余盛と母材の止端部における角度を θ，曲率半径を ρ とすれば，**図11.5**に示す平板の両側に存在するフィレットの応力集中係数に関する以下の計算式

$$K_{\mathrm{t}} = 1 + \frac{1-\exp\left\{-0.90\times(\pi-\theta)\sqrt{1+\frac{t}{2h}}\right\}}{1-\exp\left\{-0.90\times\frac{\pi}{2}\sqrt{1+\frac{t}{2h}}\right\}} \times \left\{\frac{\frac{h}{\rho}}{2.8\left(1+\frac{2h}{t}\right)-2}\right\}^{0.65} \tag{11.2}$$

を用いて最大応力を見積もり，これと S–N 曲線から疲労寿命を計算する．あるいは，疲労限度を予測する．

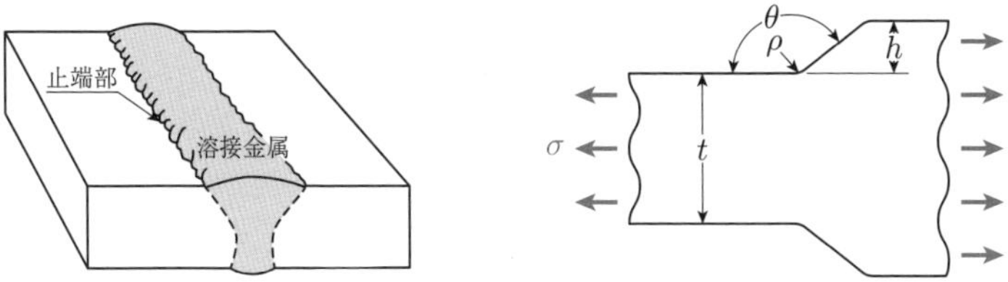

図11.5　平板の両側に存在するフィレット[1]

例題 11.2

図 11.6 に示す余盛形状で溶接接合された平板に応力が繰返し作用しているものとする．平板の厚さ $t = 12\,\mathrm{mm}$，余盛形状は $\rho = 0.2\,\mathrm{mm}$，$h = 1\,\mathrm{mm}$，$\theta = 70^\circ$ とし，平板のビッカース硬さ H_{V} は 200 であるものとする．このとき，この溶接継手の疲労限度を予測しなさい．

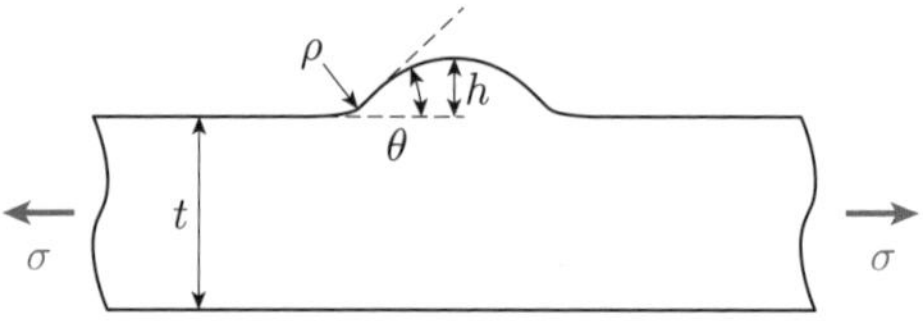

図 11.6　溶接継手の余盛形状

【解答】 溶接金属の余盛部と母材の止端部における応力集中係数 K_{t} の式 (11.2) において $t \Rightarrow 2t$ とおくとともに他の諸量も代入して計算すると

$$K_{\mathrm{t}} = 1 + \frac{1 - \exp\left\{-0.90 \times \left(\pi - \frac{110}{180}\pi\right)\sqrt{1 + \frac{24}{2\times 1}}\right\}}{1 - \exp\left\{-0.90 \times \frac{\pi}{2}\sqrt{1 + \frac{24}{2\times 1}}\right\}} \times \left\{\frac{\frac{1}{0.2}}{2.8\left(1 + 2 \times \frac{1}{24}\right) - 2}\right\}^{0.65} = 3.75$$

つぎに切欠き感度係数は，式 (5.6) より

$$\sigma_{\mathrm{B}} = \frac{H_{\mathrm{v}}}{0.3} = \frac{200}{0.3} = 666.6\,\mathrm{MPa}$$

を式 (9.52) に代入すれば求まり，

$$q = \frac{1}{1 + \frac{1}{0.2}\left(\frac{325}{666.6}\right)^{1.54}} = 0.377$$

これらを式 (9.51) に代入して切欠き係数は，

$$K_{\mathrm{f}} = 0.377 \times (3.75 - 1) + 1 = 2.036$$

よって，切欠き材の疲労限度は，

$$\sigma_{\mathrm{w}} = \frac{\sigma_{\mathrm{w0}}}{K_{\mathrm{f}}} = \frac{1.6 \times 200}{2.036} = 157\,\mathrm{MPa}$$

と見積もられる．★

11.4　表面改質技術

部品の耐熱性，耐摩耗性，疲労強度などを改善するために**表面改質**（surface modification）がなされる．表面改質には，表層変質技術と皮膜技術がある．表層変質技術（図 11.7 (a)）には，

(1)　窒素，炭素などを部品表面から拡散させる技術
(2)　部品全体を加熱した後にその表面を急速冷却する技術
(3)　イオンビームを部品表面に衝突させる技術

などがある．これに対して，皮膜技術（図 11.7 (b)）はコーティング材料を部品表面に付着させる技術であり，

(1)　種々のコーティング材料の原料を物理的・化学的に部品表面に付着，堆積させる技術
(2)　コーティング材料の原料粉末をプラズマガス流で部品表面に高速衝突，堆積させる技術
(3)　溶接接合と同様に部品表面にコーティング材料を肉盛りする技術

などがある．後者は，コーティング層と母材の間に界面が存在し，皮膜施工後の残留応力，コーティング層と母材との密着強度などが大きな問題となる．また，コーティング材が脆性材料の場合にはコーティング層でき裂が発生して母材の疲労寿命を著しく低下させる可能性もあるから注意が必要である．

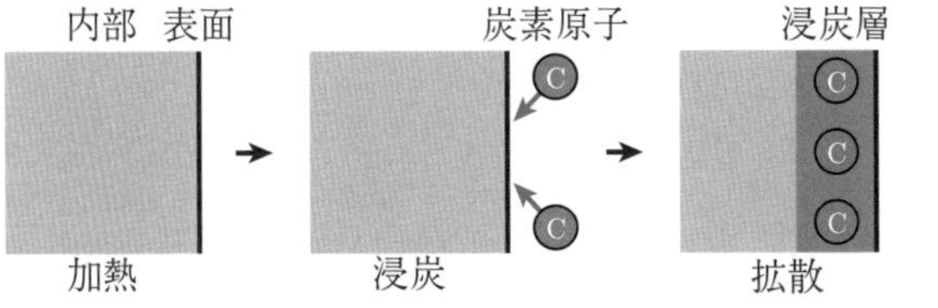

(a) 表層変質技術（炭素を拡散させる場合）

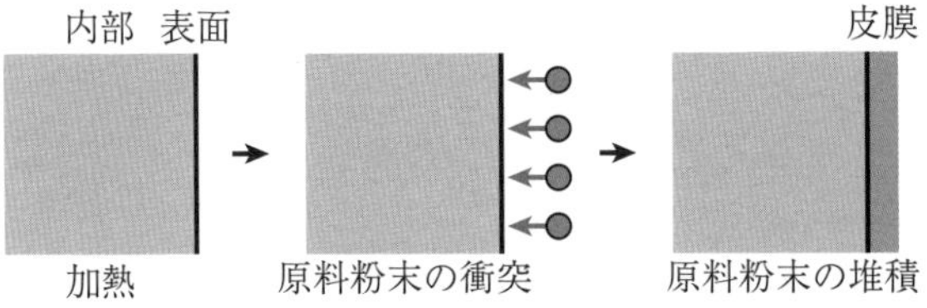

(b) 皮膜技術（原料粉末を衝突・堆積させる場合）

図 11.7　表面改質技術

11.5　異種界面の力学

11.1 節に代表的な継手の様式とその界面に生じる応力分布について説明した．このうち，重ね合せ継手においてはその界面にせん断応力が生じること，いずれの継手様式においても界面端部で応力集中を生じることを述べた．そこで，本節では，これらの応力分布について詳しく説明する．

図 11.8 に単純重ね合せ継手の解析モデルを示す．重ね合せ長さ（ラップ長さ）$2c$，被接着体は平板形状としその厚さは図に示す通りであり，幅は h とする．また，接着厚さを η とし，それぞれの弾性係数は図に示す通りである．平板端部には軸方向に引張荷重 P が作用するとき，界面に生じるせん断応力と平板に分布する垂直応力を求める．

単純重ね合せ継手に引張荷重が作用すると，平板には軸力のみならず曲げモーメントが発生する．ただし，本節では，簡単に計算ができるよう，平板は十分な高さを有し，曲げモーメントは無視できるものとする．

重ね合せ継手の破線部から微小要素を切り出し，その自由体図を作図する．そして，自由体図に垂直応力とせん断応力を図示すると図 11.8 (b)のようになる．この微小要素に対する力の釣合いの式は，

$$
\begin{aligned}
(\sigma_1 + d\sigma_1)t_1 h - \sigma_1 t_1 h - \tau dx_1 h = 0 \\
(\sigma_2 + d\sigma_2)t_2 h - \sigma_2 t_2 h + \tau dx_1 h = 0
\end{aligned}
\tag{11.3}
$$

よって，

$$
\frac{d\sigma_1}{dx_1} - \frac{\tau}{t_1} = 0, \quad \frac{d\sigma_2}{dx_1} + \frac{\tau}{t_2} = 0 \tag{11.4}
$$

また，各層に対するフックの法則により，

$$
\tau = G\frac{u_1 - u_2}{\eta}, \quad \frac{du_1}{dx_1} = \frac{\sigma_1}{E_1}, \quad \frac{du_2}{dx_1} = \frac{\sigma_2}{E_2} \tag{11.5}
$$

式 (11.4) と式 (11.5) からせん断応力に関する以下の微分方程式を得る．

$$
\frac{d^2\tau}{dx_1^2} = \frac{G}{\eta}\left(\frac{1}{E_1 t_1} + \frac{1}{E_2 t_2}\right)\tau \tag{11.6}
$$

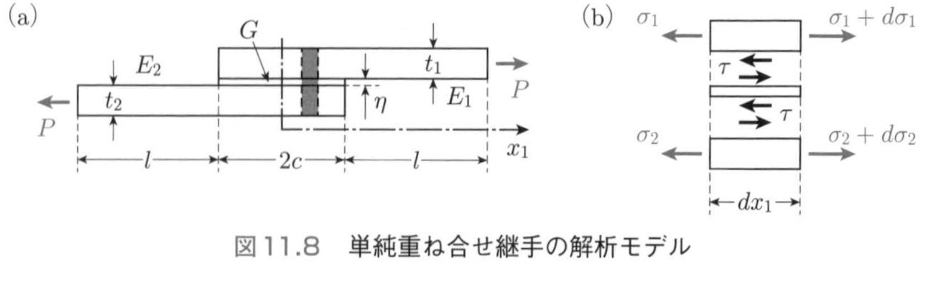

図 11.8　単純重ね合せ継手の解析モデル

この微分方程式の一般解はつぎのようになる．

$$\tau = C_1 \exp(\alpha x_1) + C_2 \exp(-\alpha x_1) \tag{11.7}$$

ここで，

$$\alpha = \sqrt{\frac{G}{\eta}\left(\frac{1}{E_1 t_1} + \frac{1}{E_2 t_2}\right)} \tag{11.8}$$

応力分布の対称性

$$\left.\frac{d\tau}{dx_1}\right|_{x_1=0} = 0 \tag{11.9}$$

により，$C_1 = C_2$ でなければならないことがわかる．このせん断応力の式を，例えば式 (11.4) の第一式に代入し，積分すると，

$$\sigma_1 = \frac{C_1}{t_1 \alpha}\{\exp(\alpha x_1) - \exp(-\alpha x_1)\} + C_3 \tag{11.10}$$

未定係数は，以下の境界条件より求まる．

$$\begin{aligned} x_1 = c \text{ にて} \quad & \sigma_1 = \frac{P}{t_1 h} \\ x_1 = -c \text{ にて} \quad & \sigma_1 = 0 \end{aligned} \tag{11.11}$$

よって，重ね合せ界面上でのせん断応力と平板の垂直応力は以下のようになる．

$$\tau = \frac{P\alpha}{2h}\frac{\cosh \alpha x_1}{\sinh \alpha c}, \quad \sigma_1 = \frac{P}{2t_1 h}\left(\frac{\sinh \alpha x_1}{\sinh \alpha c} + 1\right) \tag{11.12}$$

これらの応力分布を図示すると**図 11.9** のようになる．ここで，$\alpha c = 1$ としている．図より，せん断応力は界面端部で応力集中していること，自由端から軸方向に垂直応力が増加していることがわかる．

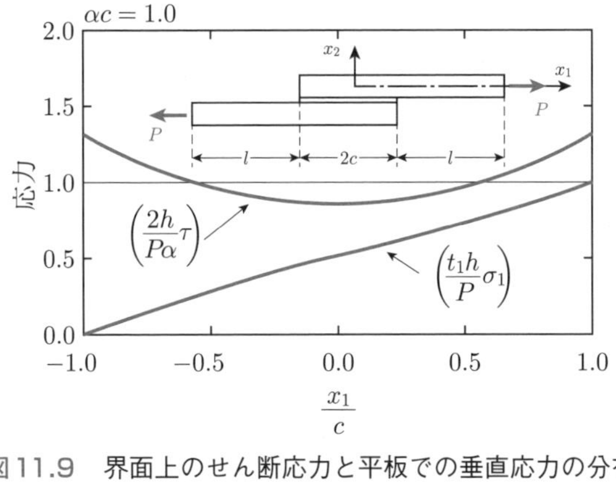

図 11.9　界面上のせん断応力と平板での垂直応力の分布

つぎに様々な継手の界面端部における応力集中について考える．界面端部に生じる応力集中の程度は，図 11.10 に示すように材質の違い，界面と界面端のなす角に依存することが知られている．例えば，$\theta_1 = \frac{\pi}{2}, \theta_2 = \pi$ とおけば，これは先に扱った単純重ね合せ継手の応力集中問題となる．

ダンダースは，材質の違いを特徴付けるために以下のパラメータを導入した．

$$\alpha = \frac{G_1(\kappa_2+1) - G_2(\kappa_1+1)}{G_1(\kappa_2+1) + G_2(\kappa_1+1)}$$
$$\beta = \frac{G_1(\kappa_2-1) - G_2(\kappa_1-1)}{G_1(\kappa_2+1) + G_2(\kappa_1+1)} \tag{11.13}$$

これは，**ダンダースパラメータ**（Dunders parameter）と呼ばれ，

$$\kappa_i = \begin{cases} 3 - 4\nu_i & （平面ひずみ） \\ \dfrac{3-\nu_i}{1+\nu_i} & （平面応力） \end{cases} \quad (i = 1, 2) \tag{11.14}$$

である．ダンダースは図 11.11 に示す線図により材料の組み合わせが適切かどうか判断できるようにした．図は平面ひずみ状態を仮定し，横軸に α，縦軸に β がとられており，すべての材料の組み合わせは太枠内に収まる．また，$\alpha = \beta = 0$ は同一材料の組み合わせに対応している．そして，薄水色の領域が材料の組み合わせが最も良く，この領域から離れるにつれて組み合わせが悪いとしている．この線図により界面端部での応力集中を低減しうる適切な材料の組み合わせを見つけ出すことができる．

つぎに界面端での応力集中については，

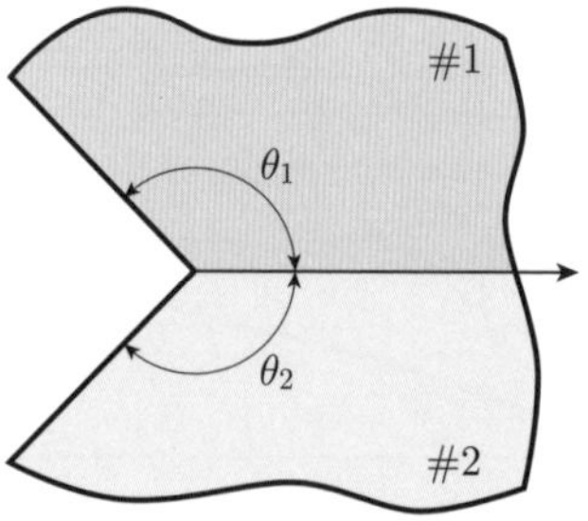

図 11.10　ふたつの異なる材料の接合界面

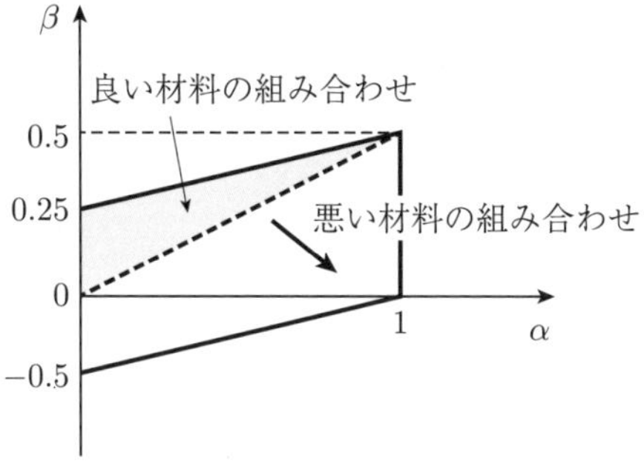

図11.11　ダンダースパラメータ線図（平面ひずみ状態）

$$\sigma \sim \frac{1}{r^{1-p}} = \frac{1}{r^{\lambda}} \tag{11.15}$$

で表される．ここで，指数 p はダンダースパラメータと界面と界面端のなす角によって異なった値をとり，$0 < p < 1$ では応力特異性が生じ，$p \geq 1$ では特異性が消失する．なお，応力特異性とは応力値が無限大となることを意味する．

ボギーは，ダンダースパラメータの組み合わせと指数 p の関係を調べた．図11.12に界面と界面端が直角の場合（$\theta_1 = \theta_2 = \frac{\pi}{2}$），図11.13に重ね合せ継手の場合（$\theta_1 = \pi, \theta_2 = \frac{\pi}{2}$），図11.14に界面き裂の場合（$\theta_1 = \theta_2 = \pi$）をそれぞれ示す．なお，図11.14の上半分は下半分と同じである．ふたつの材料の組み合わせに基づいてそれらの材料定数からダンダースパラメータを計算する．そして，界面と界面端のなす角に応じてダンダースパラメータ線図にその値をプロットし，コンター線との交点から指数 p を求める．ただし，界面と界面端のなす角によって指数が実数から複素数となる場合がある．例えば図11.13の場合には，α が 1 に近い領域がそれである．また，図11.14に示す界面き裂の場合には $\beta = 0$ を除くすべての領域が複素数となり，p は，

$$p = \frac{1}{2} \pm i\eta = \frac{1}{2} \pm \frac{i}{2\pi} \ln\left(\frac{1-\beta}{1+\beta}\right) \tag{11.16}$$

で与えられる．ここで，ln は自然対数である．また，η は**バイメタル定数**と呼ばれる．式 (11.16) を式 (11.15) に代入すると，界面上の応力分布は以下のようになる．

$$\sigma \sim r^{-\frac{1}{2}} \left\{ C_1 \cos(\eta \ln r) + C_2 \sin(\eta \ln r) \right\} \tag{11.17}$$

ここで，r は界面端からの距離である．ここで注意すべきは，応力分布は界面端か

ら界面に沿って離れるにつれて，

$$\sigma \sim \frac{1}{\sqrt{r}} \tag{11.18}$$

のように変化すること，界面端の極近傍では応力は激しく振動することである．

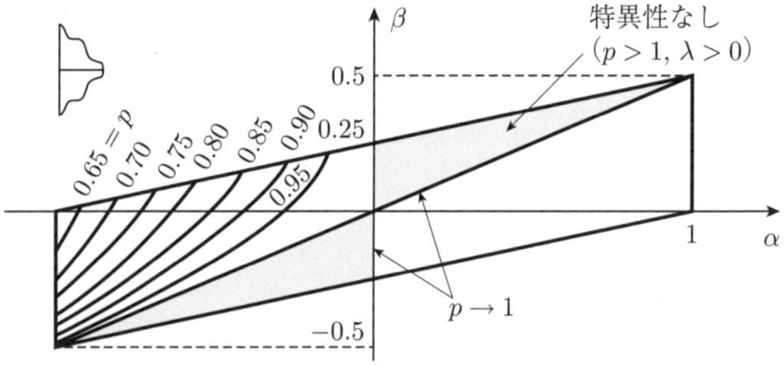

図 11.12　界面と界面端が直角の場合（$\theta_1 = \theta_2 = \frac{\pi}{2}$）

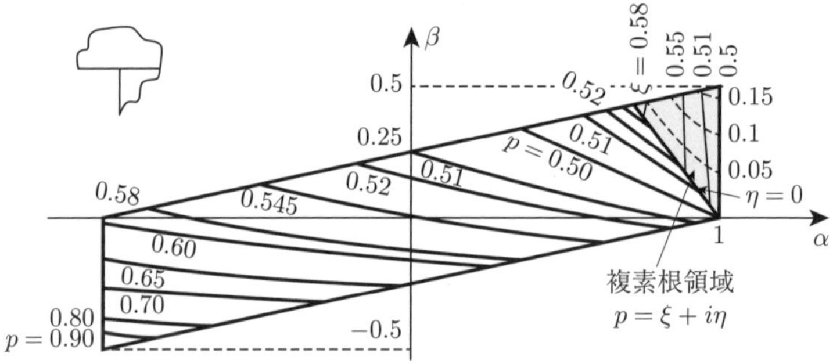

図 11.13　重ね合せ継手の場合（$\theta_1 = \pi, \theta_2 = \frac{\pi}{2}$）

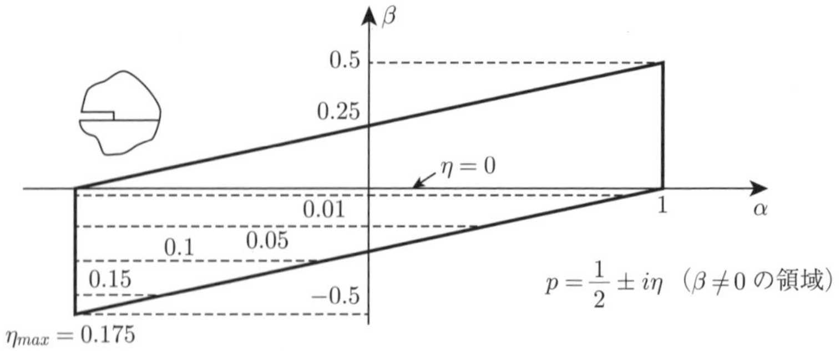

図 11.14　界面き裂の場合（$\theta_1 = \theta_2 = \pi$）

例題 11.3

界面と界面端が直角の場合（$\theta_1 = \theta_2 = \frac{\pi}{2}$），以下の材料の組み合わせについて図 11.12 を利用して良い組み合わせかどうか，考えなさい．なお，平面ひずみ状態を仮定し，いずれの材料もポアソン比は 0.3 とする．

(1)　ステンレス鋼（206 GPa）と炭素鋼（205 GPa）．

(2)　ガラス（73.1 GPa）とチタン（115.7 GPa）．

(3)　アルミナ（359 GPa）と銅（130 GPa）．

【解答】　式 (11.13) に諸量を代入すると以下のようになる．

(1)　ステンレス鋼と炭素鋼の組み合わせに対するダンダースパラメータは，

$$\alpha = 0.0024, \quad \beta = 0.0007$$

であり，図 11.15 よりこの材料の組み合わせは良い．

(2)　ガラスとチタンの組み合わせに対するダンダースパラメータは，

$$\alpha = -0.2256, \quad \beta = -0.0644$$

であり，図 11.15 よりこの材料の組み合わせはあまり良くない．

(3)　アルミナと銅の組み合わせに対するダンダースパラメータは，

$$\alpha = 0.4683, \quad \beta = 0.1338$$

であり，図 11.15 よりこの材料の組み合わせは良くない．

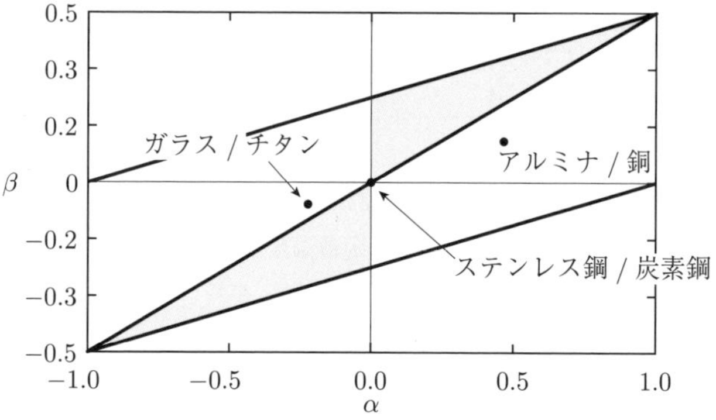

図 11.15　様々な材料の組み合わせ

★

11.6　異種界面の密着強度

11.5節では，材料の組み合わせ，界面と界面端とのなす角に依存して界面での応力分布ならびに応力集中の大きさが変化することを説明した．よって，この大きさに応じて界面に沿って破壊すると考えられるが，必ずしもこれは正しくない．これが界面の密着強度の理解を難しくしている．母材に比べて接着強度が低い場合には，界面で破壊する．しかし，接着強度が高い場合には母材側で破壊することになる．このことを図11.16に模式的に示す．図は，一般的に行われる**密着強度試験**（adhesion strength test）を示す．図のように界面に対して垂直な方向に引張荷重を作用させたとする．試験片が破壊するまで引張ったとき，図のように界面近傍の母材側でき裂が発生する場合と，界面でき裂が発生して破壊する場合がある．このことから，密着強度試験により測定された最大荷重を断面積で除した密着強度は，必ずしも界面強度には一致しない．このため，確実に界面で破壊するように，図11.17に示すように界面端部上に界面に平行方向に圧縮荷重を作用させた曲げ試験が行われることがある．

さらに確実に界面で破壊するため，あらかじめ界面にき裂を導入することがある．このときの界面き裂先端近傍での応力分布は，図11.18に示すような一様引張応力 σ_{22}^{∞} を受ける場合，以下のようになる．

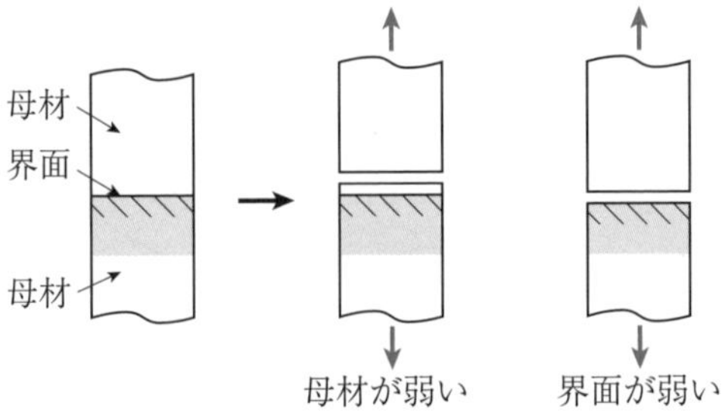

図11.16　密着強度試験

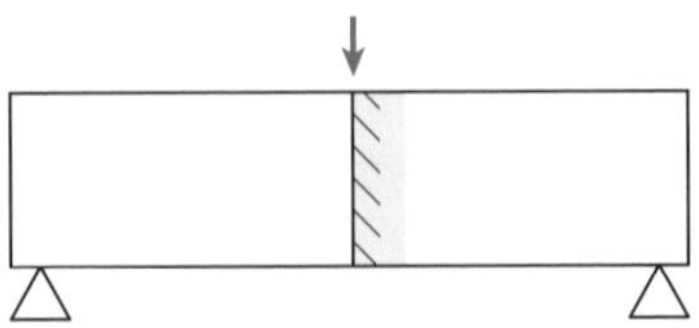

図11.17　曲げ試験による密着強度試験

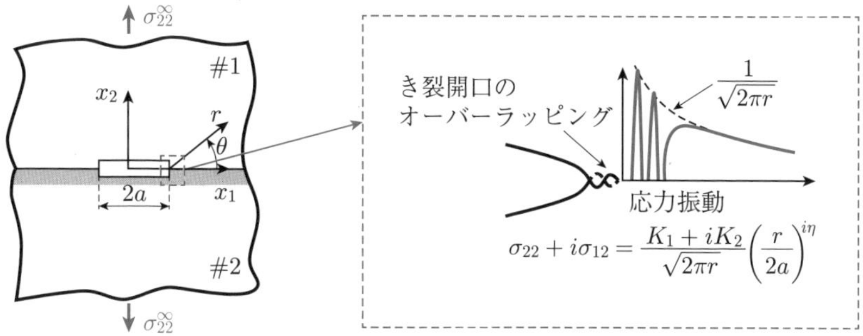

図 11.18　界面き裂と界面上での応力分布

$$\sigma_{22}+i\sigma_{12}=\frac{\sigma_{22}^{\infty}\sqrt{\pi a}}{\sqrt{2\pi r}}(1+2\eta i)\left(\frac{r}{2a}\right)^{i\eta} \tag{11.19}$$

ここで，i は虚数単位（$i=\sqrt{-1}$）である．この式を以下のように破壊力学における応力分布の形に合わせる．

$$\sigma_{22}+i\sigma_{12}=\frac{K_1+iK_2}{\sqrt{2\pi r}}\left(\frac{r}{2a}\right)^{i\eta} \tag{11.20}$$

ここで，$K_1=\sqrt{\pi a}\,\sigma_{22}^{\infty}$, $K_2=2\eta\sqrt{\pi a}\,\sigma_{22}^{\infty}$ とおいた．式 (11.20) において $\left(\frac{r}{2a}\right)^{i\eta}$ が界面き裂問題において特有な項である．さらに，$2a$ をある代表的な長さ l で置き換えて，

$$\boldsymbol{\sigma}\sim\frac{\boldsymbol{K}}{\sqrt{2\pi r}}\left(\frac{r}{l}\right)^{i\eta} \tag{11.21}$$

ここで，$\sigma_{22}+i\sigma_{12}\to\boldsymbol{\sigma}$，$K_1+iK_2\to\boldsymbol{K}$ のように置き直した．式 (11.21) は以下のようにも書ける．

$$\begin{aligned}\boldsymbol{\sigma}&=\frac{\boldsymbol{K}}{\sqrt{2\pi r}}\left(\frac{r}{l}\right)^{i\eta}\\&=\frac{\boldsymbol{K}}{\sqrt{2\pi r}}\left\{\cos\left(\eta\ln\frac{r}{l}\right)+i\sin\left(\eta\ln\frac{r}{l}\right)\right\}\end{aligned} \tag{11.22}$$

この式は式 (11.17) と一致している．これにより，界面き裂先端近傍では応力分布が振動していることがわかる．また，界面き裂開口変位はき裂先端後縁でオーバーラップを生じることが知られるが，これらは理論的な結果により生じたものであり，実際にはこのような現象は見られない．

破壊力学と同様に界面にあらかじめ導入したき裂を有する試験片に対して破壊試験を行い，**界面破壊靭性値**（interfacial fracture toughness）が求められる．ただ

し，式 (11.22) からもわかるように，界面き裂問題では複雑な応力分布となるため，エネルギーアプローチにより界面強度を把握するとよい．詳しい式の導出過程は省略するが，エネルギー解放率は以下のように与えられることが知られている．

$$\boldsymbol{g} = \frac{1}{16\cosh^2 \pi\eta}\left(\frac{\kappa_1+1}{G_1}+\frac{\kappa_2+1}{G_2}\right)(K_1^2+K_2^2) \tag{11.23}$$

以下に，界面破壊試験法とその評価方法について紹介する．

図 11.19 に高さ h_1 と h_2 の材質が異なる部材の界面が完全接着し，界面端部から長さ a の界面き裂が存在している厚さ b の接合体を示す．この接合体の界面端に対してせん断力 P と曲げモーメント M を作用させたとき，この問題のエネルギー解放率は以下のようになる．せん断力 P のみ作用させた場合，破壊力学の章で説明した計算方法に従って，長さ a の片持ちはりの先端に，集中荷重 P が作用するときのはりに蓄えられるひずみエネルギーを求めればよい．それは以下のようになる．

$$U = \frac{2P^2a^3}{E_1h_1^3b} \tag{11.24}$$

よって，エネルギー解放率は以下のようになる．

$$\boldsymbol{g} = \frac{dU}{b\,da} = \frac{6P^2a^2}{E_1h_1^3b^2} \tag{11.25}$$

この式により，界面破壊試験において界面破壊時のき裂長さとせん断力を上式に代入することで臨界エネルギー解放率が求まる．

曲げモーメント M のみ作用させた場合，エネルギー解放率は以下のようになる．

$$\boldsymbol{g} = \frac{6M^2}{E_1h_1^3b^2} \tag{11.26}$$

この場合には，き裂長さによらずある曲げモーメントに達すると界面き裂が成長することを示す．よって，せん断力よりも曲げモーメントを作用させる方が界面破壊試験から臨界エネルギー解放率を評価しやすい．

図 11.20 に厚さ h_1 と h_2 の材質が異なる部材の界面が完全接着し，その中央部

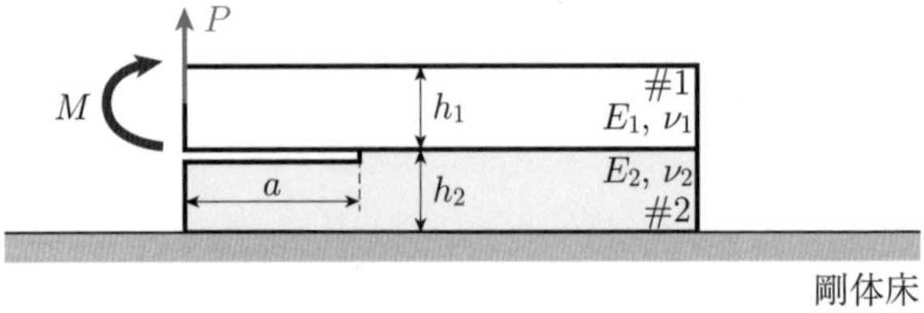

図 11.19　端部にせん断力 $\boldsymbol{P}$ と曲げモーメント $\boldsymbol{M}$ を作用させた界面破壊試験[3]

に長さ $2a$ の界面き裂が存在している厚さ b の接合体を示す．界面破壊靱性値を求めるために，この接合体の界面端に対して 4 点曲げ負荷を作用させる．この問題に対するエネルギー解放率は以下のようになる．

$$\boldsymbol{g} = \frac{M^2}{2E_1 b}\left(\frac{E_1}{E_2 I_2} - \frac{1}{I_{\mathrm{c}}}\right) \tag{11.27}$$

ここで，$M = \frac{Pl}{2}$ であり，断面二次モーメントは，

$$\left.\begin{aligned} I_2 &= \frac{bh_2^3}{12} \\ I_{\mathrm{c}} &= \frac{bh_1^3}{12} + \frac{\lambda b h_2^3}{12} + \frac{\lambda b h_1 h_2 (h_1 + h_2)^2}{4(h_1 + \lambda h_2)} \end{aligned}\right\} \tag{11.28}$$

ここで，$\lambda = \frac{E_2}{E_1}$ である．

以上の二種類の界面破壊試験法は工学的に幅広く行われている方法であるが，エネルギー解放率から応力拡大係数に変換することは数学的に難しいこと，界面強度によってはき裂が界面から離れて成長することもある．このため，確実に界面破壊試験を行うためにビッカース硬さ試験機を利用した以下の方法がある．

図 11.21 にビッカース硬さ試験機における押込み圧子が界面に荷重 P で押し込まれている様子を示す．押込み荷重を増加していくと，ある荷重で界面に沿ってき裂が発生する．このときの荷重 P とき裂長さ $2a$ から以下の式によって界面破壊靱性値 K_{IFC} を評価するというものである．

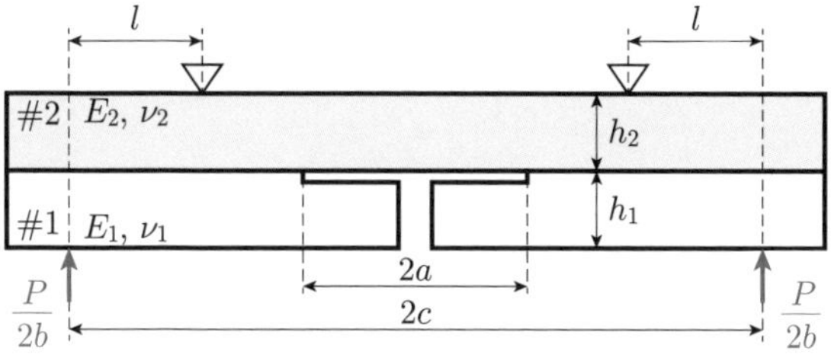

図 11.20　4 点曲げ試験による界面破壊試験[4]

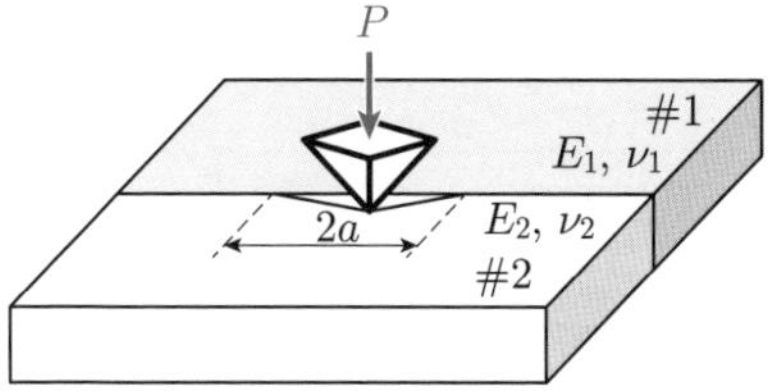

図 11.21　ビッカース硬さ試験機を利用した界面破壊試験[5]

$$K_{\mathrm{IFC}} = \frac{A}{\sqrt{2\pi}} \frac{P}{d\sqrt{a}} \cosh \pi\eta \tag{11.29}$$

ここで，A は材料定数，d はビッカース硬さ試験による圧子痕の対角線全長の半分の長さである．材料定数 A は有限要素解析によって決定されるが，0.081 程度においてよいことが報告されている．また，エネルギー解放率は，式 (11.23) の K_2 をゼロとおいて，K_1 に式 (11.29) を代入すればよい．

皮膜界面の密着強度を評価する場合，皮膜厚さが薄いために上記方法で密着強度を測定することは難しい．このため，図 11.22 に示すような皮膜表面に圧子を押し込むことで界面破壊靭性値が評価される．図には円錐形状の圧子が示されているが四角錐形状でもよい．

この試験方法における界面はく離の発生原理は，皮膜表面に対して押し込まれた圧子の体積相当分が，円錐圧子先端を中心に半径方向に皮膜を押し広げる．この半径方向変位により界面にはせん断応力が生じ，これにより皮膜をはく離するというものである．はく離部の皮膜に対して，内半径が圧痕半径，外半径が円形状のはく離半径とした中空円板が内圧を受けるときのひずみエネルギーを求め，これをき裂成長面積で微分することでエネルギー解放率が求められる．その際，圧子に作用した押込み荷重 P を中空円板の内圧へどのように変換するかで評価式が異なってくる．例えばロゼンフィルドは，以下のような評価式を提案した．

$$\boldsymbol{g} = \frac{0.627 H_{\mathrm{v}}^2 h_1 (1-\nu_1^2)}{E_1} \frac{1}{\left\{1+\nu_1+2(1-\nu_1) H_{\mathrm{v}} \frac{a^2}{P}\right\}^2} \tag{11.30}$$

ここで，H_{v} は皮膜のビッカース硬さ，h_1 は皮膜厚さである．押込み荷重–押込み変位曲線において，押込み荷重が急激に低下するときに界面はく離が発生したとし，そのときの荷重とはく離半径から界面破壊靭性値を評価する．

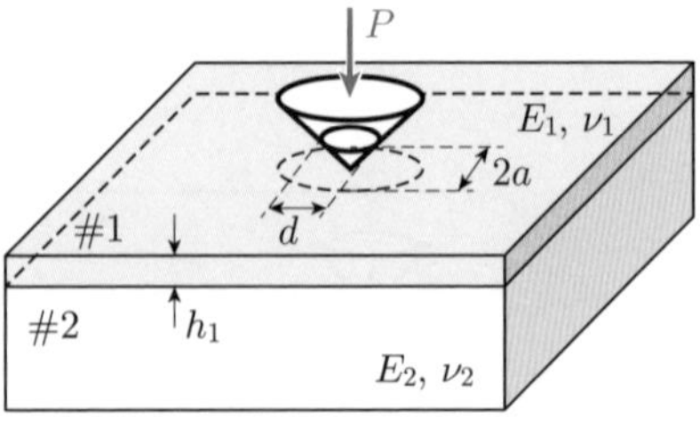

図 11.22　皮膜表面に対して圧子を押し込む界面破壊試験[6]

荒井らは以下のものを提案している[7].

$$\boldsymbol{g} = \frac{E_1 h_1 \Delta^2}{(a^2 - \varepsilon^2)^2}\varepsilon^2 \left(\frac{1}{1-\nu_1} + \frac{1}{1+\nu_1}\right) \tag{11.31}$$

ここで,

$$\Delta = \sqrt{\frac{\delta_{\mathrm{indent}}}{3\pi h_1}}\, d \tag{11.32}$$

であり, δ_{indent} は押込み深さ, d は試験後の圧子痕長さを表す. また, ε は中空円板の内径であり, それは皮膜の機械的特性から以下の式で求まる.

$$\varepsilon = d\left\{-45.27146\left(\frac{\sigma_{\mathrm{y1}}}{E_1}\right)^2 + 4.07728\left(\frac{\sigma_{\mathrm{y1}}}{E_1}\right) + 0.00111\right\} \tag{11.33}$$

ここで, σ_{y1} は皮膜の降伏応力である. 本評価式は, 基本的には先のものと同様であるが, 皮膜の降伏応力を考慮している点で異なる.

いずれの試験方法においても界面破壊試験後に界面はく離形状を計測する必要がある. これが難しい場合には, 以下のような**エッジインデンテーション法**がある. 図11.23に試験方法の模式図を示す. 皮膜の界面端部近傍に圧子を押し込む. そして, 皮膜が脱落するまでの押込み荷重–押込み変位曲線を測定し, 皮膜脱落するまでの同曲線の面積をはく離面積で除して皮膜はく離時のエネルギー解放率を求めるというものである.

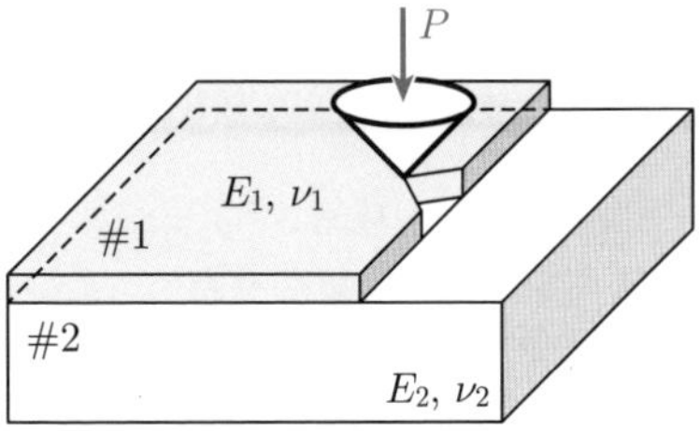

図11.23　エッジインデンテーション法による界面破壊試験法[8]

演 習 問 題

□**11.1**　図 11.24 に示す溶接継手ののど断面積に作用する応力を求めなさい．

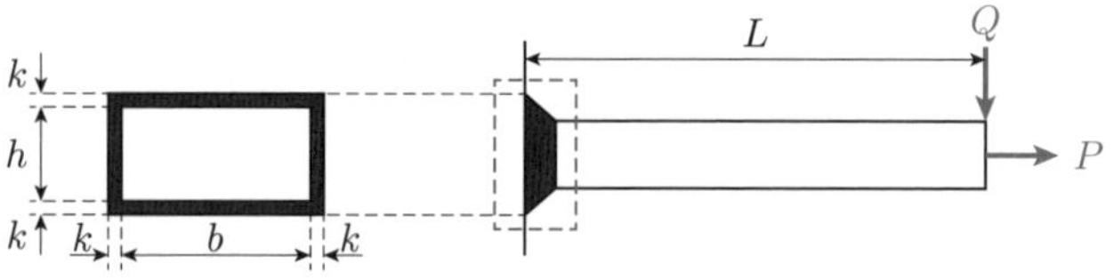

図 11.24　溶接継手の形状

□**11.2**　溶接施工後に溶接継手には残留応力が生じる．このとき，溶接金属に生じる残留応力を求めなさい．解答に際して図 11.25 に示すように母材，溶接金属，母材を切り離した自由体図とその変形状態を考えるとよい．なお，母材の断面積を A_1，溶接金属のそれを A_2 とし，母材と溶接金属ともに縦弾性係数と線膨張係数は等しく，E, α とする．また，溶接金属の高温時の降伏応力を σ_{y} とする．そして，室温から溶接時の加熱温度の差を ΔT_{H} としなさい．

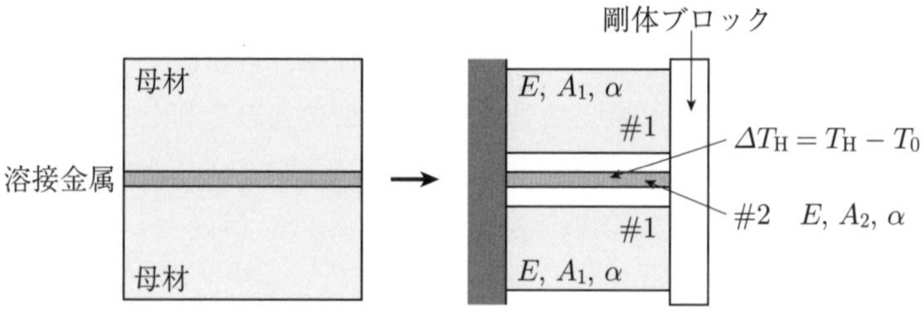

図 11.25　溶接継手に生じる残留応力の求め方

□**11.3**　図 11.26 に示す平板上に薄板が接着されている．この界面に沿って超鋼製ナイフエッジを押し込み，薄板を平板からはく離させたい．このとき，エネルギー解放率を導きなさい．ただし，薄板の縦弾性係数を E，厚さを h，幅を b とする．また，ナイフエッジと薄板が接触する点での変位を Δ とし，接触点からはく離き裂先端までの距離を a とする．

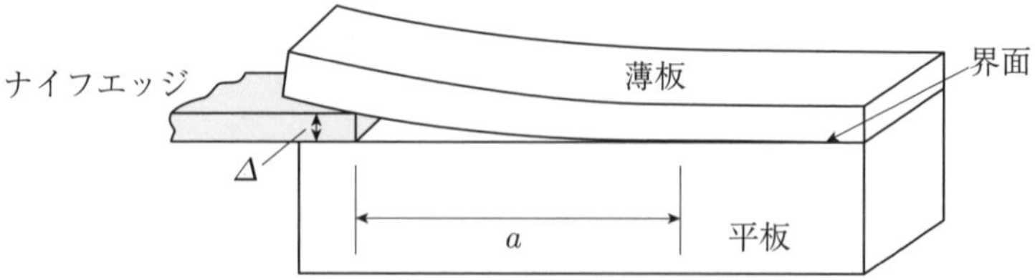

図 11.26　ナイフエッジが押し込まれた薄板と平板からなる接合体

コラムその 9 —機械の寿命とは？ —

機械設計に際して，壊れないように材質を選定したり，部品形状を決定する．これと同時に，設計している製品の寿命もあらかじめ想定しておかなければならない．そこで，このコラムでは “機械の寿命” について考えてみたい．

食品には，賞味期限と消費期限がある．これに対して工業製品では，心理的・経済的寿命と技術的寿命がそれに対応する．心理的・経済的寿命は，製品に魅力を感じない，経済的メリットを感じないことで製品を手放したときに相当する．一方，技術的寿命は，製品が故障する，不具合が生じるときに対応する．従って，材料強度学は，後者の寿命を予測するための知識を提供するものであった．心理的・経済的寿命は数年程度であり，その例として家電製品などが挙げられる．一方，技術的寿命は数十年であり，自動車などが挙げられよう．ただし，発電プラントや橋梁といったインフラ設備では，法律によって規定された設計寿命を満足するように設計される．実際には定期検査により不具合が見つかれば交換，補修が行われるため，明確な寿命は存在しないと考えられている．さらに，法律が変わればその寿命も変わるため，設計寿命にはあまり意味がないように感じるかもしれない．

製品寿命を正確に予測したいのであるが，以上のような多岐の理由でそれは難しいのである．いろいろと技術の話をしたが，最も信頼できる寿命の情報は，税務署から発表されている減価償却資産の耐用年数リストかもしれない．読者は是非ご覧になってもらいたい．

付録

表とデータ

付録 A.1　代表的な工業材料の機械的特性

材料名	記号	E [GPa]	σ_{y} [MPa]	σ_{B} [MPa]	ε_{f} [%]
一般構造用圧延鋼	SS400	206	240	450	17
構造用炭素鋼	S45C	205	343	569	17
クロムモリブデン鋼	SCM430	210	685	830	18
オーステナイト系ステンレス鋼	SUS304	204	345	690	35
フェライト系ステンレス鋼	SUS430	200	205	390	22
マルテンサイト系ステンレス鋼	SUS403	200	205	440	20
ステンレス鋼鋳鋼	SCS13	162	185	440	30
アルミニウム合金	A2024	70	325	470	20
チタン合金	Ti-6Al-4V	113	905	959	10
ニッケル合金	Inconel600	216	282	662	45
コバルト合金	Haynes188	231	482	957	56

（**注意**）　ここに示した値は，あくまでも参考値である．必要に応じて材料試験して調べてほしい．

付録 A.2　代表的な応力拡大係数（二次元問題）

No	き裂形状と負荷の種類	応力拡大係数解
1	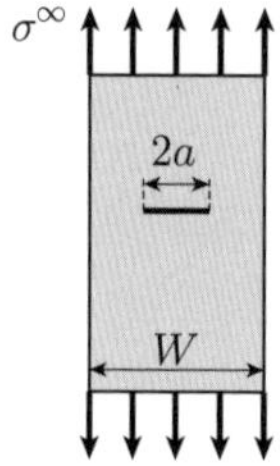	$K_\mathrm{I} = \sigma^\infty \sqrt{\pi a}\, F(\xi), \quad \xi = \dfrac{2a}{W}$ $F(\xi) \approx \sqrt{\sec \dfrac{\pi \xi}{2}}$
2	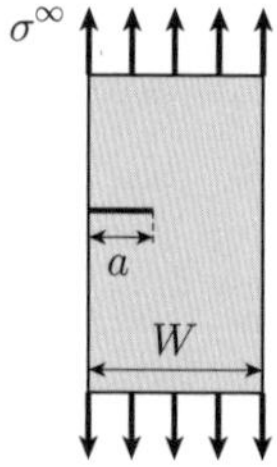	$K_\mathrm{I} = \sigma^\infty \sqrt{\pi a}\, F(\xi), \quad \xi = \dfrac{a}{W} \quad (\xi \leq 0.6)$ $F(\xi) \approx 1.12 - 0.231\xi + 10.55\xi^2 - 21.72\xi^3 + 30.39\xi^4$
3	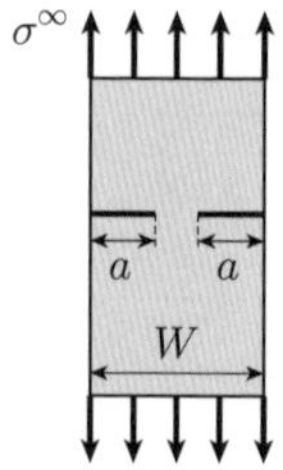	$K_\mathrm{I} = \sigma^\infty \sqrt{\pi a}\, F(\xi), \quad \xi = \dfrac{2a}{W}$ $F(\xi) \approx \left(1 + 0.122 \cos^4 \dfrac{\pi\xi}{2}\right) \sqrt{\dfrac{2}{\pi\xi} \tan \dfrac{\pi\xi}{2}}$
4	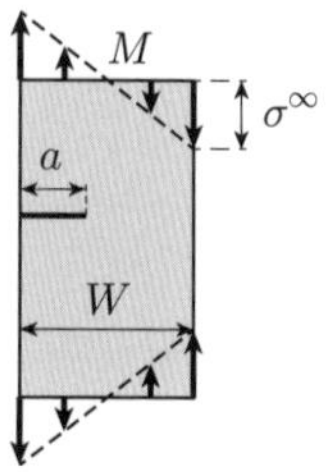	$K_\mathrm{I} = \sigma^\infty \sqrt{\pi a}\, F(\xi), \quad \sigma^\infty = \dfrac{6M}{W^2}, \quad \xi = \dfrac{a}{W} \quad (\xi \leq 0.6)$ $F(\xi) \approx 1.122 - 1.40\xi + 7.33\xi^2 - 13.08\xi^3 + 14.0\xi^4$ * M は単位厚さ当たりの曲げモーメント

付録 A.2　（続き）

No	き裂形状と負荷の種類	応力拡大係数解
5	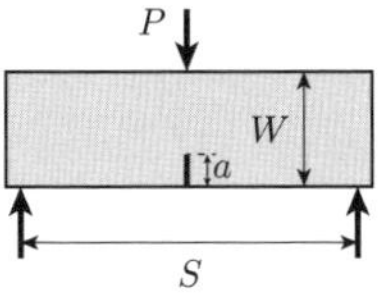	$K = \frac{PS}{W^{3/2}} \frac{3\xi^{1/2}\{1.99 - \xi(1-\xi)(2.15 - 3.93\xi + 2.7\xi^2)\}}{2(1+2\xi)(1-\xi)^{3/2}}$ * P は単位厚さ当たりの力，$\xi = \frac{a}{W}$.
6	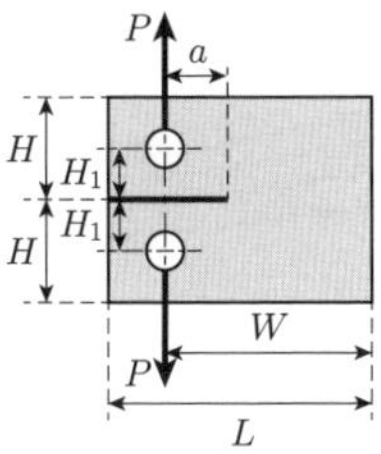	$K = \frac{P}{W^{1/2}} \frac{(2+\xi)(0.886+4.64\xi-13.32\xi^2+14.72\xi^3-5.6\xi^4)}{(1-\xi)^{3/2}}$ * P は単位厚さ当たりの力，$\xi=\frac{a}{W}$.

付録 A.3　代表的な応力拡大係数（三次元問題）

No	き裂形状と負荷の種類	応力拡大係数解
7	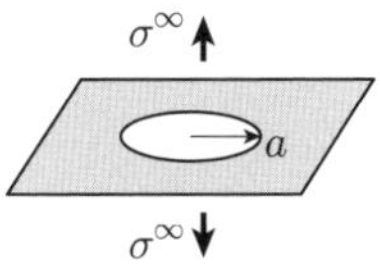	$K_{\mathrm{I}} = \frac{2}{\pi}\sigma^{\infty}\sqrt{\pi a}$
8	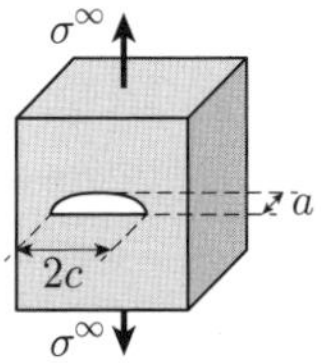	$K_{\mathrm{I\,max}} = \frac{\sigma^{\infty}}{\Phi}\sqrt{\pi a}$ $K_{\mathrm{I\,min}} = \frac{\sigma^{\infty}}{\Phi}\sqrt{\frac{\pi a^2}{c}}$ $\Phi \approx \frac{3}{8}\pi + \frac{\pi}{8}\left(\frac{a}{c}\right)^2$

付録 A.4 代表的な応力集中係数（第 9 章の文献 [1]）

問題	形状と基準応力の定義
引張りを受ける 平板中の円孔	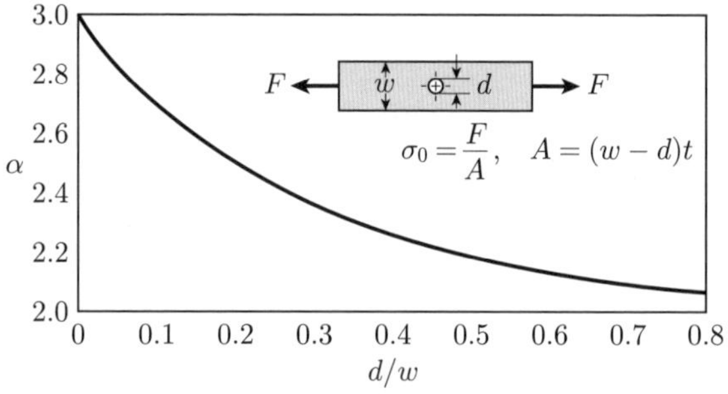
引張りを受ける 平板中の 半円切欠き	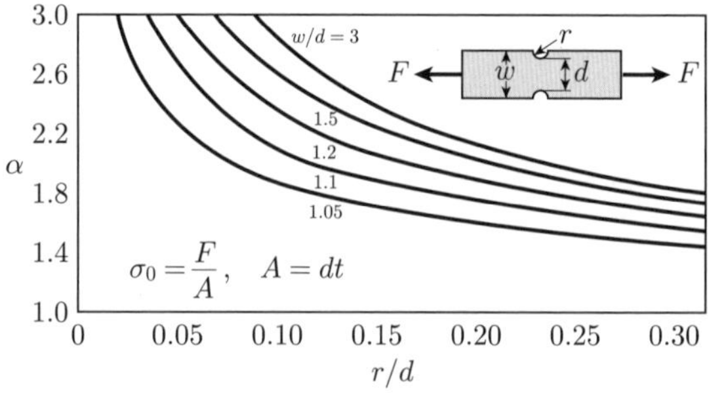
曲げを受ける 平板中の 半円切欠き	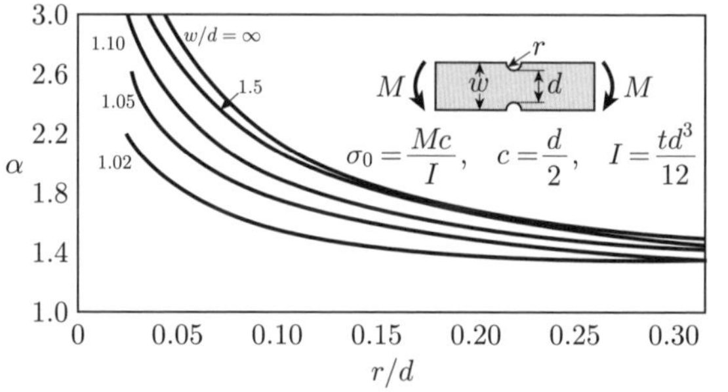
引張りを受ける フィレット	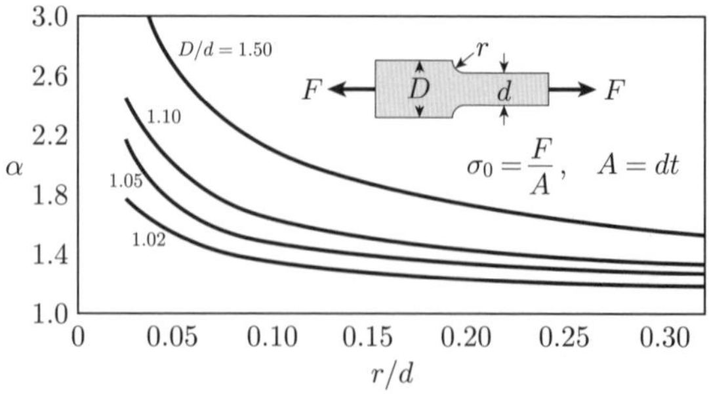

付録 A.4　（続き）

<table>
<tr><th>問題</th><th>形状と基準応力の定義</th></tr>
<tr><td>曲げを受ける
フィレット</td><td>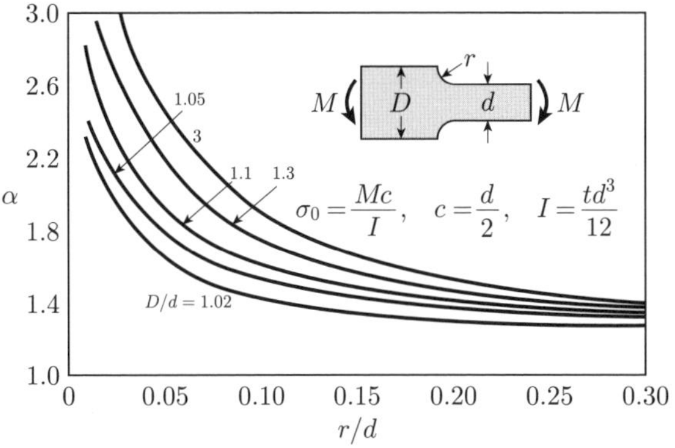
</td></tr>
<tr><td>引張りを受ける
段付き丸棒</td><td>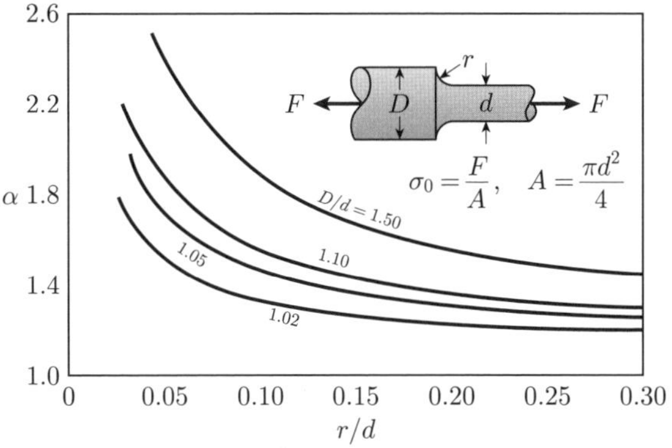
</td></tr>
<tr><td>曲げを受ける
段付き丸棒</td><td>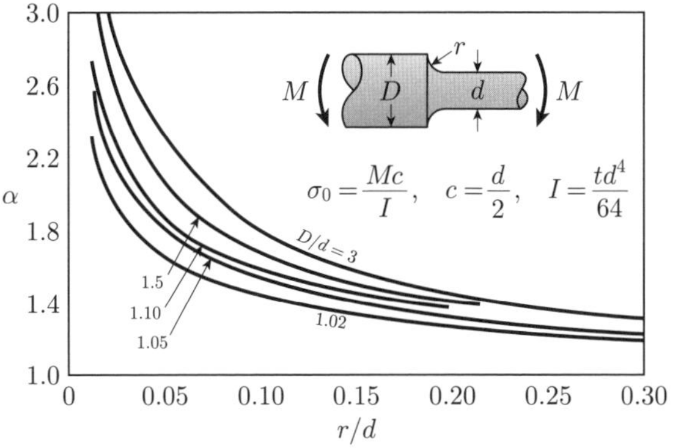
</td></tr>
</table>

演習問題解答

1章

1.1 $\theta = 0$ にて $u_\theta = 0$．$\theta = \frac{\pi}{2}$ にて $u_\theta = 0$．$r = a,\ 0 \le \theta \le \frac{\pi}{2}$ にて $\sigma_{rr} = p$, $\sigma_{r\theta} = 0$.

1.2 一般化されたフックの法則に $\sigma_{33} = -p,\ \varepsilon_{11} = 0,\ \varepsilon_{22} = 0$ を代入する．これにより，$E' = E\frac{1-\nu}{(1+\nu)(1-2\nu)}$.

1.3 $\sigma_{11} = \sigma\dfrac{x_2}{b},\ \sigma_{22} = 0,\ \sigma_{12} = 0$．$u_1 = \dfrac{\sigma}{Eb}x_1x_2,\ u_2 = -\dfrac{\sigma}{2Eb}(x_1^2 + \nu x_2^2)$.

1.4 $n = 1$ のとき熱応力は発生しない．$n = 2$ のとき $\sigma_{11} = E\alpha T_0\left\{-\frac{1}{3} + \left(\frac{x_2}{b}\right)^2\right\}$.

1.5 $\sigma_{rr} = -\left(\dfrac{a}{r}\right)^2 p,\ \sigma_{\theta\theta} = \left(\dfrac{a}{r}\right)^2 p$.

2章

2.1 $\sigma_1 > \sigma_2 > \sigma_3$ のとき $\sigma_1 - \sigma_3 = \sigma_\mathrm{y}$．$\sigma_2 > \sigma_3 > \sigma_1$ のとき $\sigma_2 - \sigma_1 = \sigma_\mathrm{y}$．$\sigma_3 > \sigma_1 > \sigma_2$ のとき $\sigma_3 - \sigma_2 = \sigma_\mathrm{y}$．$\sigma_1 < \sigma_2 < \sigma_3$ のとき $\sigma_3 - \sigma_1 = \sigma_\mathrm{y}$．$\sigma_2 < \sigma_3 < \sigma_1$ のとき $\sigma_1 - \sigma_2 = \sigma_\mathrm{y}$．$\sigma_3 < \sigma_1 < \sigma_2$ のとき $\sigma_2 - \sigma_3 = \sigma_\mathrm{y}$.

2.2 $T = \frac{1}{2}\pi b^3 m\sigma_\mathrm{y}$．ここで，トレスカの降伏条件では $m = \frac{1}{2}$．ミーゼスの降伏条件は $m = \frac{1}{\sqrt{3}}$.

2.3 $\varepsilon_{ij} = \varepsilon_{ij}^\mathrm{e} + \dfrac{3}{2}\dfrac{\Delta\bar{\varepsilon}^\mathrm{p}}{\sigma_\mathrm{y}}\sigma'_{ij}$.

2.4 応力解は以下のようになる．

$$\left.\begin{aligned} \sigma_{rr}^\mathrm{p} &= \left\{\ln\left(\frac{r}{c}\right) - \frac{1}{2}\right\}\sigma_\mathrm{y} \\ \sigma_{\theta\theta}^\mathrm{p} &= \left\{\ln\left(\frac{r}{c}\right) + \frac{1}{2}\right\}\sigma_\mathrm{y} \end{aligned}\right\}(a \le r \le c)$$

$$\left.\begin{aligned} \sigma_{rr}^\mathrm{e} &= -\frac{1}{2}\left(\frac{c}{r}\right)^2\sigma_\mathrm{y} \\ \sigma_{\theta\theta}^\mathrm{e} &= \frac{1}{2}\left(\frac{c}{r}\right)^2\sigma_\mathrm{y} \end{aligned}\right\}(c \le r < \infty)$$

ここで，弾性領域と塑性領域の境界 $r = c$ は以下の関係式から定められる．

$$c = a\exp\left(\frac{p}{\sigma_\mathrm{y}} - \frac{1}{2}\right)$$

3章

3.1 $\boldsymbol{g} = \dfrac{6a^2}{Eh^3}\left(\dfrac{Q}{B}\right)^2.$

3.2 $\boldsymbol{g} = \dfrac{3a^2}{16Eh^3}\left(\dfrac{P}{B}\right)^2.$

3.3 $K_{\mathrm{I}} = \dfrac{1}{2}\{(q+p)-(q-p)\cos 2\theta\}\sqrt{\pi a},\ K_{\mathrm{II}} = \dfrac{1}{2}(p-q)\sin 2\theta\sqrt{\pi a}.$

3.4 $\boldsymbol{g} = \dfrac{\pi a}{2E}\{(p^2+q^2)+(p^2-q^2)\cos 2\theta\}.$

4章

4.1 $\sigma_{11} = \dfrac{E}{(1+\nu)(1-\nu)}(\varepsilon_{\mathrm{a}}+\nu\varepsilon_{\mathrm{b}}),\ \sigma_{22} = \dfrac{E}{(1+\nu)(1-\nu)}(\varepsilon_{\mathrm{b}}+\nu\varepsilon_{\mathrm{a}}),$
$\sigma_{12} = \dfrac{E}{2(1+\nu)}\dfrac{4\varepsilon_{\mathrm{c}}-\varepsilon_{\mathrm{a}}-3\varepsilon_{\mathrm{b}}}{\sqrt{3}}.$

4.2 解答略.

5章

5.1 – 5.3 解答略.

6章

6.1 発電プラントにおいては，基準強度に対して安全率が考えられる．発電プラントを長期運転していると材料が劣化する．このため，例えば引張強さが低下し，設計時に想定していた安全率は変化せず，安全裕度に余裕がなくなることになる．

6.2 $\bar{\varepsilon}_{\mathrm{f}} = C_0 \exp\left(-\dfrac{\sigma_1+\sigma_2}{2\sqrt{\sigma_1^2-\sigma_1\sigma_2+\sigma_2^2}}\right).$

6.3 き裂が安定成長する条件は $\frac{d}{da}(\boldsymbol{g}-R) < 0$. 不安定成長する条件は $\frac{d}{da}(\boldsymbol{g}-R) = 0$, $\frac{d^2}{da^2}(\boldsymbol{g}-R) < 0$.

6.4 解答略.

6.5 式 (6.17) と式 (6.20) に諸量を代入すると，56.6 MPa.

7章

7.1 208 MPa.

7.2 $\sigma_{\mathrm{m}} = 60$ MPa のとき，$\sigma_{\mathrm{a}} = 120$ MPa. $\sigma_{\mathrm{m}} = 120$ MPa のとき，$\sigma_{\mathrm{a}} = 90$ MPa. 一方，$\sigma_{\mathrm{m}}+\sigma_{\mathrm{a}} \leq \sigma_{\mathrm{y}}$ に対して後者がこの条件を満足していない．よって，$\sigma_{\mathrm{a}} = \sigma_{\mathrm{y}}-\sigma_{\mathrm{m}} =$ 80 MPa. このことから，使用可能な最大応力振幅は 80 MPa となる．

7.3 標点間での変位を ± 0.1 mm となるように制御すればよい．

7.4 $N_\mathrm{f} = \dfrac{1}{C(\alpha \mathit{\Delta}\sigma\sqrt{\pi})^m \left(\frac{m}{2}-1\right)} \left(\dfrac{1}{a_0^{m/2-1}} - \dfrac{1}{a_\mathrm{f}^{m/2-1}}\right).$

7.5 234777 サイクル.

8章

8.1 38853 時間.

8.2, **8.3** 解答略.

9章

9.1 $K_\mathrm{t} = 5.47.$

9.2 解答略.

9.3 $K_\sigma = \dfrac{k}{\sigma_0}\left(\dfrac{K^2\sigma_0\varepsilon_0}{k}\right)^{\frac{n}{n+1}}.$

10章

10.1 ボルトに生じた締付け力は 47 kN.

10.2 ボルトに 71 kN が作用すると降伏する.

10.3 S1 点での疲労限度は $\sigma_\mathrm{a} = \frac{\sigma_\mathrm{w0}}{\beta}\frac{\sigma_\mathrm{T}}{\sigma_\mathrm{T}+\sigma_\mathrm{w0}}$. S3 点での疲労限度は $\sigma_\mathrm{a} = \frac{\sigma_\mathrm{w0}}{\beta}\frac{\sigma_\mathrm{T}-\sigma_\mathrm{y}}{\sigma_\mathrm{T}-\sigma_\mathrm{w0}}$.

11章

11.1 $\sigma = \frac{P}{A} + \frac{PL}{I}\left(\frac{h+2k}{2}\right)$. ここで，断面積 $A = \sqrt{2}\,k(h+b)$. 断面二次モーメント $I = \frac{1}{12}\{(b+\sqrt{2}\,k)(h+\sqrt{2}\,k)^3 - bh^3\}$.

11.2 $\sigma_\mathrm{r} = E\dfrac{2A_1}{2A_1+A_2}\alpha \mathit{\Delta} T_\mathrm{H} - \sigma_\mathrm{y}.$

11.3 $g = \dfrac{3Eh^3}{8a^4}\mathit{\Delta}^2.$

参考文献

1章

［1］ 竹内洋一郎，野田直剛（著），熱応力，日新出版（1989），pp. 11–12.

章全体

- 荒井正行（著），基礎から学ぶ弾性力学，森北出版（2019）.
- Y. C. ファン（著），大橋義夫，村上澄男，神谷紀夫（共訳），固体の力学／理論，培風館（1970）.
- 中原一郎（著），応用弾性学，実教出版株式会社（1978）.
- S.P. チモシェンコ，J. N. グーディア（著），金多潔（監訳），弾性論，コロナ社（1973）.

2章

章全体

- 荒井正行（著），基礎から学ぶ弾塑性力学，森北出版（2022）.
- 工藤英明（著），塑性学，森北出版（2011）.
- R. ヒル（著），鷲津久一郎，山田嘉昭，工藤英明（共訳），塑性学，培風館（1954）.
- F. K. G. オドクヴィスト，J. ハルト（共著），村上澄男（訳），クリープ強さの理論，培風館（1967）.

3章

［1］ A. A. Griffith, “The phenomena of rupture and flow in solids”, Philosophical Transactions of The Royal Society, A 221, Issue 582–593 (1920), pp. 163–198.

［2］ G. R. Irwin, “Analysis of stresses and strains near the end of a crack transversing a plate”, Journal of Applied Mechanics, Vol. 24, No. 3 (1957), pp. 361–364.

［3］ J. R. Rice, “A path independent integral and the approximate analysis of strain concentration by notches and cracks”, Journal of Applied Mechanics, Vol. 35, No. 2 (1968), pp. 379–386.

［4］ 荒井正行（著），基礎から学ぶ弾性力学，森北出版（2019），pp. 112–117.

［5］ 岡村弘之（著），破壊力学入門：2 線形破壊力学に用いられる力学量，材料，Vol. 32, No. 360 （1983），pp. 1062–1067.

［6］ P. C. Paris and G. C. Sih, “Stress analysis of cracks”, ASTM STP, Vol. 391 (1965), pp. 30–81.

章全体

- D. Broek, "Elementary Engineering Fracture Mechanics", Martinus Nijihoff Publishers (1982).
- 村上裕則，大南正瑛（共著），破壊力学入門，オーム社（1979）.
- 岡村弘之（著），線形破壊力学入門，培風館（1997）.
- 石田誠（著），応力拡大係数の資料，日本機械学会誌，Vol. 75，No. 642（1972），pp. 1127–1135.

4章

［1］ 中栄周三（著），ひずみゲージのルーツを探る，Railway Research Review，第66巻1号（2009），pp. 36-37.

章全体

- 菅野昭，高橋賞，吉野利男（共著），応力ひずみ解析，朝倉書店（1990）.

5章

［1］ 竹内悦男，松岡三郎，西島敏，木村恵（共著），室温におけるSUS304鋼の疲労特性，日本機械学会論文集（A編），51巻，464号（1985），pp. 967–974.

章全体

- 日本材料学会（編），機械材料およびその機械的特性と試験法，日本材料学会（1987）.
- 須藤一（著），材料試験法，内田老鶴圃（1986）.
- 河本実（著），材料試験，朝倉書店（1984）.

6章

［1］ 岡村弘之（共著），強度設計における安全率と信頼性，日本機械学会誌，73巻，621号（1970），pp. 1382–1390.

［2］ 竹内朋之（著），結晶の塑性的性質の温度による変化，日本物理学会誌，23巻，7号（1968），pp. 510–519.

［3］ 堀内良，石川圭介（共著），Al-Mg合金の単結晶と多結晶の降伏応力の関係，日本金属学会誌，34巻，3号（1970），pp. 257–262.

［4］ 中川憲治，岸田敬三，谷村眞治（共著），材料の衝撃問題の基礎と応用2: 高速変形に対する材料の構成式，材料，34巻，384号（1985），pp. 1115–1120.

［5］ M. F. Ashby, "Materials Selection in Mechanical Design", Betterworth-Heinemann (2017).

［6］ J. R. Rice, D. M. Tracy, "On the ductile enlargement of voilds in triaxial stress fields", Journal of the Mechanics and Physics of Solids, Vol. 17 (1969), pp. 201–217.

［7］ 大塚昭夫，宮田隆司，桜井勉，飯田博（共著），延性破壊に及ぼす応力三軸度の影響–材料依存性および焼なましの影響 ，材料，34 巻，381 号（1985），pp. 622–626.

［8］ D. Broek, “Elementary Engineering Fracture Mechanics”, Martinus Nijihoff Publishers (1982).

［9］ 小林英男（著），破壊じん性とその評価法（I），材料，27 巻，297 号（1978），pp. 495–505.

［10］ 高橋秀明（著），弾塑性破壊靭性試験法に関する最近の話題，日本金属学会会報，21 巻，11 号（1982），pp. 860–868.

［11］ 村上弘良，長谷川邦夫，志田茂（共著），Two Criteria 法による原子炉機器の構造健全性評価法，日本原子力学会誌，Vol. 29，No. 9 （1987），pp. 803–814.

章全体

• 日本材料学会（編），改定 材料強度学，日本材料学会（2005）.

• 岡村弘之（著），線形破壊力学入門，培風館（1977）.

7章

［1］ 森野数博，西村太志，西谷博信（共著），低サイクル疲労における疲労損傷の検討，日本機械学会論文集（A 編），65 巻，633 号（1999），pp. 1087–1092.

［2］ 日本材料学会 疲労部門委員会（編），初心者のための疲労設計法，日本材料学会（2007）.

章全体

• 日本材料学会（編），材料強度学，日本材料学会（2003）.

• 中村宏，堀川武（共著），金属疲労の基礎と疲労強度設計への応用，コロナ社（2008）.

• 日本材料学会 疲労部門委員会（編），初心者のための疲労設計法，日本材料学会（2007）.

• 平修二（編），熱応力と熱疲労，日刊工業新聞（1974）.

• 平修二，大谷隆一（共著），材料の高温強度論，オーム社（1980）.

8章

［1］ 新谷紀雄（著），クリープ破壊機構領域図，日本金属学会会報，26 巻，8 号（1987），pp. 801–808.

［2］ 荒井正行，緒方隆志，新田明人（共著），走査型電子顕微鏡内クリープ疲労試験によるキャビティ成長，合体挙動の連続観察，日本機械学会論文集（A 編），61 巻，583 号（1995），pp. 508–515.

［3］ 栄幸雄，砂本大造，西田隆（共著），高温強度設計と環境問題，防食技術，27 巻（1978），pp. 425–434.

［4］ 和田雄作，青砥紀身，上野文義（共著），SUS304 の破損機構を考慮した新概念延性消耗則，材料，44 巻，496 号（1995），pp. 29–34.

章全体

- 日本材料学会（編），材料強度学，日本材料学会（2003）.
- 平修二，大谷隆一（共著），材料の高温強度論，オーム社（1980）.
- R. ビスワナサン（著），増山不二光，丸山公一（訳），高温機器部品の損傷メカニズムと寿命評価，日刊工業新聞社（1993）.

9章

［1］ W. D. Pilkey, “Perterson's stress concentration factors”, JohnWiley & Sons, Inc., (1997), pp. 151.

［2］ 三木紀幸（著），弾塑性領域における応力集中，材料，33 巻，373 号（1984），pp. 1241–1249.

［3］ 大谷隆一（著），切欠き材のクリープにおける応力集中とひずみ集中，材料，25 巻，270 号（1976），pp. 230–235.

章全体

- W. D. Pilkey, “Perterson's stress concentration factors”, JohnWiley & Sons, Inc., （1997）.
- 西田正孝（著），応力集中，森北出版（1973）.
- 村上敬宜（著），応力集中の考え方，養賢堂（2005）.

10章

章全体

- 田村修（著），ねじの知識，養賢堂（2008）.
- 山本晃（著），ねじ締結の原理と設計，養賢堂（1995）.
- 福岡俊道（著），技術者のためのねじの力学，コロナ社（2022）.

11章

［1］ 川原正言（著），溶接継手の疲労強度評価における二，三の問題，圧力技術，19 巻，1 号（1981），pp. 2–9.

［2］ 西谷弘信，田中洋征，原田豊満（共著），模擬突合せ溶接継手の余盛形状と疲労強度との関係，溶接学会論文集，9 巻，1 号（1991），pp. 31–36.

［3］ M. Arai, Y. Okajima, K. Kishimoto, “Mixed-mode interfacial fracture toughness for thermal barrier coating”, Engineering Fracture Mechanics, Vol. 74, No. 13 (2007), pp. 2066–2069.

［4］ P. G. Charalambides, J. Lund, A. G. Evans, R. M. McMeeking, “A test specimen for determining the fracture resistance of bimaterial interfaces”, Journal of Applied Mechanics, Vol. 56, No. 1 (1989), pp. 77–82.

［5］ Y. Yamazaki, M. Arai, Y. Miyashita, H. Waki, M. Suzuki, “Determination of interfacial fracture toughness of thermal barrier coatings by indentation”, Journal of Thermal Spray Technology, Vol. 22, No. 8 (2003), pp. 1358–1365.

［6］ L. G. Rosenfeld, J. E. Ritter, T. J. Lardner, M. R. Lin, “Use of the microindentation technique for determining interfacial fracture energy”, Journal of Applied Physics, Vol. 67, No. 7 (1990), pp. 3291–3296.

［7］ 安田優佑，荒井正行（共著），圧子圧入試験のための界面弾性 J 積分，材料，Vol. 65，No. 12（2016），pp. 836–843.

［8］ 張東坤，加藤昌彦，中佐啓次郎（共著），エッジインデンテーション皮膜はく離強度評価法の破壊力学的検討，材料，49 巻，5 号（2000），pp. 572–578.

章全体

- 結城良治（著），界面の力学，培風館（1993）.
- 豊田政男（著），インターフェイスメカニクス，理工学社（1991）.
- 宮入裕夫（著），機械技術者のための接着設計入門，日刊工業新聞社（2000）.
- J. W. Hutchinson, Z. Suo, “Mixed mode cracking in layered materials”, Advances in Applied Mechanics, Vol. 29 (1992), pp. 64–163.

索　引

た 行

な 行

は 行

ま　行

や　行

ら　行

著者略歴

荒《あら》 井《い》 正《まさ》 行《ゆき》

1992 年　東京工業大学大学院理工学研究科生産機械工学専攻
　　　　修士課程修了
1998 年　博士（工学）東京工業大学より授与
2013 年〜　東京理科大学工学部機械工学科教授

業績
日本機械学会フェロー，日本機械学会論文賞受賞，日本材料学会技術賞受賞，日本材料学会学術貢献賞受賞，日本溶射学会論文賞受賞，ほか受賞多数．学術論文ならびに講演依頼多数．

主要著書
理工系の基礎 機械工学（丸善出版，2015 年）（共著）
基礎から学ぶ弾性力学（森北出版，2019 年）
もう解き方で迷わない ステップ解法で学ぶ材料力学
（技術評論社，2022 年）
基礎から学ぶ弾塑性力学（森北出版，2022 年）

機械工学ライブラリ＝3
初歩からの 材料強度学
——安全なモノ作りのために——

2023 年 5 月 25 日©　　初 版 発 行

著者　荒 井 正 行　　発行者　矢 沢 和 俊
　　　　　　　　　　印刷者　小宮山恒敏

【発行】　株式会社 数理工学社
〒151–0051　東京都渋谷区千駄ヶ谷 1 丁目 3 番 25 号
編集 ☎（03）5474–8661（代）　サイエンスビル

【発売】　株式会社 サイエンス社
〒151–0051　東京都渋谷区千駄ヶ谷 1 丁目 3 番 25 号
営業 ☎（03）5474–8500（代）　振替 00170–7–2387
FAX ☎（03）5474–8900

印刷・製本　小宮山印刷工業（株）

ISBN978–4–86481–101–9

PRINTED IN JAPAN